실내 디자인 각론

모든분야
인테리어 디자인 을 보다

SEOWOO PUBLICATIONS

실내 디자인 각론

모든분야

인테리어 디자인  을 보다

박효철, 한혜선 지음

모든분야 인테리어 디자인 人을 보다

발로 쓴 '실내디자인 각론'

그 동안 학생들에게
머릿속 지식만 가르치지는 않았습니다.
아는 것이 있어봐야 얼마나 있겠습니까.

교수로 있으면서 운 좋게도 건축설계와 실내디자인을 막론하고
다양한 실무를 쉬지 않고 했습니다만,
손재주에 의존하진 않았습니다.
감각이 있어봐야 얼마나 있겠습니까.

많은 클라이언트를 대하면서
화술(話術)로 대하지도 않았습니다.
말재주가 워낙 없어서요.

선배님들이 저술하신 책으로 강의하는 동안,
선배님들 디자인을 흉내 내는 동안,
지식이 조금 고인 것 같아 용기 내어 활자들을 나열해봅니다만,
막상 몇 페이지도 써내려가기 전에
금세 바닥이 드러나네요.
기왕 시작한 일이니 끝을 내기는 하지만, 보잘것없어 부끄럽습니다.

학생들 눈을 대할 때처럼,
롤 트레싱지 위에 스케치할 때처럼,
클라이언트를 만날 때처럼,
가슴으로 쓰고 싶었는데.....

앞으로
쥐어짜내지 않고,
가슴을 확 열어서 쏟아낼 수 있도록 내공을 더 쌓겠습니다.

이 글을 쓴 후,
만 2년 만에 개정판을 쓸 수밖에 없었습니다.
책을 들고 강단에 서기가 부끄러웠습니다.
앞으로 2년 후에 또다시 쓰게 될지도 모르겠습니다.

박효철

Contents

INTRODUCTION

1부 총론

사진 1-1. PALATIUM VILLAGE (Designer; Park-HyoChul)

제1장. 실내 환경의 중요성과 개념

1.1 실내 환경의 중요성

예전에는 처녀, 총각이 결혼을 하려면 그 중간에 중매인이 있게 마련이다. 맞선을 보기까지 매파(媒婆)는 양가를 오가며 이렇게 얘기한다. "그 댁이 뼈대 있는 집안이랍니다!", "씨 있는 가문이랍니다!" 이 의미는 '그 집안의 가풍(家風), 즉 부모님의 성품과 같이 눈에 보이지 않는 감성적 환경이 맞선볼 사람 됨됨이에 영향을 미쳤다.'는 것이다.

그렇다면 집의 형태, 크기, 색채, 재료, 편리성 등과 같이 인간의 쾌적성에 직접적인 영향을 미치는 물리적 환경은 인간에게 어떤 영향을 미치는지 의문을 갖게 한다. 물론 인간의 시각, 촉각에 직접 쾌감과 불쾌감을 주므로, 공간이 주는 쾌적성, 공간이 미치는 작업의 효율성은 당연한 결과이다. 나아가 육체적 쾌감과 불쾌감은 결국 정신적 만족감에도 영향을 미치게 되어서, 물리적 환경이 인성(人性)에까지도 영향을 미칠 수밖에 없게 된다.

'들판에 음악을 들려주면서 벼농사를 지으면, 병충해와 태풍에도 잘 견뎌서 풍년이 들고, 젖소에게 좋은 음악을 들려주면 우유 수확량이 늘어난다.'는 얘기는 상식적으로 잘 알고 있다. 또한 도로 가로등이 근처 논밭 작물에 영향을 미치기 때문에 필수적으로 작물방향의 빛을 막는 장치를 해야 한다. 이러한 예들은 물리적 환경이 식물과 동물의 대사활동에 지대한 영향을 미치고 있음을 입증하는 것이다.

식물이나 동물의 물리적 환경을 조절하여 생산효율을 높이기도 한다. 아무리 생산능력이 뛰어난 닭이라도 하루 한 개의 계란밖에 낳을 수 없다. 그런데 생산량을 높이기 위해서 양계장 사장님들은 보다 적극적인 방법으로 물리적 환경을 조절한다. 그들은 양계장으로 들어오는 자연 광(光)을 차단하고, 인공 광으로 하루 24시간을 이틀로 나눈다. 즉 6시간은 낮을, 그리고 6시간을 밤으로 조절하여 하루를 이틀로 만드는 것이다.

자연의 섭리를 깨고 양계장 주인들은 전등을 켜고, 끄는 것으로 지구의 자전을 대신함으로서 닭들이 하루 두 개의 계란을 낳도록 환경을 조절한다. 작은 공간에 갇혀있는 것도 답답한데, 자신이 타고난 생리적 능력도 두 배로 키워야하니 신체적 고통은 엄청날 것이다. 신체적 고통이 결국 정신적 고통을 수반하겠지만, 닭들은 이 사실을 모르는 것 같다. 왜냐하면 대부분의 닭들이 하루에 두개씩 계란을 생산하기 때문이다.

식물과 동물들이 물리적 환경에 상당한 지배를 받는다면, 감성이 예민한 인간이 받는 영향은 훨씬 더 할 것이라는 것은 당연한 이치이다. 이런 이유 때문에 실내공간은 그 공간을 이용하는 사용자 중심으로 쾌적하게 조성해야 하는 것이다. 최근 우리는 경제와 문화적 풍요를 누리고 있는 가운데, 과거에 비해서 실내 환경에 대한 관심도 높아지고, 질적인 성장도 이룬 것이 사실이다. 그러나 아직 세계10대 경제강국에 걸 맞는 관심과 질(質)에는 못 미치고 있다.

우리는 세계에서 가장 높은 두바이 빌딩을 건설할 만큼, 건축시공능력에서도 인정받은 국가이다. 그러나 '어느 누구나 생활하고 있는 우리나라 주거 환경이 과연 그 곳에 사는 사람을 위한 공간인가?'의 질문에 긍정적인 답을 할 수 없는 게 현실이다. 국민들이 가장 선호하는 주거공간인 아파트의 획일적인 실내 환경을 보면 쉽게 알 수 있다.

건설사들은 나름대로 각 유닛별 가족구성원을 예상하고, 이들의 주생활(住生活)을 예상하여 평면을 비롯한 실내 환경을 개발한다. 하지만, 입주가 시작된 아파트를 방문해보면 이것이 잘못된 계획이란 것을 쉽게 알 수 있다. 벽지나 페인트를 바꾸는 세대가 있는가하면, 한 번도 사용하지 않은 부엌가구나 바닥재, 조명기구 등을 바꾸기 위해 뜯어낸 가구와 건축자재들이 외부공터를 가득 메운 광경을 흔히 볼 수 있다. 때로는 건물의 구조적 특성을 무시한 채, 구조벽체를 헐어 변경하는 위험천만한 세대들도 상당 수 있다.

이러한 일들은 3년 전에 분양했으니까, 4, 5년 전에 오늘의 트렌드를 예상하지지 못하고, 실내 공간을 설계했기 때문이다. 또 다른 중요한 이유는 4, 5가지 유형을 만들고, 획일적으로 수백의 유닛으로 디자인했기 때문이다. 개인의 정체성을 강하게 표출하는 현대사회에서 주거 실내 환경을 동일하게 적용하는 것은 심각한 문제이다. 왜냐하면 어떤 유닛 유형이든 입주하는 가족구성원 수, 성별구성, 연령, 성향, 라이프 스타일, 경제적 능력 등은 어느 것 하나도 공통분모를 찾기 어려운 것들이고, 이들 하나하나가 실내 환경을 결정하는 중요한 변수이기 때문이다.

획일적으로 조성한 실내 환경은 경제적 여유가 없다는 이유로 7~8명의 가족이 마지못해 두 개의 침실밖에 없는 집에서 북적대며 살게도 하고, 때로는 노부부가 마음에도 없는 핑크 빛 침실을 사용할 수밖에 없게도 한다.

즉, 살고자하는 사람에게 맞추어진 주거공간이 아닌, 이미 만들어진 환경에 맞추어 살도록 강요하고 있다. 마치 양계장 사장이 만들어준 획일적 환경에서 살아가는 닭과 다를 바가 없다. 실내 환경의 이러한 문제는 주거환경에만 국한된 문제는 아니다. 다양한 계층의 다중이 이용하는 상업공간, 업무공간, 공공문화공간 등도 시대적 상황과 사용자에 따라서, 요구하는 환경은 항상 차이가 있기 마련이어서 공간마다 하나하나 되짚어 세심하게 계획해야 할 일들이다.

1.2 실내디자인의 개념

인간이 사용하는 건축물은 외부공간과 내부공간으로 구분할 수 있다. 건축물을 축조하는 근본 목적은 외부보다 내부공간의 사용을 위해서다. 즉, 실내를 필요한 용도로 사용하기 위해서 자연과의 경계에 벽을 세우는데, 이 벽은 필요에 따라 자연환경의 일부를 끌어들이거나 차단하는 경계가 된다. 경계 안쪽은 바닥, 벽, 천장으로 둘러싸인 유한공간이 되어서 사용자 의지에 의해 조절이 가능하게 된다. 이 유한한 공간을 사용자 요구와 기본원칙에 따라 조절하는 행위를 실내디자인이라 한다.

1970, 80년대만 해도 '실내디자인을 한다.'는 것은 경제적 능력이 있는 특권층의 전유물로 취급되었으며, 또한 시각적 쾌감만을 추구하는 작업이라고 간주되었었다. 이제 그러한 선입견은 버려야 한다. 실내디자인은 모든 인간이 육체적 정신적으로 쾌적한 삶을 영위할 수 있도록 공간을 창조하는 행위이다. 이것은 결코 경제적 능력이 있어야만 가능한 작업이 아니며, 시각적 아름다움만을 추구하지도 않는다. 설령 실내공간이 본래 기능을 수행하기에 충분한 규모가 못 되어도, 또는 시각적 쾌감이나 안락함을 주기 위한 고가(高價)의 마감 재료나 가구를 사용하지 못할지라도 가능한 것이 실내디자인이다.

프로젝트를 진행하다보면 필요한 공간의 규모는 좁고, 재화는 늘 부족하고 제한되어있다. 하지만 공간 사용자 입장에서 디자이너의 헌신과 열정으로 디자인한 결과물은 물리적 만족은 물론, 정신적 만족감까지도 줄 수 있다. 심혈을 기울인 작업은 공간의 가치를 높여준다. 즉, 실내디자인은 공간의 기능성, 경제성, 편리성, 내구성, 심미성 등을 창조하는 행위이며, 나아가 인간의 삶과 인격의 질까지도 높이는 행위이다. 그래서 실내디자인은 무(無)에서 유(有)를 만드는 작업이라고 할 수 있다. 이를 위한 실내디자인의 기본 원칙은 다음과 같이 정리할 수 있다.

1) 구조와 방화, 그리고 피난설비 면에서 안전

구조적 안전과 방화·피난설비 계획은 장소가 갖고 있는 기능의 해결이나 공간의 조형미 추구 이전에 우선적으로 검토해야할 사항이다. 이것은 사람의 생명과도 직결될 수 있는 사안이기 때문이다. 주요 구조나 피난계단과 같은 변경은 건축법규를 준수해야 한다. 또한, 화재 시 유독가스 발생의 문제나, 피난계단까지의 거리에 영향을 주지 않는지, 공간을 구분하기 위해 설치하는 칸막이로 인해서 스프링클러의 살수(撒水) 범위를 벗어나지 않는지 등, 어떤 실내디자인 행위를 하더라도 공간 사용자의 안전이 보장될 수 있어야 한다.

2) 기능의 충족

건축을 하고자할 때에는 기획 단계에서 건축물의 용도를 결정하고, 이에 따라 실내·외를 디자인하는 것이 원칙이다. 준공 후에는 기획단계에서 계획한 주거, 호텔, 사무, 상업, 문화, 전시, 종교 등의 기능으로 사용하고, 그 목적도 달성해야 한다. 하지만 아직까지 우리나라는 준공 후에 사용자가 용도를 정하는 경우가 대부분이어서, 건축과 실내디자인 행위를 별도의 작업으로 취급되기도 한다. 아울러 용도나 사용자의 교체, 분위기 쇄신, 사업방침의 변경 등에 의해서도 실내디자인 행위는 빈번한 일상의 일로 취급되고 있다.

여하튼 어떤 상황에서 발생한 실내디자인일지라도 안전 다음으로 중요하게 다루어야 할 문제는 그 공간이 갖고 있는 기능의 해결이다. 이는 동일한 용도일지라도 규모나 사용자, 그리고 입지나 건축물의 조건에 따라 요구되는 기능은 당연히 차이가 있기 마련이다. 이에 디자이너는 각 공간이 추구하는 기능충족에 최선의 노력을 기울여야한다.

3) 사회·문화적 전통성 반영

전통건축은 오랜 세월 그 지역의 기후와 풍토에 영향을 받아서 다듬어진 결과이고, 공간을 이용하는 생활태도는 전통 건축물에서 비롯되는 것이기 때문에 공간을 사용하는 행태는 각 나라마다 차이가 있을 수밖에 없다. 그래서 기후와 풍토특성의 결과로 형성된 이러한 생활문화는 아무리 선진국의 것이라고 해도 모방하거나, 서로 바꿀 수 있는 영역이 아니다.

예를 들어 오늘날 우리 현대주택의 화장실은 서구의 그것과 거의 차이가 없다. 기후와 풍토는 물론, 주거생활문화 대부분이 상당한 차이가 있는데도 그렇다. "대부분 주택에 설치되어있는 욕조는 언제, 얼마나 사용하고 있으며, 머리는 어디서 감고, 발은 어디서 씻는가?" 몸에서 체취가 많이 나는 그들은 샤워를 하면서 머리와 발을 동시에 씻는다. 하지만, 체질과 식생활환경이 다른 우리는 매일 샤워를 해야 할 만큼 몸의 체취가 강하지 않기 때문에 머리만 감거나, 발만 씻기도 한다. 그러나 이 행위를 위한 장소와 기구가 정해져있지 않기 때문에 사용하는 사람마다 욕조 수전을 이용한다던지, 세면기에 발을 올려서 씻는다던지, 아니면 이동식 세면대를 이용하기도 한다.

식생활의 기본인 장류문화에도 큰 변화가 있다. 김치냉장고가 개발되고, 일반냉장고는 대부분의 가정까지 보급되어서 다행이기는 하지만, '음식의 깊은 맛을 내는 김장독을 비롯하여 간장독, 된장독은 주거공간의 어디에 두고 발효시킬 것인가?'를 생각해 보면, 오늘 우리 현대 주생활이 편리하고 실용적이기는 하지만, 오랫동안 이어온 전통 식생활문화의 근본을 잃어버리지 않을까 염려도 된다.

서구 실내디자인의 질적 수준은 우리와 비교 될 수 없다. 오랜 세월동안 사회와 문화를 집적한 결과로 형성된 그들의 실내공간은 우리의 것보다 모든 면에서 앞서있다. 그러나 그것은 그들의 전통과 역사의 산물이지 우리의 것이 될 수 없기 때문에 여과 없이 그대로 받아들여서는 안 된다. 물론 그들의 것이기 때문에 무조건 받아들이지 말자는 것은 아니다. 글로벌시대에 걸맞게 그들의 실용성과 편리성은 받아들이되, 전제는 과거부터 우리만이 갖고 있었고, 그리고 앞으로도 지속해야할 주체적 사회 문화적 전통성에 기반을 두어야 한다.

4) 사용자 요구와 행동의 면밀한 분석

동일한 공간에서 같은 활동을 할지라도, 공간을 이용하는 태도는 개인에 따라 상당한 차이가 있다. 또한 공간에 대한 인식의 차이나 선호하는 디자인 스타일, 그리고 경제적 능력도 당연히 차이가 있어서 이를 고려하여 철저하게 계획해야 한다.

실내공간을 이용하는 사람이 짧은 거리로 이동하려는 것은 인간의 공통심리인데 이를 무시한 계획이나, 인체의 스케일을 무시한 가구나 공간계획은 결코 쾌적한 실내공간을 조성할 수 없다. 따라서 실내디자인은 사용자의 요구는 물론, 행동패턴에 대한 면밀한 분석을 토대로 계획해야 한다.

5) 편리성과 안락성 확보

기본적으로 공간에 대한 기능을 해결하고, 공간 사용자의 요구와 사용자 행동 연구를 바탕으로 디자인을 전개하면, 실내공간의 편리성과 안락성은 확보된다. 더 나아가 사용자의 심리적 요구를 반영한 공간의 형태와 규모, 색채, 질감, 조명 등의 조절로 장소가 갖는 디자인 목표를 달성할 수 있는데, 이로써 사용자의 편리성과 안락성에 대한 만족도는 한 층 더 높일 수 있다.

6) 시각적 쾌감

공간의 형태, 크기, 색채, 질감, 조명 등으로 형성되는 공간 조형은 통일, 변화, 조화, 균형, 비례, 리듬, 강조 등의 실내 디자인 원리에 의해서 사용자가 아름다움을 느낄 수 있어야 한다. 실내디자인의 목적이 '공간의 시각적 쾌감을 창조하는 행위'만 있는 것은 아니지만, 때로는 실내 환경 분위기가 중요한 장소에서는 실내디자인의 성공여부를 가리는 첫 번째 요소가 되기도 한다.

사진 1-2. 차한의원(Designer; Park, HyoChul)

제2장. 실내디자인의 구성

2.1 실내공간의 제(諸) 요소

1) 공간구성

실내공간의 구성은 고정적 요소와 가동적 요소로 구분된다. 공간을 한정하는 바닥, 벽, 천장, 공간간의 수평·수직 동선을 지원하는 개구부, 통로, 계단 등은 고정적 요소이다. 고정적 요소는 쉽게 변경하기 어려우므로 기획

단계부터 기능에 맞도록 철저한 준비와 노력이 필요하다. 반면에 가구, 생활용품, 장식품, 조명 등은 실내공간의 가동적 요소이다. 이 요소들은 개인의 취향, 시대적 경향, 그리고 사용자의 교체 등의 요인에 의해서 비교적 쉽게 변경할 수 있다.

실내디자이너가 우선적으로 고려해 디자인을 전개해야 할 것은 물론 고정적 요소이다. 하지만, 가동적 요소도 실내의 기능성, 안락성, 쾌적성, 시각적 쾌감 등 실내 환경을 조절하고자 하는 목적에 막대한 영향을 미치므로 이도 간과해선 안 된다. 고정적 요소든 가동적 요소든 어느 것이 중요하고, 어느 것이 덜 중요한 것은 없다. 디자이너는 전체 요소를 대상으로 실내공간이 추구하는 목표를 달성해야 하며, 이를 위해서 책임감을 갖고 최선의 노력을 경주해야 한다.

2) 마감 재료

마감 재료는 공간을 구성하는 고정적 요소와 가동적 요소의 표면에 시공하는 건축자재이다. 마감 재료의 색채와 질감, 마감패턴 등은 공간의 성격과 분위기를 조성하는 조형언어 역할을 한다. 즉, 재료의 색감(色感), 따뜻함과 차가운 정도의 온도감, 밝음과 어두운 정도의 명도감, 거침과 매끈한 정도의 질감, 그리고 이들의 마감 패턴에 의해서 공간의 분위기가 달라진다.

또한 마감재 표면의 물리·화학적 특성에 의해서 장소나 가구의 기능성을 강화하는 역할을 한다. 예를 들어 물을 사용하는 곳은 내수성이 강한 타일이나 석재, 합성수지, 고무제품으로 마감한다. 즉, 열, 물, 음, 힘, 먼지, 미끄럼, 부러짐 등의 환경요구조건에 따라서 내열·단열성, 내수성, 방음·흡음성, 내구성, 탄력성, 방오성, 마찰력, 전단력 등의 등급이 적절한 마감재를 선정한다.

마감재의 이러한 성능 차이나 재료자체의 디자인 질(質)에 따라서 원자재의 가격차이가 많이 나며, 인건비에 영향을 주는 시공방법의 난이도에도 영향을 미쳐서, 전체 공사비에 막대한 영향을 미친다.

3) 색채

색채학자 아른하임(R, Arnheim)은 “시각언어 가운데 색채가 형태보다 강한 정보전달 능력을 갖는다.”고 하여, 조형언어 가운데 색채의 중요성을 강조하였다. 즉, 인간이 어떤 실내 환경을 접하였을 때, 공간의 형태보다 색채를 통하여 먼저 공간 분위기 정보를 얻는다는 것이다.

조명은 공간이 요구하는 기능적 측면과 감성적 측면을 동시에 만족시켜야 한다면, 색채는 다소 감성적 측면에서 접근되는 환경요소이다. 이런 이유 때문에 조명은 객관적 근거에 의해 계획이 가능하다면, 색채계획은 디자이너의 감각에 의존해 왔다. 하지만 색채의 이론적 근거에 의해서 실내공간의 기능성을 강화하거나, 공간의 확장과 축소 등 다양한 공간 연출이 가능한 분야이다. 따라서 색채계획의 객관성을 확보하기 위한 프로세스에 관심을 기울여야 한다.

2002 월드컵에서 한국 팀을 4강으로 이끌었던 거스 히딩크(Guus Hiddink, 네덜란드, 1946~) 전 한국 대표팀 감독은 색채의 지각과 심리적 원리도 현명하게 조절하는 감독이다. 그가 부임하는 날 일본에서 열린 한·일 평가전을 보고 난 후, 경기 관전평을 요구하는 기자들의 질문에 대하여, 그의 첫마디는 “한국선수들의 유니폼 색을 바꾸어야 합니다.”고 대답했다. 한국 대표 구기 종목의 전통적인 유니폼 색을 바꾸자는 그의 의견에 반대 여론도 있었지만, 결국 색을 바꾸어 세계가 놀랄 만한 결과를 이룩하였다.

그날 입었던 우리선수들의 유니폼은 전통적인 적갈색이었고, 일본선수 유니폼은 흰색이었다. 분명 한국선수들의 체격조건이 월등히 좋은데, 시각적으로는 열등하게 보였던 것이다. 우리 선수의 체격이 작게 보였다면 상대 선수는 체격이 커 보였다는 것이다. 즉, 같은 체격 조건이라면 밝은 색의 난색(暖色) 유니폼은 어두운 한색(寒色)보다 팽창·진출한다는 색채지각 이론 때문이다. 2002 한일월드컵의 한국선수 유니폼은 전통적인 어두운 빨간색이 아닌 밝은 빨간색을 입고 체격조건이 우수한 서구선수들과도 대등한 경기를 했다.

실내공간도 고명도의 채도가 높은 난색계열 색채계획은 진출하는 특성이 있어서 좁아 보인다. 분양을 앞둔 모델하우스에서 한색계통 벽지로 배색한 유닛과 난색계통 벽지로 배색한 같은 유닛을 비교해보면, 난색계열 유닛은 따뜻하고 아늑한 느낌을 주는 반면에, 한색계통은 시원한 느낌을 주는 것도 같은 이치이다. 한색계통은 색상이 주는 느낌과 더불어 벽, 바닥, 천장이 후퇴하는 것으로 지각되어 시원한 공간분위기를 연출하는 반면에, 난색계통은 색상이 주는 느낌과 더불어 벽, 바닥, 천장이 진출하는 것으로 보여서, 따뜻하고 아늑한 공간을 연출하는 것이다.

또한, 난색계열의 실내는 한색계열보다 시간의 흐름을 지루하게 느끼는 특성이 있다. 때문에 병원입원실과 같이 오랜 시간 머무르는 곳은 한색으로 배색하는 것이 바람직하다. 반면에, 객 단가가 낮은 박리다매형 상업공간은 난색계열로 배색하면, 시간의 흐름을 지루하게 느껴지게 하여서 고객 회전율을 높일 수 있다. 이러한 색채의 이론특성을 환경에 적용하여 조절하는 것을 색채조절(Color conditioning)이라고 한다.

4) 가구

가구는 인간에게 휴식과 작업, 그리고 수납 및 장식적 기능을 담당한다. 안락하게 신체를 지지하여 휴식을 제공하고, 작업행위를 편리하고 능률적으로 행하게 하는가하면, 여러 물품을 보관, 정리, 진열하는 수납의 기능과 장식적 요소로도 작용하여 실내공간의 미적 효과를 증대시킨다. 상업공간에서는 이들의 배치방법과 안락성에 따라서 수용인원과 영업 전략이 달라질 수 있다. 또한, 가구는 공간의 성격, 생활양식, 사용자의 신분과 지위 등을 나타내기도 한다. 가구의 크기, 형태, 재료, 색채, 배치밀도, 배치방법 등에 따라 실내의 분위기는 전혀 다르게 형성된다. 따라서 실내공간의 기능과 사용목적, 그리고 디자인 컨셉에 따라 신중하게 계획하며, 그 스타일도 결정해야한다.

5) 조명

조명은 개구부를 통해서 유입되는 자연조명과 인공 발광체를 통해 제공하는 인공조명으로 구분할 수 있다. 자연채광이 유입되는 창은 실내공간의 기능만이 아닌, 건축물 외부형태에도 미치는 영향이 크므로 건축 단계에서부터 치밀하게 계획해야 한다. 반면에 인공조명은 태양광이 전혀 없거나 부족한 공간에 자유롭게 밝기를 조절하는 기능을 한다. 실내공간의 밝기를 나타내는 단위는 조도(lux)이며, 이것은 단위평면위에 입사하는 빛의 양을 의미한다.

빛은 공간과 물체의 형태, 색채, 질감을 지각하게 함으로서 인간의 활동을 가능하게 하며, 생리·심리적으로 인간의 감정에 영향을 미치는 요소이다. 즉, 빛이 있어야 공간 목적에 따라 사용이 가능하며, 디자이너 의도에 따라 분위기 조성이 가능하다. 때문에 자연채광과 인공조명의 과학적 접근을 통한 적정조도확보 방법에 대한 연구는 물론, 의도한 공간 분위기 연출을 위해서 다양한 첨단 장비와 기구, 그리고 디자인 기법이 개발되고 있다.

6) 조경

실내조경은 물, 식물, 돌 등의 자연요소를 실내에 도입함으로서 쾌적한 환경을 조성하고, 경직된 분위기를 순화시켜주는 역할을 한다. 오늘날 핵가족화나 아파트 주거문화의 대중화, 여성의 사회참여 등으로 실내 생활문화도 과거와 상당한 변화가 있다. 이로 인해 우리의 실내생활은 자연과 멀어진 것도 사실이다.

하지만 '인간은 자연으로부터 와서 자연으로 돌아간다.'는 철학적 진리가 아니더라도, 사람들의 의식 속에는 늘 자연에 대한 동경을 갖고 있다. 이러한 인간의 자연으로 회귀하려는 본능, 그리고 건강을 중요시하는 시대적 욕구는 실내공간에서도 자연을 쉽게 접할 수 있는 실내조경을 필요로 하고 있다. 최근 주거공간은 물론, 공공건물이나 카페, 레스토랑 등에서도 실내조경을 적극 도입하고 있다.

2.2 실내디자인 기본 용어

1) 공간의 형태

바닥, 벽, 천장을 구성하는 각각 2차원의 면이 3차원의 공간을 형성하며, 공간을 구성하는 면의 높이와 넓이가 공간의 형태를 결정한다. 공간의 형태는 인간에게 긴장감이나 압박감을 주는가 하면, 안정감이나 편안함을 주기도 한다. 그러나 공간이 주는 심리적 자극은 단순히 바닥 넓이 만에 의하거나, 벽 높이 만에 의하기 않는다. 왜냐하면 사람은 3차원으로서 넓이와 높이 즉, 공간을 동시에 인지하여 자극을 받기 때문이다.

물론 공간을 형성하는 2차원 각각 면의 문양패턴이나 색채, 질감 등도 공간의 형태와 더불어 사용자에게 심리적· 심미적 자극을 주는 요소이다. 그러나 문양과 색채, 그리고 질감이 주는 시각적 자극은 2차원의 표면적인 것이며, 공간의 형태는 깊이가 있는 3차원적 시각 자극이다. 더구나 3차원의 공간은 한번 계획하면 쉽게 바꾸기가 어렵기 때문에 초기부터 심사숙고해야 한다.

따라서 실내계획은 먼저 전체적인 공간계획에 대한 방향을 설정한 다음에 바닥, 벽, 천장의 부분으로 전개하고, 후에 상세한 부분에서 전체 공간디자인을 검토하면서 전개한다. 즉, 3차원 공간계획의 목표를 먼저 선정한 다음에 2차원, 그리고 1차원의 순으로 전개하고, 후에 1차원에서 3차원까지 되짚어가면서 1, 2차원의 패턴, 색채, 질감을 보안하거나 조절한다. 이로써 실내공간디자인의 목표를 차질 없이 달성할 수 있다.

2) 공간의 균형

실내디자이너가 창조하는 공간은 인간을 위한 것이다. 실내공간이 기능성, 안전성, 편리성, 쾌적성, 전통성, 사회성 등을 목표로 하는 것은 공간의 주인공이 인간이기 때문이다. 따라서 바닥, 벽, 천장의 폭과 높이에 의해서 형성되는 공간의 균형도 인간의 치수와 인간의 시각적 인지범위를 고려한 상대적인 관계로 계획한다.

건물신축공사 현장 앞에 걸려있는 조감도를 보고 조감도의 크기와 관계없이 건물의 규모를 바로 알 수 있다. 이는 조감도에 표현된 사람의 키와 건물 높이의 상대적인 비례에 의해서 직감하게 된다. 공간의 규모를 판단하는 기준도 오랜 경험을 통해 학습된 휴먼스케일(Human scale) 즉, 인간의 신체 크기와 활동을 위한 공간과 시각 인지범위에 의해서 직감적으로 느끼게 된다. 따라서 공간디자인은 휴먼스케일을 기준으로 조절하고 계획한다. 이때 디자이너의 의지에 의해서 인간에게 편안한 공간을 제공하기도, 때로는 압도하는 공간을 창조하기도 한다.

3) 모듈(Module)

모듈은 미터법과 같이 절대적 단위가 아니라, 건축, 실내, 가구 등의 디자인을 전개함에 있어 그 종류와 규모에 따라 기준으로 삼는 상대적인 단위이다. 이 모듈은 일정한 최소단위를 설정하고, 이것의 배수 크기나 규모로 다양하게 설정할 수 있다.

모듈은 건축, 실내, 가구 등의 다양한 디자인 작업과정을 단순화하여 설계 능률을 향상시킨다. 또한 재료의 대량생산을 가능하게 하여서 생산비용이 절감됨은 물론, 수송과 취급도 편리해 진다. 시공현장에서는 재료를 자투리 없이 사용할 수 있어서 할증 율을 줄일 수 있고, 작업 효율도 높일 수 있다. 따라서 실내공간에서 재료의 모듈적용은 원자재 생산 원가와 물류비용의 절감, 공사기간의 단축과 인건비의 절약, 마감의 정교함 등 다양한 효율을 높이는 계획수단이다.

모듈을 기본척도로 하여 그리드 플래닝(Grid planing)을 적용하면, 건축물의 구조와 설비계획도 질서를 확보할 수 있어서 재료와 작업의 효율을 높임은 물론, 추후 공간 사용자나 용도 변경에도 무리 없이 유연하게 대응할 수 있다. 기둥과 칸막이벽 계획에 모듈을 적용하면, 공간과 구조의 효율을 높여주고, 건축물 외부 창호나 내부 문의 치수와 위치도 질서를 확보할 수 있어서 시각적 균형을 꾀할 수 있다.

4) 동선(Circulation)

건축물의 내부나 도시공간에서 사람이나 물건이 움직이는 선을 연결하여 만든 선을 동선(動線)이라고 한다. 동선은 빈도(頻度)와 속도(速度), 그리고 하중(荷重)의 3요소로 나타내며, 각 요소의 크기에 의해서 공간의 폭을 결정하고, 동선이 직접 닿는 바닥 재료도 결정한다.

디자이너의 계획 의지에 의해서 동선은 짧게도 길게도 계획할 수 있으며, 이는 공간 기능과 목적달성에 지대한 영향을 미치는 요소가 된다. 생산현장의 작업동선, 주거공간의 가사노동 동선, 상업공간의 종업원 동선 등은 짧을

수록 효율과 쾌적성을 높일 수 있으므로 동선계획의 초점이 여기에 맞추어 진다. 반면에 백화점과 같은 상업공간의 고객동선은 매장 전체를 둘러볼 수 있도록 길게 유도하는데 주안점을 둔다. 이것은 고객으로 하여금 매장 내에 오랫동안 머물러서 판매하는 상품에 대한 모든 정보를 보고, 들을 수 있어서 구매 욕구를 유발하기 위함이다.

동선의 흐름은 공간기능에 따라 연속되어야 하는 경우와 분리되어야 하는 경우가 있다. 미술관이나 박물관의 관람동선은 의식하지 않더라도 관람을 시작한 곳으로부터 마지막 공간까지 물 흐르듯 연속되어야 한다. 하지만, 공간의 성격이나 사용자 구분이 뚜렷한 백화점의 물품동선과 고객동선, 은행의 종업원 동선과 고객 동선은 공간적으로 서로 분리되어야 한다.

5) 조닝(Zoning)

도시나 실내공간 계획에서 사용용도나 법적 규제 범위에 따라 공간을 구분하여 배치하는 행위를 공간의 조닝(Zoning)이라고 한다. 실내공간이 하나의 단순한 기능만을 갖고 있는 좁은 공간이라면 조닝이 필요 없겠지만, 대부분의 공간은 여러 기능을 복잡하게 수행해야하기 때문에 상이한 공간 간에 구분이 필요하다. 또한 구분된 공간 내에서도 행위나 작업의 순서가 다르다면 또다시 구분하기도 한다. 조닝에 의해서 연속된 기능을 수행할 수 있도록 공간을 배치하고, 규모를 설정하는 계획은 실내디자인 과정에서 매우 중요한 과정이다.

공간을 구분하는 방법은 차단적 구획과 심리·도덕적 구획이 있다. 차단적 구획은 구분하는 공간 간에 칸막이벽을 두어서 시각적 또는 청각적으로 구분하는 것이다. 공간사이를 차단하는 방법은 고정된 벽일 수 있지만, 이동벽이나 커튼, 블라인드, 유리 등으로도 구분한다. 심리·도덕적 구획은 앞의 차단적 구획과는 달리, 시각이나 청각적으로 일부만 차단하여 공간을 구분하는 것이다. 예를 들면 구분하고자 하는 공간 간에 가구나 기둥, 벽난로, 식물 등으로 구분하거나, 바닥이나 천장의 형태, 색채, 재료, 조명 등의 변화에 의해서도 영역을 구분한다. 차단적 구획이 시각적, 청각적으로 독립된 공간을 확보하는데 유리하다면, 심리·도덕적 구획은 공간의 가변성을 확보하는데 유리하다.

사진 1-3. PALATIUM VILLAGE (Designer; Park-HyoChul)

RESIDENTIAL SPACE

2부
주거 공간

제1장 주거 공간의 개념
제2장 구역 구분과 동선
제3장 각 실의 실내계획
제4장 주거공간 효율의 극대화

사진 2-1. PALATIUM VILLAGE (Designer; Park-HyoChul)

제1장. 주거공간의 개념

1.1. 개념과 공간구성 요건

인간이 삶을 영위하기 위한 기본적인 요소는 의(衣)·식(食)·주(住)이지만, 의(衣)생활과 식(食)생활은 주(住)생활 행위가운데 이루어지는 경우가 대부분이다. 즉, 주생활은 물리적으로나 심리적으로 의생활과 식생활을 포함하고 있다고 볼 수 있어서, 주생활공간을 계획하려면 의생활과 식생활까지도 이해해야만 한다.

우리 경제의 급속한 성장과 더불어 지속적으로 부동산 가격이 폭등한 탓도 있지만, 전통적으로 우리 국민들은 주택을 소유와 투자의 개념으로 생각해 왔다. 물론 최근 경제와 사회수준이 선진국 수준에 들어서면서 주택을 소유나 투자의 개념에서 벗어나서, 단순히 가족이 함께 삶을 영위하는 주거의 개념으로 인식이 전환되고 있는 것은 다행스런 일이다. 즉, 주거공간의 본질은 '소유가 아닌, 그 공간 안에서 어떻게 살 것인가.'의 문제를 훨씬 중요하게 다루어야 하는 것이 분명하다.

인간이 일정한 장소에 정주(定住)해 살기 시작한 시점에서 주택은 쉘터(Shelter)의 기능이 전부였다. 추위와 더위를 피하는 장소, 맹수와 해충으로부터 신체를 보호하는 장소, 음식물을 저장하고 취사하는 장소 등 단순 기능을 담당하였었다. 즉, 인간이 생존하기 위한 최소한의 수단인 먹고, 자고, 쉬고, 배설하는 장소였다. 하지만, 현대는 저마다 복잡한 사회의 구성원으로 고된 삶을 살고 있어서, 치열한 삶의 현장으로부터 몸과 마음의 휴식처를 필요하고 있다. 따라서 현대 주거공간은 경제사회활동으로부터 받는 신체와 정신의 피로를 풀고 에너지를 재충전하는 쉼의 장소이다. 더불어 주택이라는 물리적 공간 안에서 주생활을 영위하는 가운데 가족 간에 서로 배려하고, 도와주고, 양보하고, 사랑하는 단란의 장소이다. 이로서 가족구성원들은 행복과 보람을 만끽함으로서 삶의 피로를 풀고 에너지를 충전하는 곳이다.

그러나 주거공간 내에서 삶의 방식은 민족마다, 사람마다 상당한 차이가 있다. 즉, 주생활을 영위하는 대상이 누구인지에 따라서 요구조건은 차이가 있다. 또한, 어느 특정 가정의 주택일지라도 구성원마다 요구하는 주생활 기능 사이에는 복잡한 상관관계를 갖고 있다. 따라서 주거공간의 계획은 구성원의 특성, 구성원의 주생활방식을 고려하는 세밀함과 더불어 모든 구성원들의 요구사항을 조합한 총체적인 주생활 측면에서 접근해야 한다. 그래서 주거공간의 실내디자인은 가장 쉬운 영역(領域)이면서, 한편으론 가장 어려운 디자인 영역이라고 한다.

표2-1은 주거기능을 담당하는 각각의 장소별 일반적인 주생활행위와 이를 위한 공간구성 요건에 대한 설명이다.

표 2-1. 주생활 행위와 공간구성 요건

주거 기능	주생활 행위	장소	공간구성 요건
단란	가족 간의 담소, 오락, 취미활동, 식사	거실 (Living Room)	• 주거공간의 컨셉(Concept)이 반영되어야 할 대표 장소 • 가족전체가 마음 편히 교류하는 장소 • 가족 모두 얼굴을 마주 대할 수 있는 장소로서 이에 필요한 가구 설치 • TV, 오디오 등 기본 디지털 시스템 설치
		가족실 (Family Room)	• 가족전체를 위한 독립된 장소 • 가족의 취미, 오락, 담소 등의 행위를 지원하는 장소
		식당 (Dining Room)	• 다양한 식사메뉴에 가변적으로 대응할 수 있는 여유로운 장소 • 식사의 즐거움을 만끽할 수 있는 장소 • 음식준비 규모에 따라 부엌으로 확장해서 사용하는 장소
가사 작업	취사, 세탁, 청소, 다리미질, 육아, 수납	부엌 (Kitchen)	• 준비, 개수, 조리, 가열, 배선행위가 짧은 동선으로 연결 • 식품, 식기, 조리 기구의 효율적 수납 • 냉동·냉장고, 오븐, 가스· 전자렌지 등 조리를 위한 각종 편의 장비 설치 • 가족모두가 작업에 참여하는 넉넉한 공간 확보
		다용도실 (Utility)	• 세탁을 위한 세탁기 설치 및 소모품 보관 • 세탁물 보관 • 손빨래를 위한 빨래판 설치 • 청소용품의 수납 • 냉장고에 저장하지 않는 양파, 마늘, 고구마 등의 식자재 수납 • 재활용 용품 분리수거 임시 보관, 쓰레기 임시보관 장소 • 다리미질 장소(사용자에 따라 다를 수 있음)
		창고 (Storage)	• 주거공간을 넓게 사용하기 위한 필수 공간 • 사용빈도가 낮은 물품을 크기와 용도별로 효율적 수납하고, 찾기 쉽도록 선반 시스템 설치

		붙박이 장	• 계절별, 개인별, 의류별, 규격별로 효율적 수납 • 이불, 커튼 등의 부피가 큰 제품의 효율적 수납
		발코니 (Balcony)	• 세탁물의 건조 • 화분 또는 실내조경 • 수도 및 배수배관 설비
		주거 전체 공간	• 청소기를 이용한 오물수거, 걸레질, 정리정돈 • 육아
휴식 및 학습	취침, 학습	개인침실 (Bed Room)	• 개실 사용자의 취향을 반영한 독립된 장소 • 독립된 취미활동, 취침 장소 • 개인 생활용품 수납
		노인실	• 하루 대부분의 시간을 보내는 장소 • 종합적인 주생활 행위(취침, 취미, 노동, 단란, 응접 등)
		아동실	• 아동의 취침, 학습, 놀이, 취미활동 등 다목적 장소 • 주간 사용시간이 많은 장소
생리 위생	세면, 목욕, 배설	욕실 (Bath Room)	• 세면, 세족, 양치질, 면도, 머리감기, 샤워, 속옷 또는 양말 빨기 등 다양한 활동의 장소 • 단수 시 물 받기, 이불 빨기, 김장배추 저리기 등 자주는 아니지만, 꼭 필요한 주생활 행위
		화장실 (Toilet)	• 소변, 대변의 배설

1.2. 주거공간 계획에 미치는 요소

실내와 실외를 포함하여 주거공간 계획 시 고려해야할 사항은 크게 자연적 조건과 거주자 조건으로 구분할 수 있다. 자연적 조건은 대지가 위치한 지역, 기후, 향(向) 등을 들 수 있으며, 거주자 조건은 구성원 수, 가족생활 스타일(Family life style), 구성원 특성, 경제적 능력, 선호하는 디자인 스타일, 주생활 양식 등이 있다. 주거공간의 계획은 이 모든 조건들을 고려해서 전개한다.

1) 자연적 조건

(1) 지역

주택의 입지가 도시인지 교외인지, 또는 강이나 해변인지, 아니면 산에 있는지에 따라 주생활 내용도 달라지므로, 이를 계획에 반영해야 한다. 도시형 주택은 건축물의 밀도가 높은 지역에 입지하는 것으로서 본 장(章)에서 주로 다루게 될 유형이다. 도시 주거는 복잡하고 치열한 도시생활가운데 시각적·청각적 프라이버시를 확보하고, 가족의 단란과 안정된 휴식을 통하여 피로를 풀고, 에너지를 재충전하는 곳이다. 아울러 주거공간에서의 가사작업은 능률적이면서, 온 가족이 참여함으로서 가족모두가 주생활의 행복을 누릴 수 있는 계획이 필요하다.

반면에 교외의 산이나 강, 해변, 들판 등 풍광(風光)이 우수한 곳에 위치하는 별장주택이나 전원주택은 도시주택과 차이가 있다. 도시의 일상이 아닌, 자연 가운데 다양한 활동을 통하여 육체적·정신적 휴식을 취하고, 생활의 활력을 찾는 주택이다. 그래서 이 유형은 가사작업의 효율성이나 에너지 효율을 높이기 위한 배치 문제보다는, 입지한 자연환경에서 휴식하고, 휴양할 수 있는 장소의 개념을 우선적으로 고려한다. 예를 들면, 자연을 만끽할 수 있는 데크(deck), 향보다는 조망을 위한 창, 간단한 농경행위를 지원하는 시설, 옥외 식사공간 등을 계획에 반영하기도 한다.

(2) 기후

주택이 입지하는 지역의 기온, 강우량, 일사량 등 물리적 조건을 고려해서 주거공간을 계획한다. '강수량이 많은 울릉도는 지붕의 경사각이 크다. 한대지방은 벽을 두껍게 하고, 개구부가 작다. 열대지방은 차양을 설치하여 일사량을 조절한다.'등은 기후요소들이 주택의 지붕 형태, 평면, 개구부의 크기 등에 영향을 미치고 있음을 입증하는 것들이다.

주택의 건축적 차원 외에, 실내계획에서도 기후요소는 적극 반영되어야 한다. 제한된 공간이지만 천장 높이를 가급적 높이고 한색(寒色)계열 재료로 마감하면 물리적·심리적 온도를 내릴 수 있다. 반대로 천장의 높이를 가급적 낮추고, 커튼을 달아서 열손실을 막으며, 난색(暖色)계열 재료로 마감하면 물리적·심리적 온도를 높일 수 있다.

(3) 향(向)

주택의 주요공간이 채광, 전망, 바람 등의 외기에 노출된 방향에 따라 '이 주택은 남향이다. 동향이다.'라고 일컫는다. 일반적으로 온 가족이 주·야간 관계없이 사용빈도가 높은 거실이나 가족실, 주간 사용빈도가 높은 노인 실, 어린이 실의 노출방향이 주택의 향이 된다. 향에 따라 창의 크기를 조절하거나, 차양을 설치하여 햇빛의 유입을 조절한다. 남향이지만 도로변에 입지하는 경우는 소음 차단과 프라이버시 확보를 위해 커튼(Curtain)이나 브라이드(Blind)로 조절할 수 있다.

2) 거주자 조건

(1) 구성원 특성

주택의 공간구성에 가장 큰 영향을 미치는 요소는 구성원이다. 구성원은 '몇 명인지, 어린자녀가 있는지, 노부모가 계시는지, 혹은 수험생을 둔 가족인지, 자녀의 성별 구성비는 어떤지'에 따라 요구되는 공간구조는 상당한 차이가 있다. 아울러 계획할 가정의 경제와 문화적 수준, 구성원들의 연령과 직업, 취미, 그리고 각 공간의 사용시간(Family life cycle) 등도 주거공간계획 방향을 설정하는 기본요소이다.

(2) 주생활 양식

주생활 양식은 주거공간에서 행하는 생활양상, 즉 생활유형을 말한다. 사실 주거공간 안에서 요구되는 기본적 욕구는 동·서양을 막론하고 다르지 않기 때문에 생활을 담는 공간도 유사할 것 같지만, 상당한 차이가 있다. 그것은 나라나 지역마다 자연환경과 사회 환경에 적응해 살아오면서 주생활도 차이가 있고, 그것을 담는 공간도 차이가 생기기 때문이다. 오늘날 대부분의 나라들이 인공으로 실내 환경을 조절하는 기계설비와 가사작업을 지원하는 가전제품의 보급이 일반화되었다고 하지만, 나라나 지역마다 형성된 전통적이고 관습적인 주생활 양식은 차이가 있다. 한식(韓式)과 양식(洋式)의 주생활양식의 일반적인 차이는 표 2-2와 같다.

표 2-2. 한식과 양식의 구분

구분	한식	양식
실의 호칭	위치별(안방, 건너방, 안채, 바깥채)	용도별 (침실, 거실, 식당, 서재)
생활양식	좌식, 탈화	입식, 착화
평면구성	조합적	분화적
공간의 융통성	융통성이 큼	융통성이 작음
공간의 독립성	독립성이 작음	독립성이 큼

한식은 안방, 건너 방처럼 위치별로 실을 호칭하며, 좌식생활방식과 신발을 벗고 생활한다. 방과 방, 방과 외부는 벽과 문에 의해서 구분하거나 연결되어서, 문을 열면 둘 또는 세 개의 실이 하나의 큰 공간이 되고, 하나의 공간은 다시 세 개의 공간으로 구분할 수 있어서 공간의 융통성이 좋다. 각각의 실은 개인보다는 가족위주이며, 다용도로 사용하기 때문에 조합적이지만 독립성은 떨어진다.

이에 반해 양식은 거실이나 침실, 식당, 서재 등 용도별로 실을 호칭하며,

입식생활방식과 신발을 신고 생활한다. 실의 구분은 벽으로 구분하여서 공간의 융통성은 작으나, 각각의 실은 개인위주로 사용하기 때문에 분화적이며 독립성이 우수하다.

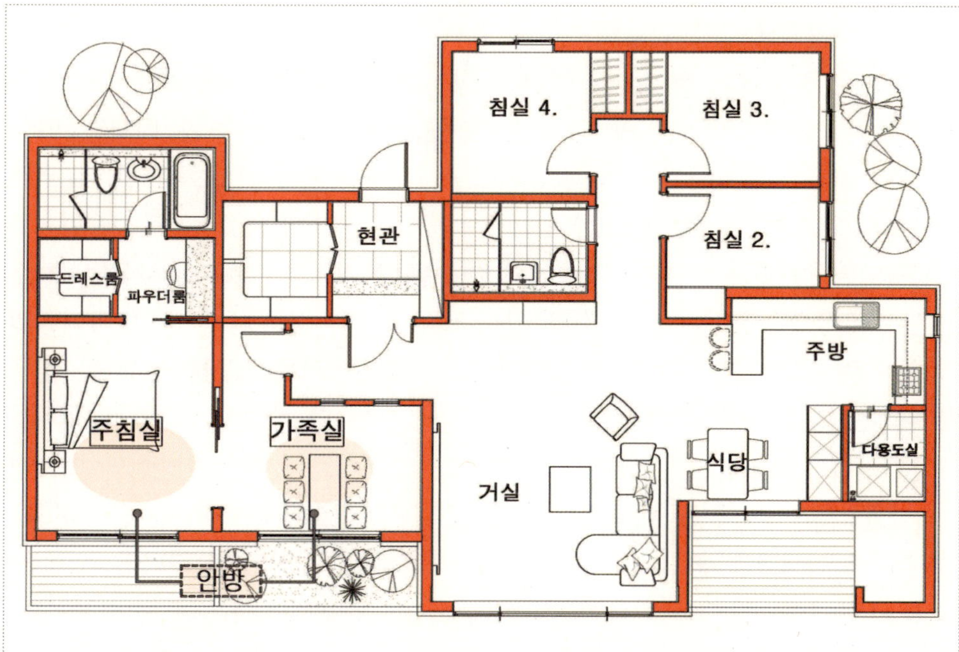

그림 2-1. 안방 Zone(침실과 한국적 단란의 장소로 사용하는 안방Zone의 예)

최근 우리의 주생활도 상당히 서구화되고 있는 과정에 있으나, 생활에 담겨있는 전통이나 관습은 무시할 수 없어서 양식과 한식이 혼재된 이중적 양식도 나타나고 있다. 보통 식사나 거실에서의 생활행위는 입식이지만, 대부분 주거 내에서 신을 벗고 생활한다. 침대에서 잠을 자는 사람도 있지만, 바닥에 침구를 깔고 잠을 자는 경우도 흔히 볼 수 있다. 또한, 안방은 주침실 용도뿐만 아니라, 양식의 거실처럼 단란의 장소로도 이용되고 있다. 이점을 착안하여 새로운 유형의 안방 존(Zone) 계획도 제안되고 있다. 안방 존에 프라이버시(Privacy)가 확보된 주 침실을 후실(後室)로 배치하고, 전실(前室)은 한국전통의 단란의 장소로 가족실 기능을 동시에 수행하기도 한다.

(3) 디자인 스타일

디자인 스타일(Design style)이란 특정시기, 특정지역, 특정계층에서 유행하던 건축, 실내, 가구 등의 디자인 표현양식이다. 예를 들면 디자인 역사 가운데 그리스, 로마, 비잔틴, 로마네스크, 고딕, 르네상스, 바로크, 로코코 등의 디자인 양식이 있었다.

오늘날은 1960년대 후반부터 미국의 젊은 작가들에 의해서 시작된 '최소한도의, 최소의, 극미의'라는 뜻을 가진 minimal에 'ism'을 덧붙인 미니멀리즘 양식을 기반으로 다양한 예술분야에서 시대와 사회적 상황에 따라 조금씩 변하고 있다. 미니멀리즘의 조형언어는 곡선보다 직선을, 다양한 색채보다 모노톤(Monotone)을, 화려한 장식보다 실용성을, 인공적인 소재보다 자연소재를, 그리고 꼭 필요한 것만 두고 빈 공간은 과감히 비우는 양식이다.

또한 하이테크(high-tech) 미니멀리즘 디자인 경향도 나타나고 있는데, 이 양식은 거친 질감의 노출콘크리트와 차갑고 광택이 나는 스틸(steel), 유리, 반투명재질의 플라스틱 등의 재료와 디지털이 결합된 사이버(cyber)적 표현양식이다.

한편, 미니멀리즘의 기본인 단순함과 비움은 동양이나 한국전통 철학사상과 잘 맞아떨어진다. 서구에서도 동양의 색채와 문양을 이용한 오리엔탈 미니멀리즘이 큰 인기를 끌고 있는 것은 이를 반증하는 자연스런 현상이다. 이에 한국 전통건축의 내· 외부 형태, 재료, 색채, 가구, 장식, 문양, 소품 등의 외적 디자인과 이들의 내적 조형언어를 바탕으로 하는 표현양식에 지속적인 관심과 연구가 필요하며, 그리고 이를 현대디자인에 적용하는 실천이 필요하다.

사진 2-2. 자연(원목)의 소재로 직선을 강조하고 가구를 최소화한 주거공간 (J씨 아파트, Designer; A.i Plan Ahn-Sungil)

디자인 스타일을 결정하는데 있어서 무엇보다 중요한 것은 가구 구성원들의 요구와 희망을 반영하여야 한다. 즉, 거주자가 원하는 스타일, 나아가 거주자의 개성을 살릴 수 있어야 한다. 그리고 디자인 스타일이 결정되면, 주택의 외관부터 실내, 가구, 재료, 색채, 조명, 소품에 이르기까지, 디자인 스타일이 완성될 수 있도록 디자이너는 책임의식을 갖고 끝까지 계획과 감리에 최선을 다해야 한다.

사진 2-3. PALATIUM VILLAGE (Designer; Park-HyoChul)

제2장. 구역구분과 동선

2.1. 구역구분(zoning)

주거공간에서는 다양한 생활행위들이 일어난다. 이러한 행위들은 주 행위(住 行爲)별, 사용시간별, 동·정적(動·靜的)행위별, 방위별, 설비시설이 필요한 구역별 등 공간을 그룹핑(Grouping)할 필요가 있다. 즉, 공간의 기능이나 성격이 같은 것은 하나의 영역으로 묶고, 다른 것과는 구분해야 하는데, 묶어야 하는 영역을 구역 또는 존(zone)이라고 하며, 구역을 구분하는 것을 조닝(zoning)이라고 한다.

공간을 구분하는 방법은 칸막이로 막거나 층으로 구분하여 시각과 청각적으로 분리하는 차단적 구획법이 있는가 하면, 가구나 기둥, 벽난로, 식물 등을 배치하여 시각의 일부를 차단하여 분리하기도 한다. 또는 공간 간에 마감재료를 바꾸거나 조도차이에 의해서 구분하는 것을 심리·도덕적 구획법이라고 한다.

1) 주 행위(住 行爲)에 의한 구역구분

주거공간에서 일어나는 주 행위는 공동생활과 개인생활, 보건위생, 그리고 가사작업생활로 구분할 수 있는데, 성격이 같은 각 구역은 그룹핑하고 다른 구역은 구분한다. 공동생활구역은 친교, 융화, 식사, 취미활동 등 가족 모두가 사용하는 단란의 영역으로 거실, 식당, 가족실, 응접실, 현관 등이 이 구역 성격에 속한다. 공동생활구역은 주거의 핵심공간으로서 디자인개념이 잘 나타나도록 계획한다.

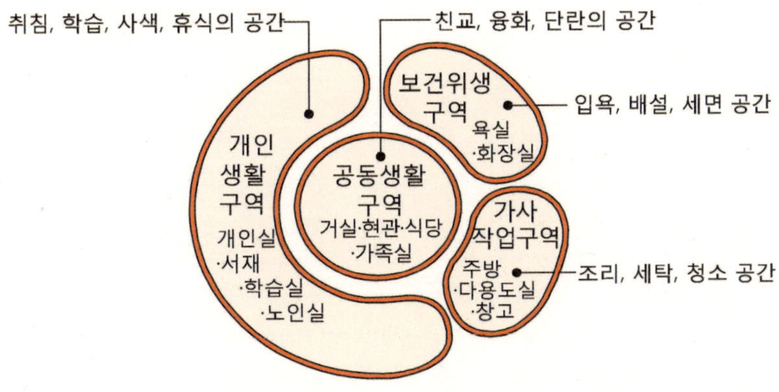

그림 2-2. 주 행위에 의한 구역구분

개인생활구역은 취침, 학습, 휴식 등 구성원 개인의 사적생활을 위한 공간이다. 침실(주 침실, 개인 침실, 아동실, 노인실), 학습실, 서재가 이 구역 성격에 속하며, 시각적·청각적으로 실의 독립성을 확보하는 것이 중요하다.

보건위생구역은 배설, 세면, 목욕, 머리감기, 발 씻기, 면도질, 양치질 등을 위한 공간으로서 샤워 실, 변소, 세면 실 등이 이 구역 성격에 속한다. 이 구역은 사용범위로 보면 가족 전체가 사용하는 공동구역의 성격이지만, 사용행동 성격으로 보면 개인이 혼자 사용하므로 개인생활구역으로 구분할 수 있다.

가사작업구역은 취사 및 취사전후 관련 작업, 음식 만들기 전후 관련 작업, 세탁, 수납, 정리정돈, 수선, 다림질 등 육체적 노동을 하는 공간이다. 부엌을 중심으로 식당, 다용도실, 창고, 서비스 야드(service yard) 등이 이 구역 성격에 속한다. 이외에도 가사작업 강도가 높은 청소와 육아는 주생활이 이루어지는 모든 공간에서 이루어진다. 이 구역은 능률적인 작업이 될 수 있도록 짧고 피곤하지 않은 동선계획, 그리고 가구와 제 설비 계획도 편리하고 효율적인 작업이 될 수 있도록 인체공학적이어야 한다.

2) 사용시간에 의한 구역구분

주거공간의 각각 실들은 '주간과 야간, 어느 시간에 사용한다.'고 명확히 구분할 수는 없다. 다만, 주간에 주로 사용하는 구역, 야간에 주로 사용하는 구역, 주간과 야간 구분 없이 사용하는 구역 등으로 구분할 수 있다. 주간에 주로 사용하는 구역은 가사작업이 집중된 구역, 초등학생 이하의 아동실, 노인실 등이 이 구역 성격에 속한다. 주간 사용시간이 많으므로 채광과 조망 조건이 유리한 방위와 개구부를 계획한다.

야간에 주로 사용하는 구역은 중·고등학생의 학습실과 주 침실이 이 구역 성격에 속한다. 야간에 주로 사용하는 공간일지라도 일정 채광과 환기가 필요하며, 이를 위해서 적절한 방위와 창의 크기가 필요하다. 주·야간구분

없이 사용하는 구역은 거실을 중심으로 한 단란의 장소와 목욕, 배변의 장소가 이 구역 성격에 속한다. 이 구역은 주간 존과 야간 존 사이 중앙부에 계획하면 접근동선이 짧고 공간이용효율을 높일 수 있다.

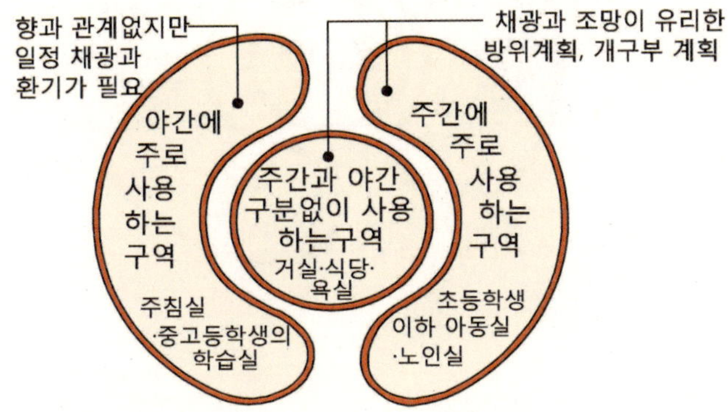

그림 2-3. 사용시간에 의한 조닝

3) 동(動) · 정적(靜的) 생활행위에 의한 구역구분

주거공간에서 일어나는 생활행위에 따라 각 실은 정숙한 분위기를 요구하는 정적(靜的)구역과 활동적인 분위기를 요구하는 동적(動的)구역, 앞의 두 영역을 구분하는 완충구역으로 구분할 수 있다. 성격이 같은 각 구역은 그룹핑하고 다른 구역은 구분한다.

정적구역은 침실(주 침실, 개인침실, 학습실, 노인실)과 서재가 이 구역 성격에 속한다. 이 구역은 주로 사적인 공간이므로 시각적·청각적 프라이버시가 요구된다. 한편, 동적구역은 거실과 식당을 중심으로 한 단란의 장소와 부엌, 현관, 아동실 등이 이 구역 성격에 속한다. 이 구역은 공간이 갖고 있는 목적에 맞게 실질적인 활동이 이루어질 수 있는 것이 중요하며, 독립성을 확보하기보다는 개방하여 인접공간과 가변적 공간관계가 될 수 있도록 한다.

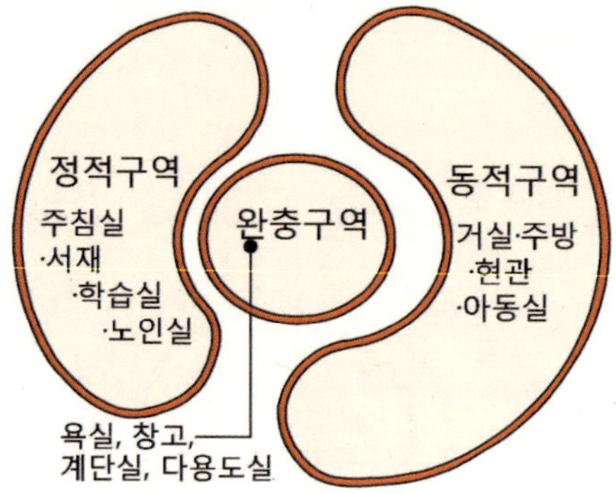

그림 2-4. 동·정적 생활행위에 의한 조닝

동적구역과 정적구역 사이에는 두 영역이 갖고 있는 주생활에 지장을 초래하지 않도록 완충공간을 두어 구분한다. 욕실, 변소, 다용도실, 창고, 계단실 등은 동적공간이나, 정적공간이 아니다. 그러므로 이들을 완충공간으로 조닝하면, 두 영역 간의 독립성을 확보하고, 공간 활용도도 높일 수 있다. 만일 2개 층 공간구조로 계획한다면, 층의 경계바닥을 완충구역이 되도록 조닝할 수 있다. 예를 들면, 1층에 거실, 부엌, 식당 등의 동적공간을 중심으로 조닝하고, 2층에 정적공간인 개인실과 서재 등의 개인공간을 중심으로 조닝할 수 있다.

4) 방위에 의한 구역구분

방위에 따라 기후조건은 상당한 차이가 있다. 그러므로 각 실의 성격과 요구조건에 따라서 방위별로 적절한 공간들을 그룹핑할 필요가 있다. 물론 주거공간의 어느 실이든 간에 기후조건이 유리한 남향배치가 좋은 것만은 사실이지만, 향만을 중요시해서 배치하면 동선이 길어진다든지, 공간 간에 연속된 주생활 행위의 결여와 같은 다른 측면의 단점이 발생할 수 있다. 따라서 제한된 조건 내에서 중요도에 의해서 우선순위를 정해 계획한다.

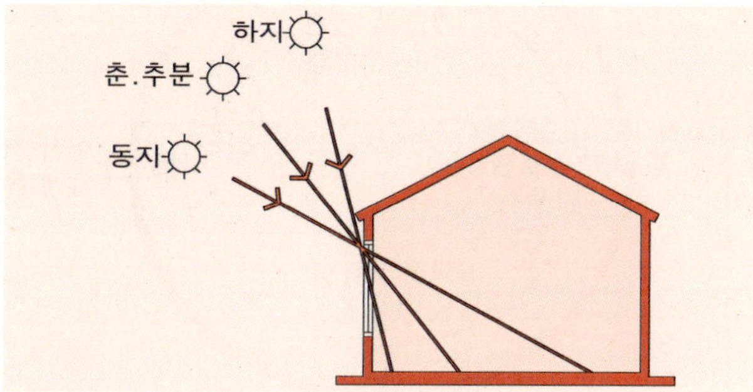

그림 2-5. 계절별 태양고도의 변화

남쪽은 태양고도가 낮은 겨울철에 빛이 깊숙이 들어와서 따뜻하고, 태양고도가 높은 여름철에는 빛이 실내 깊숙이 들어오지 않아서 시원한 향이다. 그러므로 주거공간의 핵심공간으로서 가족이 공동으로 사용하는 거실, 가족실, 식당, 그리고 주간에 주로 사용하는 아동실, 노인실 등의 향(向)으로 적합하다.

동쪽은 아침에 햇빛이 실내 깊숙이 들어오지만, 오전에만 들어오기 때문에 겨울에는 오후에 추운 향이다. 야간에 작업을 하고 아침 늦은 시간까지 잠을 자는 방으로 쓰면, 수면에 방해되므로 피해야 한다. 이른 아침부터 활동을 시작하는 부엌, 식당, 노인실, 다용도실 등의 향으로 적합하다.

서쪽은 오전에 햇빛이 들어오지 않고 오후에 깊이 들어오므로, 겨울에는 춥고 여름에 더운 향이다. 건조실, 갱의실, 욕실, 세면실 등의 향으로 적합하다. 북쪽은 하루 종일 햇빛이 들지 않고, 겨울에 북풍을 받는 향이므로 춥다. 보일러실, 계단, 창고, 저장실 등과 같이 사용빈도가 낮고, 햇빛의 요구가 낮은 향으로 적합하다.

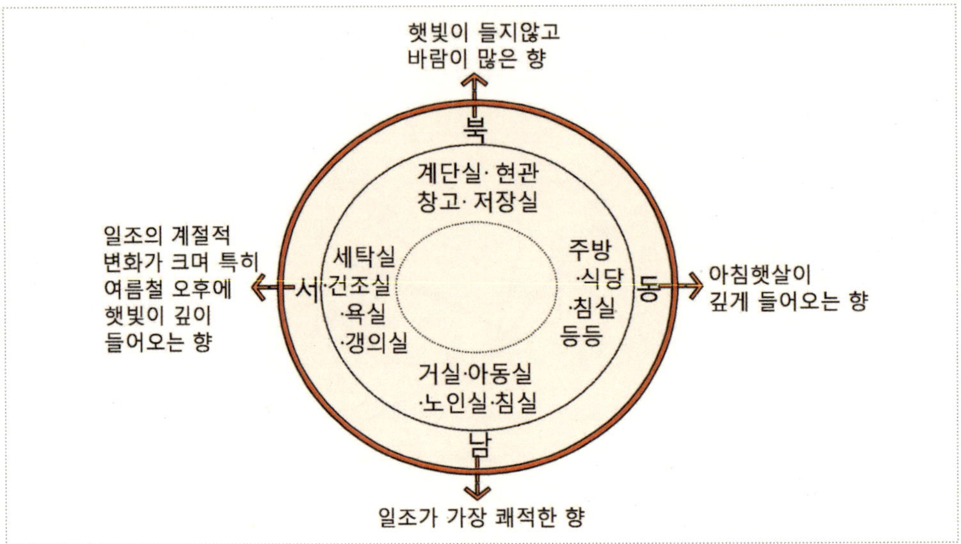

그림 2-6. 방위에 의한 조닝

5) 설비에 의한 구역구분

주생활 가운데 연료를 사용하는 공간과 물을 사용하는 공간이 있는데, 연료나 물을 사용하는 공간들을 각각 그룹핑하여 구역을 구분할 필요가 있다. 주거공간에서 연료를 필요로 하는 공간은 부엌, 보조주방, 보일러실 등이 있으며, 물을 필요로 하는 공간은 부엌, 보조주방, 욕실, 세면실, 변소, 다용도실, 세탁실, 발코니 등이 있다. 설비 성격이 같거나 유사한 기능의 공간들은 그룹핑하여 인접시켜 배치한다.

설비가 유사한 공간을 구분하여 조닝하는 것은 초기 설비비용을 절약할 수 있으며 이들 설비의 유지보수도 용이한 장점이 있다. 만일 여러 층의 공간구조를 갖고 있는 시설물이라면, 각 층의 동일 평면상에 연료나 물 사용구역을 조닝하여 초기 설비비용의 최소화는 물론, 관리 효율을 높일 수 있다.

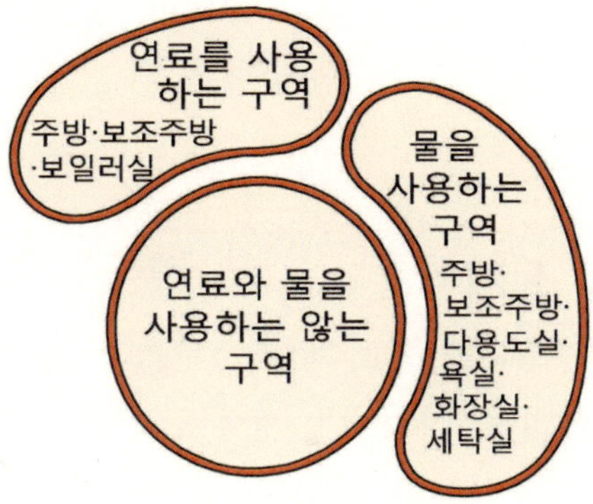

그림 2-7. 설비에 의한 조닝

2.2. 동선(動線)

동선은 사람이나 물건의 움직임을 표시하는 선이다. 동선을 나타내는 3요소는 빈도(頻度), 속도, 하중이다. 주거공간 내의 모든 움직임은 이 요소들로 정리, 분석한다. 화살표의 방향으로 개구부를 표시하고, 선의 굵기로 동선의 중요도를 나타낸다. 필요에 따라서는 가족구성원 각 개인별로 분석할 필요도 있다.

동선은 빈도에 따라 주 동선과 부 동선으로 구분한다. 주거공간에서 주 동선은 가급적 짧고, 직선이 되도록 단순하게 계획한다. 부 동선은 나무 본줄기에서 가지가 나오는 것처럼 주 동선에서 분리되어 주거공간 구석구석까지 연결하는 동선이다. 동선도는 자를 이용하지 않고 이용자의 움직임에 따라서 프리핸드(free hand)로 자연스럽게 그리는데, 이때 동선의 길이와 가사작업의 효율, 공간의 독립성, 공간 간의 연속성 등을 동시에 검토한다.

동선의 빈도가 높고 하중이 무거운 것으로 분석되면, 통로 폭은 넉넉하고, 바닥 재료는 내구성이 높음은 물론 이동 중에 소음이 발생하지 않는 재료 계획방향을 설정한다. 아울러 벽과 천장 계획도 내구성 측면과 소음의 흡수 측면을 고려한 디자인 방향을 설정한다. 만일 이동 속도가 빠른 곳이라면 미끄럽지 않은 바닥 재료로 계획한다.

2.3. 평면계획의 전개

평면계획은 거주자 분석을 통하여 기능도를 작성하고, 각 실의 성격별 조닝, 공간 내에서 움직임을 나타내는 동선도 작성, 각 실의 소요면적 설정, 그리고 적절한 축척으로 실제 평면을 제도하는 순으로 전개한다.

1) 기능도

거주자 조건으로서 가족 구성원의 수와 자녀의 성별 비, 거주자의 요구로서 주생활방식, 가족구성 특성으로서 어린자녀, 노부모, 수험생을 둔 가족, 공간사용시간, 그리고 경제적 능력 등에 의해 소요 실을 산출한다. 각 실들은 상호관계가 높은 실들은 근접시키고 상반된 실들은 격리한다. 예를 들면 부엌, 식당, 거실을 연속시키면 온 가족이 가사작업에 참여할 수 있는 계기가 되며, 식당과 거실에서의 단란의 영역은 한층 확대된다. 반대로 수험생이 사용하는 학습실과 거실과는 영역을 완전히 구분한다. 이와 같이 각 소요 실들의 상관정도에 따라 기능도를 그린다.

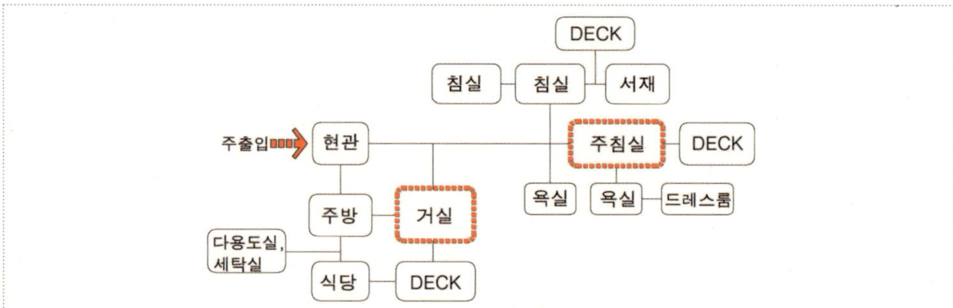

그림 2-8. 기능도

2) 조닝

소요 실들을 주 행위, 사용시간, 동·정적 생활행위, 방위, 설비 등, 공간의 성격에 따라 버블 다이어그램(Bubble diagram)으로 그룹핑하고, 영역 간 상관정도에 따라 인접시키거나 구분한다. 그리고 '특정영역 안에 상반된 성격을 갖고 있는 실은 없는지', '연관되어야 할 실이 다른 영역에 포함된 것은 아닌지', '필요이상 동선이 길어지지 않는지', '프라이버시(privacy) 확보에 문제가 없는지', '조망이 좋아야 하는 실의 향은 틀림없는지', '통풍은 잘 되는지', '도로나 인접주택과 거리는 어떤지' 등을 검토한다.

주거공간의 조닝은 공간구조를 결정함으로서 사용자의 주 행위 방향을 결정하는 중요한 단계이므로 단시간에 완성하거나, 한 번 그려보는 것으로 완벽한 계획을 할 수 있는 것이 아니다. 앞에서 소개한 모든 조닝 방법으로 그려보고, 분석함으로서 장단점이 무엇인지를 비교분석하면서, 주거공간 전반을 심사숙고하게 계획 검토하는 단계이다. 따라서 여러 번의 조정과 수정 과정을 거쳐서 완성한다.

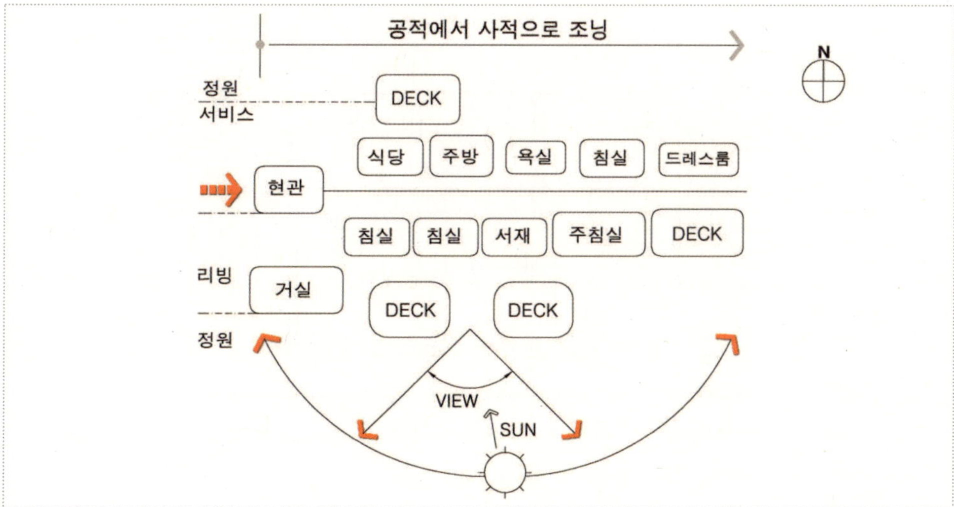

그림 2-9. 조닝도

3) 동선계획

공간구조 전체적인 방향을 설정한 조닝도 위에 거주자 전체 또는 거주자별 움직임을 프리핸드로 그려서 주동선과 부동선의 효율과 쾌적성을 검토한다. 조닝이 합리적으로 계획되었다고 해도, 동선은 문제가 있을 수 있다. 그러므로 '동선은 길지 않은지', '주동선이 거실이나 식당과 같은 중요 공간을 가로질러가지 않는지', '부부침실의 프라이버시를 침해하지 않는지' 등을 검토한다.

거주자 활동이 확실하게 구분되는 동선은 별도로 작성하여 검토하는 것이 바람직하다. 예를 들면 주부가 가사작업을 전담할 경우, 이 동선을 별도로 그려서 문제가 없는지 검토한다. 가사작업동선은 짧고 직선이 되어야, 피로를 줄이고 작업의 효율을 높일 수 있다. 또한 가사작업동안 360° 방향을 돌려야하는 동작은 동선이 짧더라도 피로감을 가중시키므로, 자주 돌아서는 동작이 일어나지 않는지 검토하여야 한다. 만일 문제가 있으면 조닝 단계로 돌아가서 작업순서와 빈도를 고려하여 가사작업구역을 다시 조정한다.

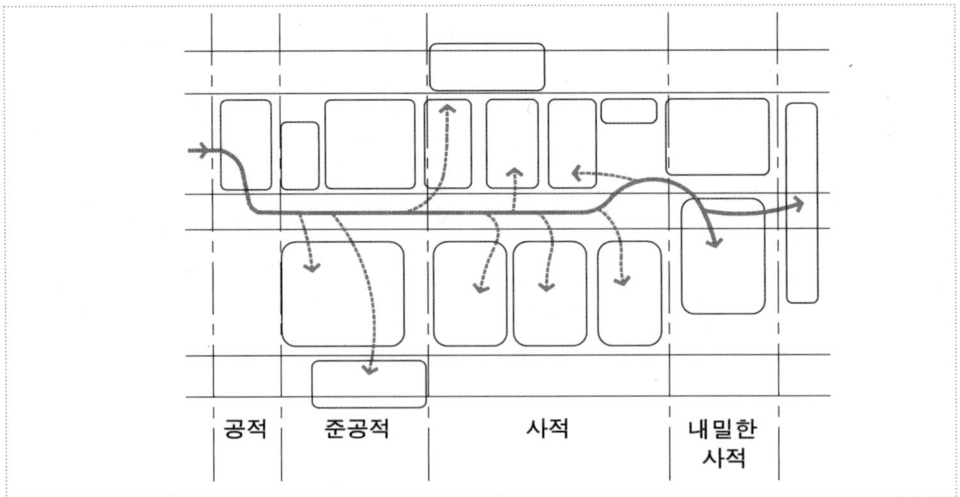

그림 2-10. 동선도

4) 평면계획

앞의 기능도, 조닝, 동선계획과 각 실의 소요면적을 바탕으로 평면도를 작성한다. 그러나 실제 스케일에 맞추어 평면도를 작성하다보면, 앞서 진행한 조닝계획이나 동선계획 의도와 전혀 다른 결과를 초래하기도 한다. 그러므로 스케치한 평면도 위에서 기능도, 조닝도, 동선도를 그려서 평면계획이 합리적인지를 확인하는 피드백(feedback) 과정이 반드시 필요하다.

아울러 평면계획은 대지의 크기와 형태, 도로와의 관계, 방향 등과도 매우 밀접한 관계를 갖고 있으므로, 앞의 기능도와 조닝, 동선계획을 할 때부터 이를 고려한다. 또한, 평면계획은 결국 공간과 건축물의 형태에 영향을 미치는 중요한 요소이므로 매스 스터디(Mass study)를 함께 병행해야 한다. 즉, 평면계획은 앞에서 제시한 하나하나 절차를 밟아 완전한 평면만을 완성하는 것이 아니라, 실내 세부 환경부터 건축물, 나아가 도시적 차원까지 거시적 안목으로 계획하는 작업이어야 한다.

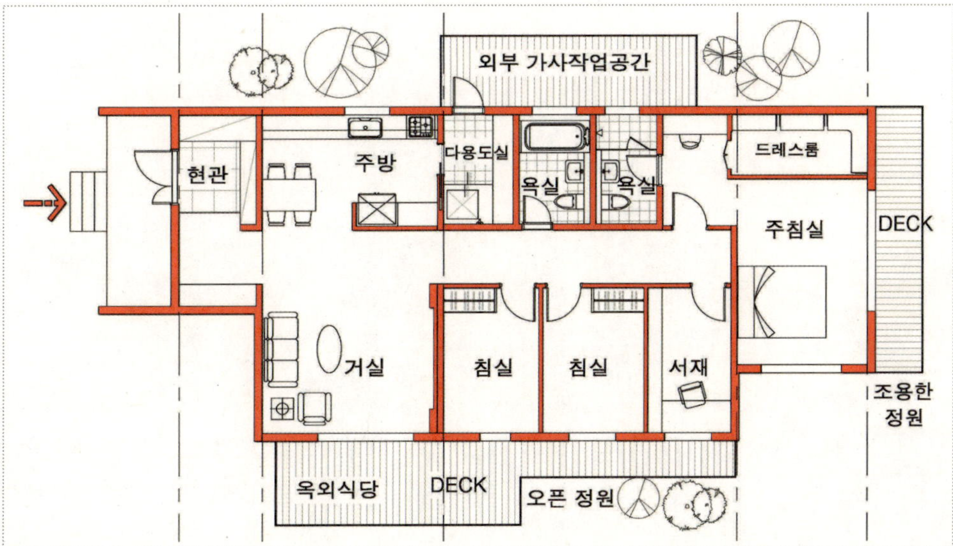

그림 2-11. 평면계획

사진 2-4. TV가 없는 거실의 예(P씨댁, Designer; Park, HyoChul)

제3장. 각 실의 실내계획

3.1 거실(living room)

거실은 온 가족이 모여 담소를 나누거나, 취미활동, TV시청, 음악·영화감상, 오락, 놀이 등을 통하여 화목한 시간을 보내는 단란의 장소이다. 가족중심의 단란한 생활방식을 지향하는 현대생활에서 거실의 비중은 더욱 커지고 있다. 식침(食寢)이 분리되어서 개인적인 생활이외의 활동은 전적으로 거실을 이용한다. 따라서 거실은 다른 공간과 유기적으로 연결되어서, 주택 전체의 기능이 제대로 발휘될 수 있도록 계획해야 하는 주생활의 중심공간이다. 물론 공간적으로 각 개인공간과도 접근이 용이해야 한다.

단란의 장소 외에도 유아를 둔 가정이라면 육아공간으로, 취학 전 아동을이 있으면 놀이공간으로, 저학년 초등학생을 둔 가정은 학습공간으로 이용되므로, 다양한 놀이와 학습을 할 수 있는 가변적 공간계획이 필요하다. 이때 가구와 마감 재료는 안전과 유지관리가 우수한 것을 선정한다.

또한 바느질이나 다림질, 빨래정리 등의 가사행위도 가사 실보다는 거실에서 주로 하고 있다. 이런 작업이 이루어지는 장소는 미리 정하여 필요한 공간을 확보하고 설비계획도 마련해야 한다. 예를 들면, 다림질을 하는 곳은 붙박이로 내장된 다리미판과 전기플러그를 꽂을 콘센트, 그리고 작업 조도를 지원하는 스탠드도 함께 계획한다.

1) 거실의 유형

거실은 내적으로나 외적으로나 주택의 중심이다. 그러나 1980년 초반까지만 해도 거실이라고 하면, 소파에 앉아서 TV를 보거나 음악을 감상하는 장소, 전집류와 양주병이 장식된 장소 정도로 생각했었다. 그러나 이런 거실은 형식적이고 초보적인 단계이다. 지금도 'TV 중심의 초보적인 거실문화'에서 벗어나지 못한 가정들도 많이 있는 것도 사실이다. TV로부터 현대사회의 필요한 정보를 제공받고, 가족모두가 공감하는 드라마를 함께 시청함으로서 가족의 단란을 도모할 수는 있다. 그러나 전적으로 '거실은 TV를 시청하는 곳'으로 인식되어, 가족이 대화를 이어가거나 공동의 취미활동을 방해하는 것은 거실과 주 생활 수준까지 저해하는 잘못된 거실문화이다.

형식적이고 초보적인, 그리고 TV에 의존하는 거실에서 벗어나, 거주자의 주생활특성, 취미, 현재 가족의 생활여건 등을 반영하면, 개성 있는 거실, 나아가 거주자 삶의 질을 한층 풍요롭게 하는 거실과 공간 연출이 가능하다. 예를 들면 다음과 같은 거실로 계획할 수 있다.

사진 2-5. TV가 없는 공부방겸용의 거실

① 서재겸용 거실

과거에는 별로 사용하지도 않으면서도 경제적으로 여유가 있는 가정에 남성전용의 서재를 두었었다. 이는 가족 한 사람 한 사람의 인격을 고려하지 않은 권위의식의 발상이다. 만일 오늘날에 특정인의 전용공간이 아닌 가족전체를 위한 서재전용 공간을 계획한다면 주거와 삶의 질을 높이는데 상당히 기여하게 될 것이다. 공간적으로나 경제적으로 여유가 있어서 조용한 분위기에서 가족 구성원 모두가 자기계발의 공간을 확보한다는 것은 더없이 바람직한 방향이기 때문이다. 하지만, 이것은 공간과 경제적 측면에서 넉넉한 가정에서나 가능한 것이고, 보통 가정에서는 식구마다 개인 실을 배정하기에도 급급한 경우가 대부분이기 때문에 거실을 서재겸용, 또는 공부방 겸용으로 계획할 수 있다.

한편, 컴퓨터와 인터넷이 대중화되었지만, 이것들은 자녀들의 전유물로서 자녀 방에 설치되어 있는 것이 일반적이다. 물론 일부가정은 예외일 수 있다. 이 문화는 지식을 공유하고, 이 지식정보를 취득하는 측면에서 자녀들이 호흡하듯 이용해야 할 것이기는 하지만, 저속한 문화도 닫힌 방안에서 무차별적으로 접하는 계기도 되고 있다. 이에 반해, 급속히 변하는 세상 가운데 정보를 얻어야 하는 부모세대들은 이 문화로부터 안타깝게도 격리되고 있는 실정이다. 따라서 컴퓨터와 인터넷 시설이 닫힌 자녀 방의 개인전용이 아닌, 가족공동이 사용하는 서재겸용 거실로 이동할 필요가 있다.

"수험생이 무슨 TV를 보니!", "네 방에 들어가서 공부나 해!", "애 공부하는데 TV볼륨 좀 줄여요!"와 같이 공부하는 학생이 있는 가정이라면, 보통 들을 수 있는 대화이다. 이러한 대화가 오가는 가정에서 단란을 기대하기는 어렵다. 따라서 가족구성원 가운데 누군가가 집중해서 학습해야 할 시기라면, 가족 모두가 함께 이용하는 서재겸용의 거실을 계획할 수 있다. 소파 대신에 가족 모두가 사용할 수 있는 책상과 의자를 배치하고, TV 대신에 빼곡히 꽂힌 책꽂이를 갖춘 서재겸용의 거실은 진정한 가족의 단란과 자기

계발을 위한 거실유형이 될 것이다.

② 영화관 또는 음악 감상실 겸용 거실

과거에는 영화관이나 음악 감상실을 가야만 넓은 스크린의 영상과 실감나는 음향을 감상할 수 있었다. 하지만, 최근에는 유선 TV, 인터넷 TV, DVD 시스템, 오디오 시스템 등의 고급화, 대중화로 시간에 쫓기는 현대인들이 언제든지 가정에서도 양질의 영화와 음악을 감상할 수 있게 되었다. 이에 거실을 영화관 또는 음악 감상실 겸용의 거실로 계획할 수 있다.

거실문화를 점령하고 있는 TV 프로그램은 거의 일방적이다. 더구나 대부분 건전하지 않을 뿐만 아니라, 대단히 상업적이고, 자극적이어서 청소년은 물론이고 성인의 삶의 질에도 도움이 되지 못하고 있는 실정이다. 이에 이성적으로 판단하여 선택한 영상과 음악, 그리고 스토리를 즐길 수 있는 거실로 계획한다면, 가족의 문화적 정서함양과 단란에도 도움을 줄 수 있을 것이다.

영화관을 겸하는 거실은 창으로부터 들어오는 빛을 차단할 수 있는 커튼을 설치하고, 전동식 스크린과 빔 프로젝트, 그리고 바른 자세로 오랜 시간 편안히 앉을 수 있는 소파를 배치한다. 또한 음악 감상을 겸하는 거실은 음의 적절한 반사와 흡음이 될 수 있는 음향계획과 함께, 이웃에게 피해가되지 않도록 차음계획도 강구해야 한다.

③ 아틀리에(Atelier)나 갤러리(Gallery) 겸용 거실

거실을 그림이나 조각, 공예, 서예 등의 취미활동을 겸하는 장소로 계획할 수 있다. 가족 구성원이 함께 주말과 주중 저녁시간에 같은 취미활동을 한다면, 가족 간에 서로 교감하는 시간과 장소가 될 수 있다. 그리고 취미활동의 결과물을 거실에 전시한다면 개성 넘치는 갤러리 겸용 거실을 조성할 수 있다. 갤러리겸용 거실은 전시품을 수시로 교체할 수 있고, 크기에

따라서 전시물을 디스플레이할 수 있도록 천장에 갤러리 레일(Gallery rail)을 설치하는 것이 바람직하다. 조명도 덕트 레일(Duct rail)로 설치하여서, 작품의 위치와 크기에 따라 이동 조절할 수 있어야 한다.

만일 온 가족이 아닌, 가족 가운데 특정인만이 거실을 취미활동 작업실로 이용한다면, 가족들이 출근하거나 등교한 후에 개인 아틀리에로 활용할 수 있도록 해야 한다. 그것은 거실이 누구만의 전유공간(專有空間)이 아닌, 가족공동의 장이기 때문이다. 즉, 가족구성원들이 귀가하는 시점에는 단란의 장소로서 역할을 다할 수 있도록, 취미활동에 사용된 용구와 용품을 쉽게 정리 정돈할 수 있는 제반 시설을 마련해야한다.

④ 홈 바(home bar)겸용 거실

'술을 많이 마시는 것이 문제이지, 적당량의 알코올성분은 오히려 건강에 도움을 준다.'고 한다. 거실이나 식당에 간단한 바(Bar)를 설치하는 홈 바 겸용의 거실을 계획하면, 가족의 단란을 도모하는 공간으로서 또는 손님접대의 공간으로 이용할 수 있다. 술잔, 칵테일 도구, 술 등을 진열하는 백 바(Back bar)와 바 카운터(Bar counter)는 거실의 초점으로서 한층 실내분위기를 돋울 수 있다.

홈 바는 늘 사용하는 것이 아니므로, 아침식사용 다이닝바(Kitchen dinning bar) 겸용으로 사용할 수 있도록 한다. 조명은 평상시 일상생활과 홈 바 기능을 구분할 수 있도록 스위치를 분리하여 계획한다. 즉, 홈 바를 비추는 국부조명과 낮은 조도의 부드러운 간접조명, 그리고 스탠드 조명 등으로 거실의 분위기를 바꿀 수 있도록 한다.

⑤ 응접실겸용 거실

중규모이하의 주택에서는 대부분 거실에서 손님을 맞이하므로 거실이 응접실을 겸한다. 손님의 방문빈도, 손님의 수, 손님과의 관계, 체류시간 등에 따라 '가족위주의 일상적인 거실로 조성할 것인지', '사무적인 분위기로 조성할 것인지', '품위 있게 조성할 것인지' 등을 고려할 수 있다. 그러나 앞에서 강조한 바와 같이 거실은 어디까지나 가족구성원 전체를 위한 공간이므로, 손님의 방문빈도가 높으면 접객만을 위한 응접실을 별도로 마련하는 것이 바람직하다.

2) 규모

거실의 규모는 주택의 규모, 가족 수, 거실 사용 유형, 가족구성원의 연령 등에 의해 결정한다. 일반적으로 가족구성원 1인당 4 ~ 6㎡정도이며, 5인 가족을 기준으로 하면, 18 ~ 24㎡(5.5 ~ 7.3평)정도가 바람직하다.

오늘날의 거실은 단란의 장소로서의 기능 외에도 취미, 육아, 학습, 가사 작업 등 다목적 장소로 사용하기 때문에 가급적 넉넉한 공간을 확보하는 것이 바람직하다. 한편, 거실은 같은 면적이라도 장방형 형태가 유리하다. 장방형 거실평면은 넓은 벽을 확보할 수 있어서 공간 활용도가 높으며, 가구배치에 있어서도 유리하다.

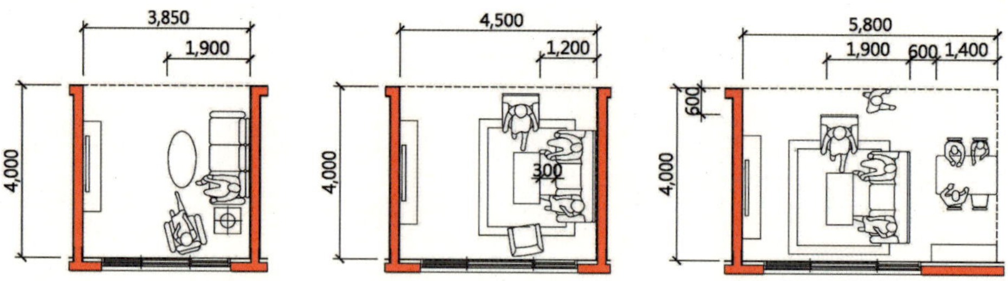

그림 2-12. 거실의 규모

3) 위치

거실은 가족 구성원 모두가 함께 사용하면서, 하루 중에 가장 오랜 시간 머무르는 공간이므로 평면계획 시 전망이 좋고, 일조시간이 가장 긴 향에 배치한다. 여름에는 시원하고, 겨울에는 따뜻한 남쪽이나 남동쪽, 그리고 남서쪽이 바람직하다. 아울러 거실의 큰 창을 통해 아름다운 외부경관을 조망할 수 있다면 더욱 좋다.

거실은 동적공간이면서 공적공간의 중심으로서 현관, 식당, 복도, 계단 등과 직접 연결되도록 하며, 각 개실로부터 접근이 쉽도록 동선을 짧게 연결해야 한다. 하지만 거실이 공적·동적공간의 중심이기는 하지만, 통과동선이 되지 않도록 주의해야한다.

전체 주택 내에서 거실의 공간적 위치에 따라 분류하면 중앙배치 형, 측면배치 형, 그리고 층에 의한 분리형으로 구분할 수 있다.

표 2-3. 거실위치별 평면유형

① 중앙배치 형	
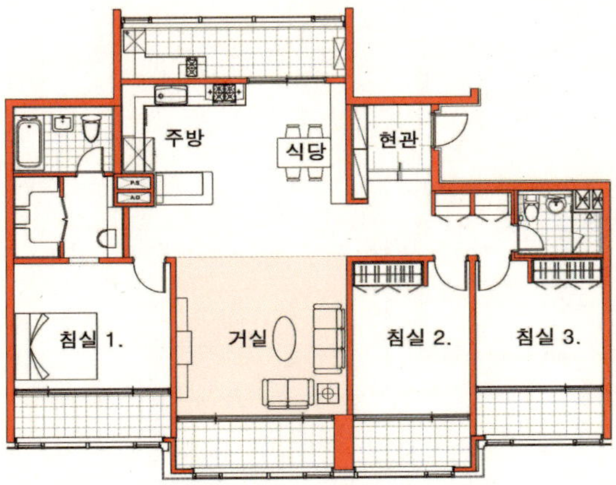	• 평면중앙에 거실을 비롯한 공적공간을 두고 좌우로 사적공간을 배치하는 유형 • 거실의 일부공간은 통로로 사용되므로 거실의 안정감이 떨어짐 • 소규모 주택의 거실유형으로 적합함

② 측면배치 형

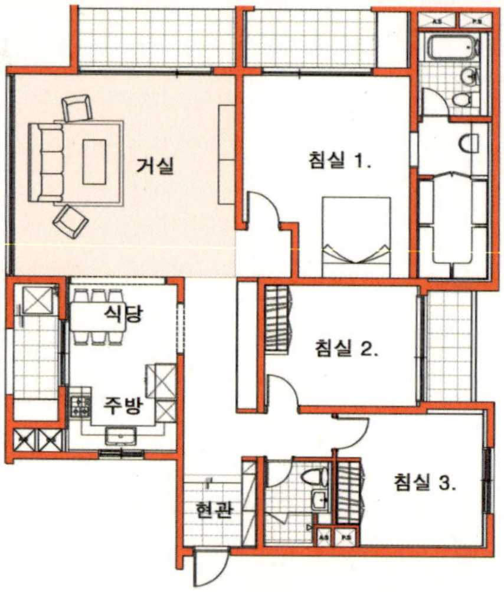

- 평면 한편에 거실을 비롯한 공적공간을 두고 반대편에 사적공간을 배치하는 유형
- 현관 반대 측에 배치하면 독립된 거실확보가 가능하지만, 전용 통로공간이 필요하므로 공간 이용효율이 떨어짐

③ 층에 의한 분리 형

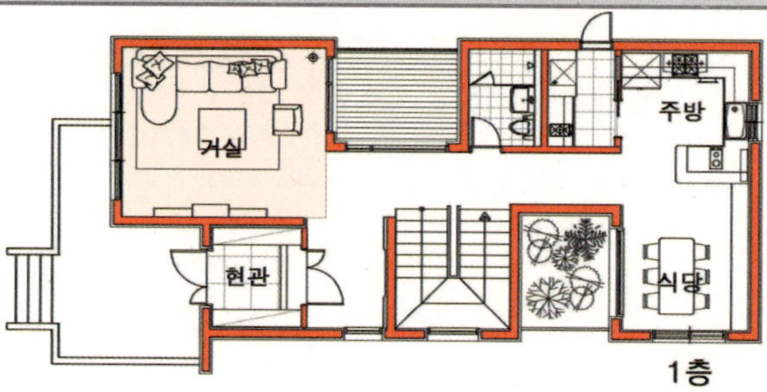

1층

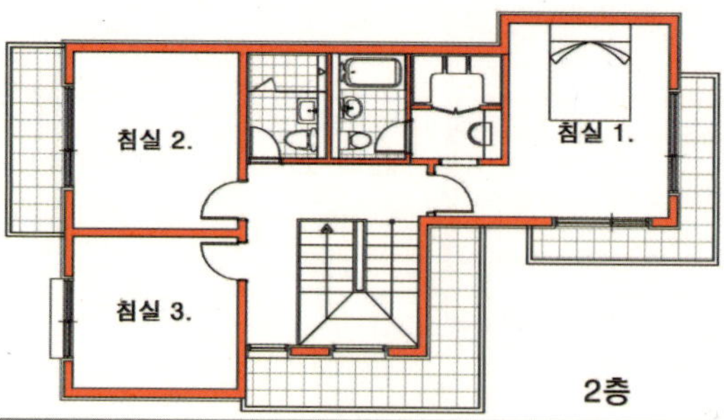

2층

- 1층에 거실을 비롯한 공적인 공간을 두고 2층에 사적공간을 두는 유형
- 사적공간에서 공적공간으로의 접근동선이 길어짐
- 사적공간의 프라이버시 확보에 유리

4) 가구

거주자의 주생활특성, 취미, 주택의 규모, 가족 수, 거실 사용유형, 가족구성 등에 따라서 가구의 규모와 배치는 달라질 수밖에 없다. 가급적 거실에서의 다양한 주생활 활동에 가변적으로 대응할 수 있는 가구계획이 필요하다.

가족의 휴식과 더불어 단란을 위한 거실소파 배치는 가족모두가 얼굴을 마주하며 둘러앉을 수 있는 유형이 바람직한데, 보통 대면형, U자형, 코너형 배치는 시선을 교환하기에 적절하다. 만일 전망이 좋은 거실이라면, 시선이 밖으로 향하도록 소파를 배치하는 것도 한 방법이 될 수 있다.

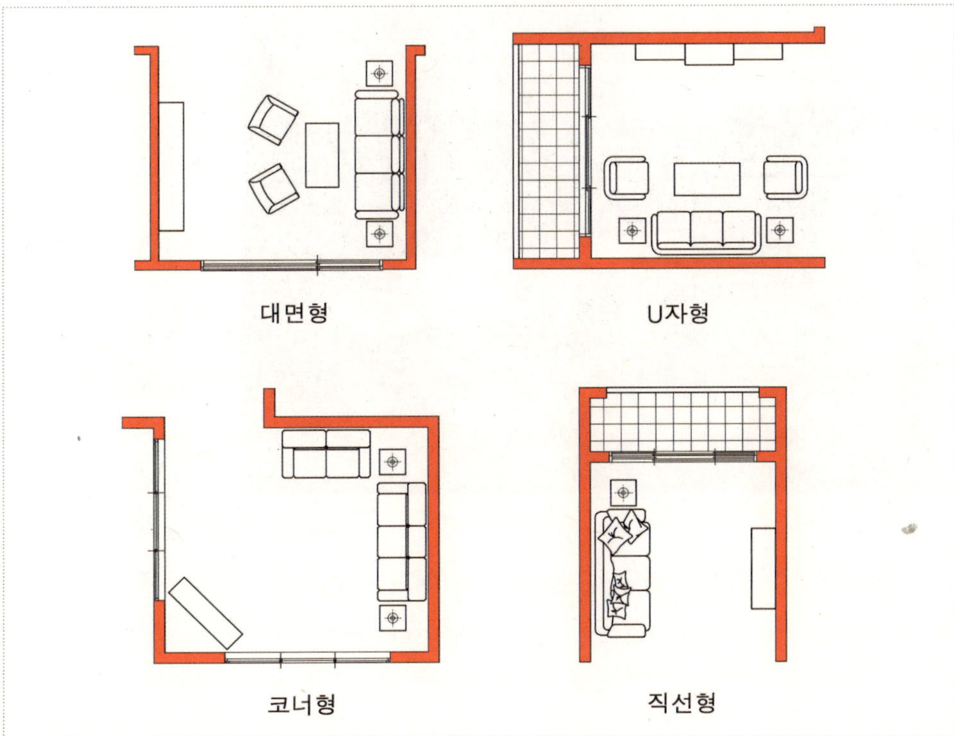

그림 2-13. 거실소파의 배치유형

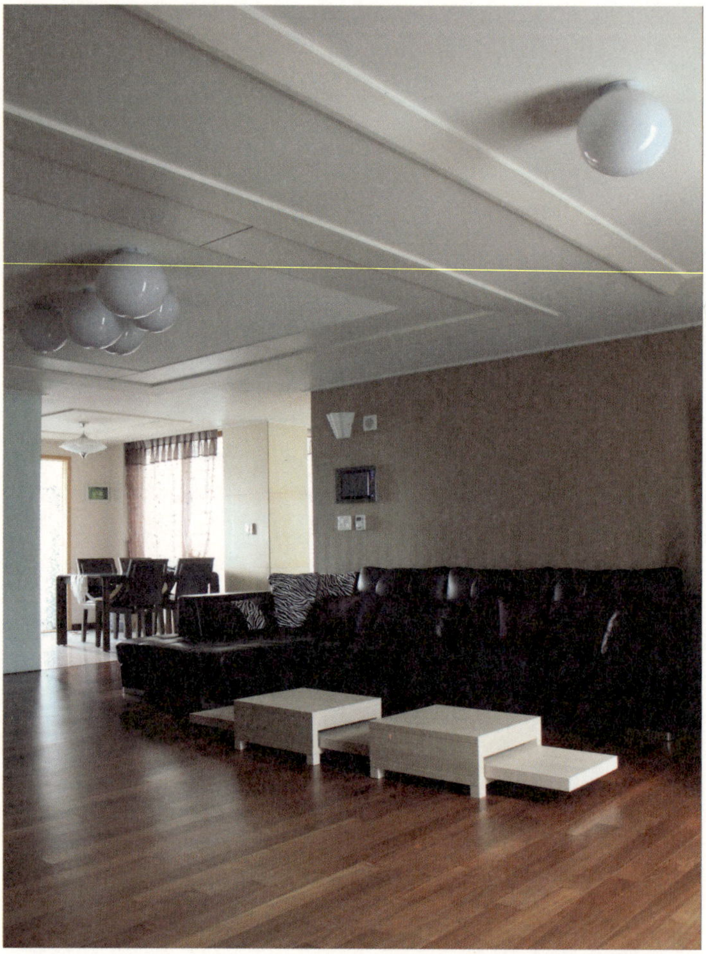

사진 2-6. 일자와 코너형을 겸하는 카우치 거실소파 (P씨댁,Designer; Park, HyoChul)

그런데 거실 생활 스타일을 살펴보면, 어느 가정이나 소파가 배치된 거실을 원하는 것은 아니다. 때문에, 모든 거주자들에게 천편일률적으로 소파 배치를 권해서도 안 된다. 따뜻한 온돌에 방석을 깔고 앉는 좌식을 원하는 거주자도 있을 수 있다. 만일 좌식 거실을 계획한다면, 사용자의 전체적인 시선이 낮아지므로 가구나 창의 높이도 낮추어 압박감을 주지 않아야 한다.

즉, 거실의 주생활유형을 결정하여 계획하는 것은 사소한 것이 아니다. 왜냐하면, 창이나 가구는 언제든지 고치거나 교환할 수 있는 것이 아니기 때문이다. 이런 사항은 계획 이전에 사용자에 대한 사전조사 단계에서 파악되어야 한다.

5) 조명

다목적공간인 거실 조명은 사용용도에 따라 가변적으로 발휘되며, 적정조도와 균제도를 얻을 수 있도록 등기구의 용량과 배치에 세심한 계획이 필요하다. 가족 간의 대화나 TV시청, 음악 감상 등의 활동을 위해서는 간접조명방식에 의해 부드럽고 온화한 분위기 조명이 권장된다. 직접조명보다는 간접조명 방식이 부드럽고 온화한 빛 환경을 조성하는데 유리하다. 간접조명은 밸런스조명, 코니스조명, 코브조명 방식이 있다.

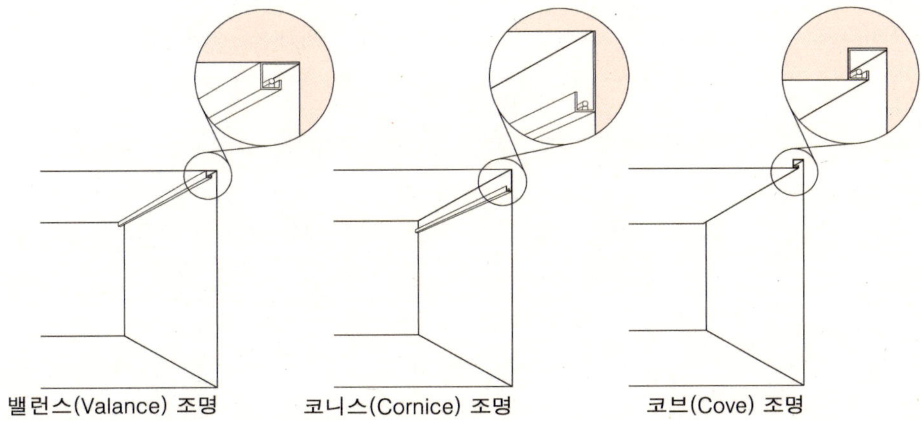

그림 2-14. 간접조명방식(밸런스, 코니스, 코브조명)

이와 반대로 다림질, 바느질 등의 가사작업, 학습이나 독서활동, 육아 등의 활동이 많은 존은 밝은 조도를 필요로 한다. 그렇다고 넓은 거실 전체를 조명하기 위해 용량이 큰 조명을 거실천장 중앙에 설치하면, 강한 음영이 생기고 균제도가 떨어지므로 주의해야 한다. 밝은 조도가 필요한 존에 플로어스탠드나 브라켓과 같은 국부조명으로 제 밝기를 확보할 수 있도록 계획한다.

즉, 거실 조명은 구석구석까지 전반조명으로 기본적인 조도 이상을 유지하면서, 다양한 활동, 장식선반, 진열장, 그림 등을 조명하는 국부조명이 필요하다. 물론 대화나 음악·영화감상 시에는 부드러운 간접조명도 필요하다. 조광기(dimmer)로 등기구의 밝기를 조절하면, 필요에 따라 다양한 분위기 연출이 가능하다.

6) 색채

거실은 가족 모두의 단란과 휴식, 그리고 다양한 가사활동이 이루어지는 공간이므로 구성원전체의 취향을 고려한 무난한 색채를 선정하는 것이 바람직하다. 밝고, 채도가 낮은 난색계열로 배색하면, 가구나 장식품이 돋보이는 배경이 되지만, 채도가 높은 밝은 색 계열로 배색하면 강한 거실 이미지가 연출된다.

거실 면적이 넓거나 좁은 정도에 따라 색채계획으로 공간지각이미지를 조절할 수 있다. 만일 지나치게 좁다면, 후퇴색인 한색계 색상의 고명도·저채도로 배색하면 거실을 넓어 보이게 할 수 있다. 또한 바닥, 벽, 천장의 주조 색부터 악센트 색까지 배색 수를 줄이고, 전체적으로 동일색 또는 유사색으로 배색하면, 공간은 넓게 지각된다. 한편 고명도·고채도의 난색계열 색상은 색의 진출특성이 있어서 지나치게 넓거나 높은 공간을 아늑하게 조성할 수 있다.

(a) 수축하는 거실 색	(b) 팽창하는 거실 색
수축색으로 배색된 (a)거실이 팽창색으로 배색된 (b)거실보다 넓고, 높게 지각됨	

사진 2-7. 난색 배색과 한색배색(MITCHELL BEAZLEY, THE NEW COLOUR BOOK, DULUX, 2004)

7) 마감재료

거실의 마감재는 가족구성원, 공간의 규모, 색감, 내구성, 질감, 시공방법, 경제성 등을 종합적으로 검토하여 결정한다. 바닥재로 사용하는 대표적인 재료는 마루, 대리석, 타일, 비닐시트, 카펫 등이 있다.

대리석은 화려하고 중후한 분위기를 얻을 수 있으나, 재료비가 비싸고 유지관리도 까다롭다. 또한 촉감이 차고 딱딱하기 때문에 부분적으로 러그(Rug)나 카펫(Carpet)을 깔아 보완하는 것이 좋다. 문양과 색채가 우수한 타일은 대리석 대용으로 사용하며, 대리석에 비해 유지관리가 쉽다. 그러나 타일도 촉감이 차고 딱딱하므로 부분적으로 러그나 카펫을 깔아 보완해야 한다.

카펫은 촉감이 따뜻하고 푹신하지만 먼지가 많이 발생하며, 신발을 벗고, 좌식과 입식생활을 병행하는 우리 주생활양식에서는 선호하지 않는 재료이다. 특히 어린아이를 키우는 시기에 바닥 카펫은 위생 면에서 바람직하지 않다. 마루는 촉감이 따뜻하며 어느 정도 탄력도 있어서 신발을 벗는 탈화, 좌식과 입식을 병행하는 우리나라 주택 거실 바닥재로 가장 좋은 재료이다. 비닐계통 시트도 앞에서 소개한 대리석이나 카펫, 온돌마루 재료의 문양과 색채로 개발되어서 많이 사용하고 있다. 이 제품들은 가격이 저렴하고 시공 방법도 간편하다.

벽과 천장의 마감재는 벽지를 일반적으로 사용한다. 우리 전통주거의 내장마감에 영향을 받아서인지 '벽과 천장의 마감재는 벽지여야 한다.'는 고정관렴을 갖는 경향이 있다. 그러나 현대 주거건축의 마감재로 벽지 외에 페인트도 적절하다. 다양한 무늬와 어떤 색채도 자유롭게 연출이 가능한 페인트는 독창적인 거실분위기를 조성할 수 있다.

그 외에도 벽돌, 대리석, 목재 패널, 패브릭(Fabric), 무늬목, 인테리어 필름 등 다양한 재료로 거실의 성격과 사용방법에 따라 독특한 분위기 연출이 가능하다. 하지만, 만일 공간규모가 좁고, 낮은 거실이라면, 가급적 한 종류의 재료로 단순하게 계획하는 것이 시각적으로 넓은 느낌을 줄 수 있다. 좁고 낮은 거실에 다양한 재료와 다양한 패턴으로 디자인을 시도하면 더 좁아 보이기 때문이다.

3.2 식당(Dining room)

식당은 거실과 함께 주거공간의 대표적인 단란의 장소이다. 과거에는 '말없이 음식을 먹는 것이 식사예절이다.'라고 했지만, 오늘날 식사장소는 긴 시간동안 온 가족이 먹는 즐거움과 함께 대화하면서 단란을 만끽하는 곳이다. 아울러 식당은 식사 전에 음식물의 배선, 식탁위에 식기 배열, 식사 중 단속적인 서비스, 식사 뒤에 정리 등 가사작업이 많은 공간이다. 따라서 가족모두가 자연스럽게 작업에 참여하도록 유도함으로서, 함께하는 가사작업이 단란의 일부가 될 수 있어야 한다.

식당은 거실이나 부엌과의 관계에 의해서 독립된 식당, 거실을 겸한 식당(Living dining), 부엌을 겸한 식당(Kitchen dining), 거실과 부엌을 겸한 식당(Living kitchen dining) 등으로 계획할 수 있다.

1) 위치

과거에는 식당을 독립된 공간으로 계획하기도 하였으나, 오늘날에는 식사공간이 단란의 장소로서 인식이 바뀌면서 거실과 공간적으로 연결하고, 시각적으로는 오픈하는 것이 일반적이다. 식당과 거실의 공간적·시각적 통합은 가족 모두가 자연스럽게 가사작업에 함께 참여함으로서, 가족의 애(愛)를 느끼게 하는 조닝계획이라고 할 수 있다. 식당은 짧은 동선과 연속된 가사작업이 될 수 있도록 부엌과 함께 조닝한다. 즉, 단란의 장소로서의 확장과 가사작업의 원활한 흐름이 이어지려면 식당을 중심으로 거실과 부엌이 인접배치하는 계획이 바람직하다.

식당의 향(向)은 자연채광을 충분히 받을 수 있는 남쪽, 동남쪽, 남서쪽이 권장된다. 아울러 아름다운 외부경관 조망이 가능하다면, 큰 창을 오픈하여서 자연친화적인 독특한 식사환경을 조성하는 것도 좋은 계획이다.

2) 규모와 가구

식당의 규모는 가족 수와 식사형태(입식, 좌식), 식사접대 빈도, 식사의 주 메뉴 등에 의해 결정한다. 아울러 식사 외에 다리미질이나 바느질, 식사

준비 등과 같은 가사작업 공간이 식당으로 확장될 경우는 이 기능을 충족시킬 수 있는 디자인과 설비를 갖추어야 한다. 보통 4~5인 가족을 기준으로 9㎡정도가 소요되며, 1인당 1.7~2.3㎡가 필요하다.

식탁은 원형, 정사각형, 직사각형, 그리고 간이형 등 식당의 규모와 여건에 따라 다양한 형태를 검토할 수 있다. 원형은 식사하는 사람 모두가 얼굴을 마주보고 대화하면서 식사할 수 있기 때문에 단란한 분위기를 조성하는데 유리하다. 또한, 식사인원수가 증가하여도 모서리가 없기 때문에 불편하지 않게 함께 식사가 가능하다. 다만, 사방으로 착석하기 때문에 이동 통로로 소요되는 면적이 넓어야 한다.

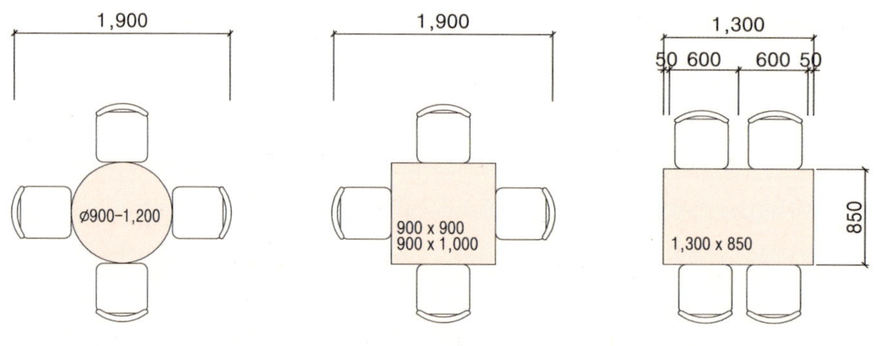

그림 2-15. 가구의 크기(원형, 정사각형, 직사각형)

정사각형도 원형처럼 식사하면서 서로 마주볼 수 있어서 단란한 분위기를 만드는데 도움이 되지만, 인원수 증가에 대응하기 어려운 단점이 있다. 또한 원형처럼 식탁주위로 모두 통로가 있어야 하므로 좌석 수에 비해 넓은 면적이 소요된다. 반면에 직사각형 식탁은 한 면을 벽에 붙여 배치할 수 있어서 면적대비 수용인원을 높일 수 있다. 즉, 직사각형이 공간이용 효율성 측면에서 유리한 장점이 있다. 그러나 식사하는 사람 간에 얼굴을 마주대하는 것이 제한적이다.

간이형(Breakfast table)은 아침식사나 간식과 같이 간단한 식사를 위한 식탁이다. 부엌의 작업대 한 면에 붙여 배치하면, 유사시 부엌의 작업대로 사용할 수 있어서 동선을 줄일 수 있다.

식탁과 식탁의자의 높이는 인체공학적 측면에서 결정된다. 식탁의 높이는 의자 좌판에서 33 ~ 35㎝가 적당하므로, 보통의 의자 좌판높이 40㎝를 더하면, 73 ~ 75㎝가 된다. 식구 수에 맞게 의자를 배치하지만, 접는 예비용 의자를 준비해두면 손님방문이나 파티와 같이 식사 참여인원이 증가할 때 유효하게 사용할 수 있다.

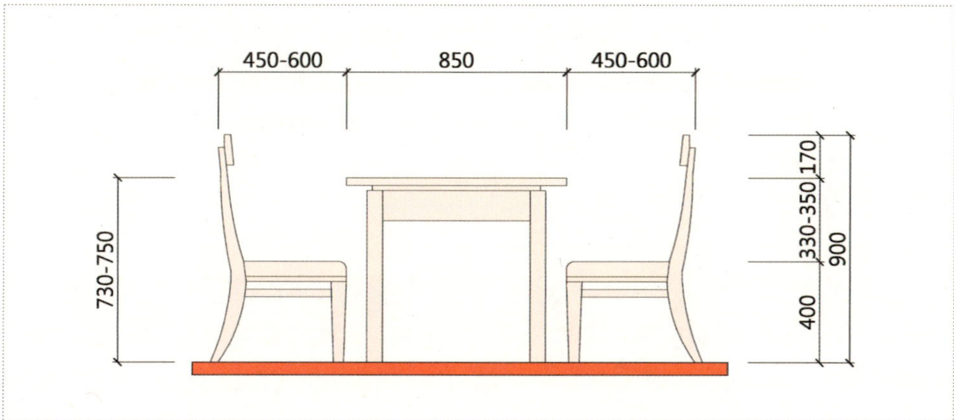

그림 2-16. 식탁과 의자의 높이

3)조명

식당의 조명은 음식의 맛과 분위기를 즐기기에 적절해야 한다. 특히 식탁 위 음식과 식사에 참여한 모든 사람들의 얼굴을 그림자 없이 밝게 볼 수 있어야 한다. 광원은 음식 본래의 색깔을 그대로 보여주고, 맛있게 보이도록 연색성이 우수한 것을 사용한다. 식탁조명은 간접조명보다 직접조명이 효율적인데, 만일 홈 바(Home bar)를 겸하는 식당이라면 간접조명과 직접조명 방식을 병용하여 필요에 따라 분위기를 바꿀 수 있도록 스위치를 분리한다.

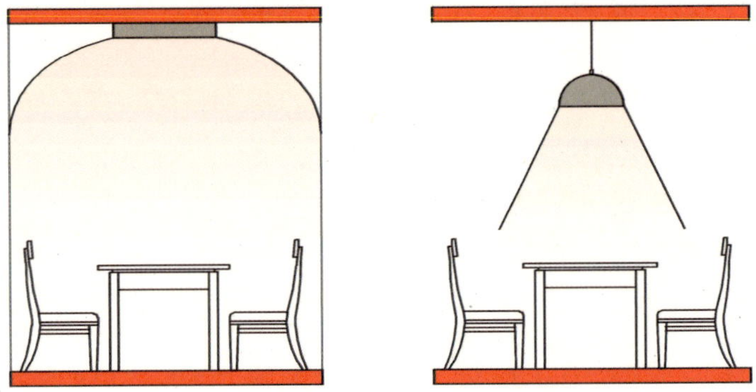

그림 2-17. 직부형과 펜던트형의 배광

조명기구의 설치방법에 따라 천장 면에 부착한 직부 형과 매다는 펜던트(Pendent)형으로 계획할 수 있다. 직부 형으로 부착하면, 일반적으로 배광 면적이 넓어서 식탁 위와 주위까지 골고루 비출 수 있다. 그러나 직부형은 식탁 위 중앙에 있지 않으면, 식사하는 사람의 그림자가 식탁 위에 생기고, 얼굴에도 그림자가 생기므로 식탁 위 중앙에 배치될 수 있도록 세심한 계획이 요구된다.

펜던트 형은 식탁 위를 중심으로 그림자 없이 식탁과 그 주변만을 비추어서 아늑한 식사공간의 분위기를 조성하고자 할 때 계획한다. 주변과 대비되어 차려진 음식이 돋보이고, 한층 아늑한 식사분위기가 조성된다. 펜던트 등의 높이는 식탁위에 600㎜ 전후가 적당하나 필요에 따라서 높이조절이 가능할 수 있도록 체인타입의 줄로 시공하는 것이 좋다. 조명기구의 높이가 높아질수록 배광면적은 넓어지고, 낮아질수록 배광면적이 좁아진다.

4) 색채와 마감재료

독립된 공간이라면, 식당만의 색채와 마감재료를 계획할 수 있으나, 거실과 시각적·공간적으로 통합된 경우는 전체 공적공간의 차원에서 통일된 이미지 조성을 염두하고 색채와 재료를 계획한다.

식당의 색채계획은 거실처럼 가족 전체의 취향을 고려해야하므로 무난한 색상과 고명도 저채도의 무난한 색조(Tone)가 바람직하다. 다만, 오렌지색이나 크림색, 그리고 베이지색 등은 식욕을 돋아주는 색이므로 식탁을 붙이는 벽에 부분적으로 배색하거나, 이 계열색상을 많이 사용한 그림을 거는 것도 좋은 색채계획의 예가 될 수 있다.

마감 재료는 음식을 취급하는 곳이므로 거실보다 내구성과 내유성, 그리고 청결성이 좋은 재료여야 한다. 바닥재는 음식물이나 음료로 오염되었을 때 제거가 용이해야 한다. 거실과 마찬가지로 마루, 대리석, 타일, 비닐시트 등의 재료가 주로 사용되나, 거실과 동일 재료인 경우는 컬러나 패턴이 다른 것을 선정하거나, 러그를 깔아서 영역을 구분할 필요가 있다.

벽과 천장재는 페인트와 벽지가 주로 사용되며, 이것도 때가 쉽게 타지 않고, 제거도 용이해야 하므로 수성페인트 보다는 유성페인트 계열, 종이벽지보다는 비닐벽지가 관리에 유리하다. 질감도 거친 것보다는 매끈한 재료가 유지관리에 장점이 있다.

3.3 부엌(kitchen)

오늘날 일반화된 서구식 입식부엌은 과거 전통주택의 부엌보다 능률적인 가사작업 공간이 되었으며, 위생적인 공간이 되었다. 공간적으로 식당이나 거실과 하나의 존으로 묶여진데다가, 바닥레벨도 거실, 식당과 같아져서 가족구성원들이 자연스럽게 가사작업에 동참하는 공적공간으로까지 확대되고 있다.

부엌은 음식을 조리하는 장소로서 가사작업 중 가장 많은 노동력이 필요하고, 가사작업을 하는데 가장 오랜 시간을 보내는 장소이다. 그러므로 설비와 가구배치는 작업의 편리와 능률에 초점을 맞추어 계획해야한다. 아울러 가족건강과 직결되는 음식을 만들고, 뒷정리하는 곳이므로 청결과 위생적인 면도 고려하여 계획한다.

부엌은 물을 사용하는 공간으로 급수, 배수 설비를 갖추어야 하며, 불을 사용하는 공간이므로 열원에 따라 가스와 전기설비도 갖추어야 한다. 또한, 오늘날 부엌은 냉장, 냉동고는 물론 전자레인지, 식기세척기, 전기밥솥, 순간온수기, 음식물 쓰레기 분쇄 건조기, 도마와 수저소독기, 식기소독기 등 가전기기를 많이 사용하므로, 이들을 편리하고 안전하게 사용할 수 있도록 콘센트의 수와 사용위치를 고려하여 계획한다.

한편, 최근 연구결과에 따르면, '음식물 조리할 때 인체에 심각한 해를 입히는 유해물질이 발생한다.'는 발표가 있었다. 유해물질이 아니어도 냄새와 습기, 그리고 연기는 실내환경의 쾌적성을 떨어뜨린다. 따라서 환기와 통풍을 위한 배기설비 시스템이 필요하다. 하지만 환기후드에 의존하는 인공배기는 한계가 있으므로, 공간구조 역시 자연환기가 잘 될 수 있도록 계획한다.

요리과정에서 냄새와 연기는 실내공기의 질(質)을 떨어뜨리고, 생선이나 육류요리는 준비과정이 혐오스럽기 때문에 입맛을 떨어뜨릴 수 있다. 이런 음식의 조리를 위해 식당이나 거실과 공간적으로 완전히 구분된 보조주방을 두면, 한층 쾌적한 주거공간을 조성할 수 있다. 보조주방에는 외기에 면한 벽에 자연환기를 위한 큰 창을 두고, 공간의 규모와 사용범위를 고려하여

준비, 개수, 조리, 그리고 가열대(인덕션 Induction)까지 가능한 설비를 계획한다.

1) 유형

부엌의 유형은 독립형 부엌과 식당 및 거실의 관계에 의해서 다이닝 키친(Dining Kitchen), 리빙 키친(Living Kitchen), 리빙 다이닝 키친(Living Dining Kitchen) 등으로 계획할 수 있다.

① 독립형 부엌

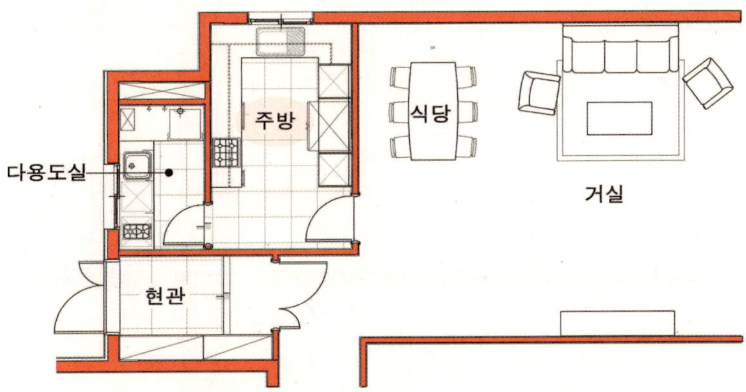

그림 2-18. 독립형 부엌

부엌이 하나의 실로 독립된 유형이다. 다른 공간과 완전히 구분되므로 요리과정에서 발생되는 냄새와 연기, 습도 조절이 쉽다. 또한 시각적으로 지저분한 것들을 차단할 수 있어서 주거공간 전체의 청결한 이미지를 유지할 수 있으며, 요리과정을 보거나 냄새를 맡음으로서 입맛을 잃게 하는 것을 방지할 수 있다. 그러나 조리한 음식을 식당의 식탁까지 운반하는 동선이 길며, 식당 또는 거실과 시각적으로 차단되었기 때문에 가족들이 자연스럽게 가사작업에 동참하기 어렵고, 가족 간의 대화도 단절되는 단점이 있다.

② 다이닝 키친(Dining Kitchen)

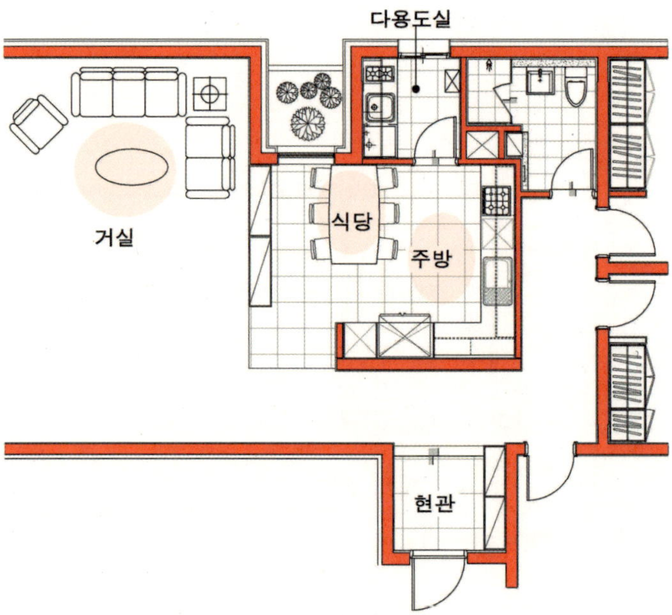

그림 2-19. 다이닝 키친

부엌과 식사공간을 하나의 실로 처리하는 유형으로, 조리된 음식을 식탁까지 운반하는 동선이 짧아서 가사 작업시간을 단축할 수 있다. 공간을 서로 공유할 수 있으므로 공간 활용에 유리하다. 그러나 조리 과정에서 발생되는 냄새와 연기, 습기를 조절하는 환기설비가 완비되지 않으면 식사분위기를 해친다. 또한 요리과정이 시각적·후각적으로 노출됨으로서 입맛을 잃게도 한다.

③ 리빙 키친(Living Kitchen)

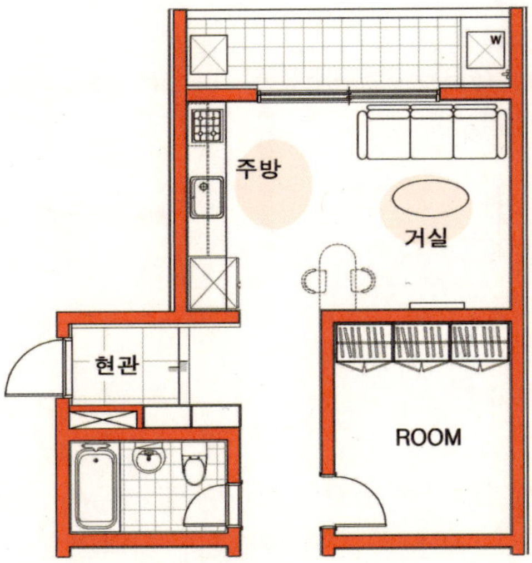

그림 2-20. 리빙 키친

부엌과 거실을 하나의 실로 처리하는 유형이다. 공간을 융통성있게 공유하므로 효율적이며, 가족이 가사작업에 자연스럽게 참여하여서 단란이 지속되는 장점이 있다. 그러나 조리 시 냄새와 연기, 습기가 발생하므로 환기설비를 완벽하게 갖추지 않으면 쾌적한 거실 조성이 어렵다. 또한 요리과정이 시각적 · 후각적으로 노출됨으로서 가족들의 입맛을 잃게도 하는 단점이 있다.

④ 리빙 다이닝 키친(Living Dining Kitchen)

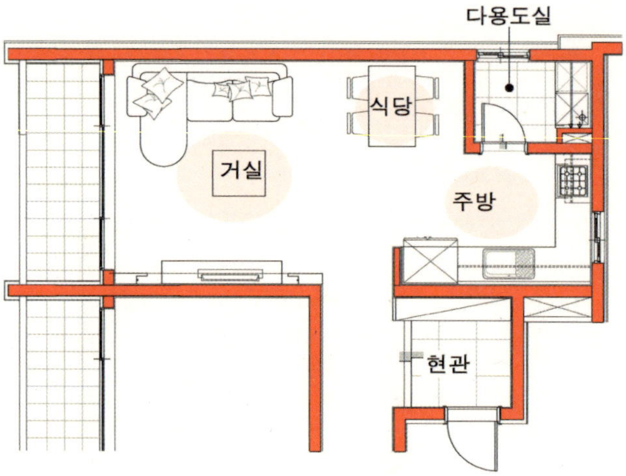

그림 2-21. 리빙 다이닝 키친

부엌, 거실, 식당을 하나의 공간 안에 배치하는 유형이다. 부엌을 공적공간으로, 그리고 단란의 장소인 거실, 식당과 하나의 실로 통합 배치하므로 공간을 효율적으로 사용해야하는 중소형 주택계획에 적합하다. 아울러 자연스럽게 가족들의 가사작업 참여를 유도할 수 있어서, 단란의 연속성 측면에서도 권장할 수 있는 유형이다. 또한 작업동선이 짧아서 시간과 작업에너지를 절약할 수 있다. 그러나 앞의 리빙 키친이나 다이닝 키친처럼 실내공기 오염에 대한 단점이 있으므로 배기설비에 세심한 주의가 필요하며, 보조주방을 두는 것이 바람직하다.

2) 동선과 위치

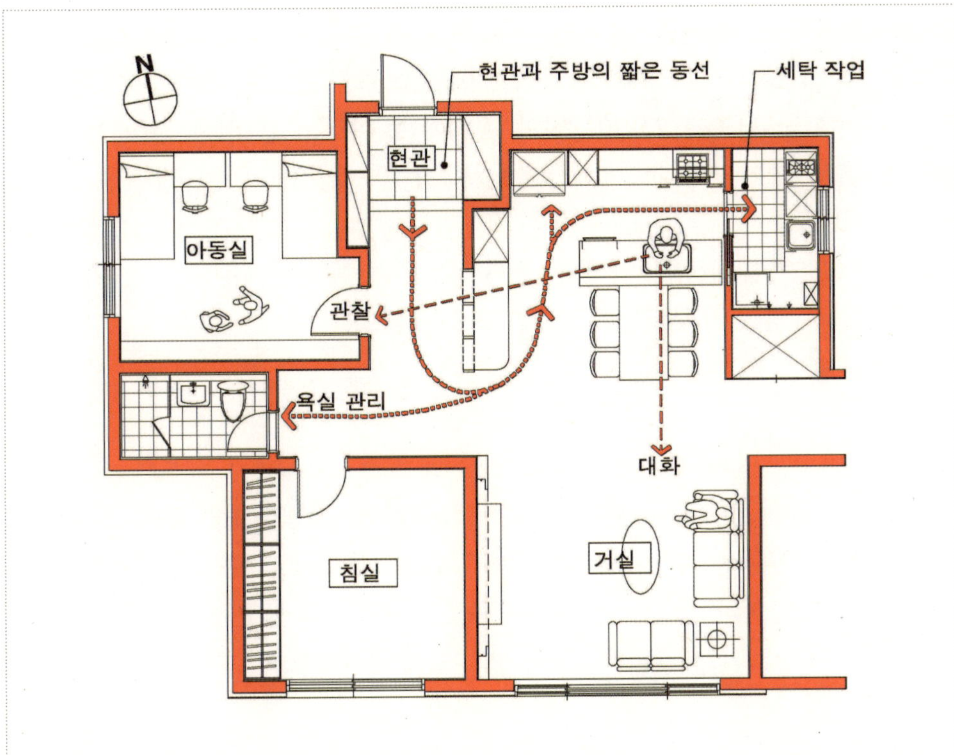

그림 2-22. 부엌의 위치와 동선

부엌은 가사 일을 위해 가장 자주 가는 곳이면서, 가장 오랜 시간 동안 머물러있는 장소여서 부엌을 가사작업의 중심이라고 한다. 준비된 음식을 짧은 동선으로 배선해야 하므로 식당과 인접배치하며, 냉장고에 들어가지 않는 식재료나 장류를 가지러 다녀야 하므로 다용도실과도 인접배치 한다. 그 외에도 어린자녀를 둔 가정에서는 육아, 다용도실의 세탁, 아동의 학습지도 등도 부엌 가사 일과 병행해야하므로 가사작업공간의 중심에 위치해야 한다.

부엌의 향은 작업환경 측면에서 남쪽, 동남쪽, 서남쪽이 이상적이지만, 이 방위는 주간에 많이 사용하고, 가족모두가 사용하는 실들을 배치하므로 동쪽이나 동북쪽을 권장할 수 있다. 동쪽은 아침에 햇빛이 깊숙이 들어오는 장점을 갖고 있으므로 주부가 가장 먼저 일어나 활동을 하는 부엌의 향으로서 적절하다. 서쪽은 저녁에 빛이 깊숙이 들어오는 향이다. 깊이 들어오는 햇빛이 음식물을 부패시킬 수 있으므로 피하거나, 차단하는 방법을 강구해야한다.

부엌의 크기는 식생활 양식과 가사작업에 참여하는 사람의 수, 가사작업 내용과 효율, 그리고 주택면적 등에 따라 정한다.

3) 가구

부엌가구로는 음식을 만드는 전후작업을 하는 작업대와 식품, 식기, 조리기구, 가전기기 등을 수납하는 가구가 필요하다. 저장과 수납은 작업대 하부와 상부에 선반이나 서랍으로 계획한다. 작업대는 요리하는 순서에 따라 준비대, 개수대, 조리대, 가열대, 배선대의 순서로 배치하며, 각 작업대의 특징은 다음과 같다.

(1) 작업대의 특징

① 준비대

음식을 만들기에 앞서 재료의 다듬기와 분류, 계량 등이 행해지는 작업대이다. 준비대의 작업과 밀접한 냉장·냉동고를 가까이 배치하면 작업동선이 짧아져서 능률을 꾀할 수 있다.

② 개수대

준비된 음식재료나 식기, 기구 등을 세척하는 작업대로서 물을 사용하는 공간이므로 내수성이 있는 재료로 계획한다. 작업시간이 가장 오래 걸리는 작업대이므로 창문을 통해 옥외경관을 조망하거나, 가족들과 대화할 수 있도록 배치하는 것이 바람직하다. 개수대위에는 세제용기와 수세미를 위생적이고 사용하기 편리하도록 정리함을 설치하고, 하부 수납장은 물에 젖은 음식물 찌꺼기를 위생적으로 처리할 수 있는 음식물 건조기와 수거함을 설치한다.

③ 조리대

재료를 자르고, 양념을 넣어 혼합하는 작업대이다. 도마와 칼, 양념, 그리고 조리기구 들을 작업대 상하부 선반이나 서랍에 수납하여 손쉽게 사용할 수 있도록 한다. 또한 믹서(Blender)나 커터(Cutter)와 같은 전기기구도 조리대에서 사용하므로, 이들의 수납과 콘센트 계획도 필요하다.

④ 가열대

음식물의 끓임, 튀김, 구이 등을 할 수 있는 레인지와 오븐이 설치된 작업대이다. 작업대 상부에는 가열할 때 발생하는 냄새, 연기, 수증기 등을 배기하는 후드(Hood)가 반드시 필요하다.

⑤ 배선대

조리한 음식을 그릇에 담아 식탁으로 서비스하기 위한 작업대이다. 식기, 수저, 컵 등을 작업대 상하부 선반이나 서랍에 수납할 수 있도록 계획한다. 전기밥솥, 전자레인지, 토스터기 등은 배선작업 과정에서 사용빈도가 높으므로 배선대 한편에 배치하는 것이 좋다. 주방 전기기기들은 몸을 굽히지 않고 편안한 자세로 작업대 위에서 사용할 수 있고, 이들을 깨끗하게 정리·수납할 수 있도록 계획한다.

(2) 작업대의 배치 유형

작업대는 음식의 조리순서에 따라 능률적인 작업이 되도록 배치한다. 그 배치방법은 일렬형, 병렬형, ㄴ자형, ㄷ자형, 아일랜드 형 등으로 구분할 수 있다.

① 일렬형

작업대를 한 벽면에 일렬로 배치한 유형이다. 규모가 작고, 폭이 좁은 부엌에 적용한다. 동선의 혼란은 없고 작업 흐름도 좋지만, 전체 길이가 길면 동선이 길어지므로 3,000㎜를 넘지 않도록 한다.

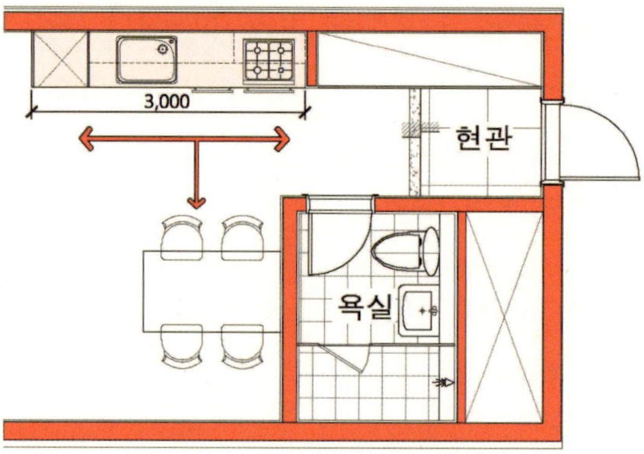

그림 2-23. 일렬형

② 병렬형

작업대를 양쪽 벽면에 마주보게 배치한 유형이다. 부엌의 폭이 길이에 비해 넓은 평면에 적용한다. 작업동선은 짧지만, 뒤돌아보는 동작이 많아서 쉽게 피로해 진다. 작업통로는 1,200~1,500㎜정도가 적당하다. 개수대, 조리대, 가열대는 연속된 작업이므로 같은 쪽에 배치한다.

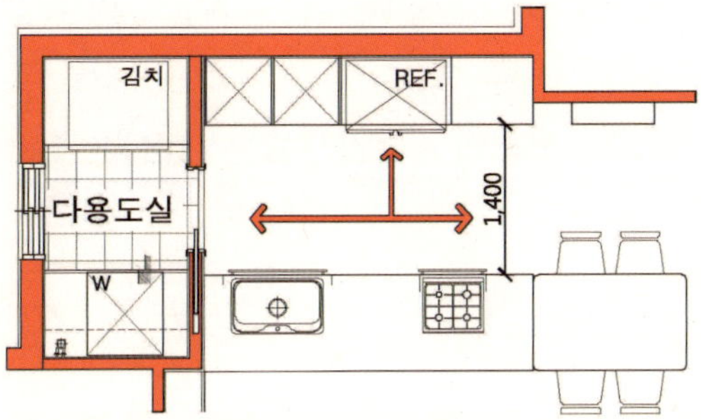

그림 2-24. 병렬형

③ ㄴ자형

작업대를 인접한 양 벽면에 배치한 유형이다. 코너 공간에 동작범위 안에서 작업대를 배치하면 움직임을 최소화하여 작업효율을 높일 수 있다. 이 유형은 동선의 길이가 짧고, 작업흐름도 좋다.

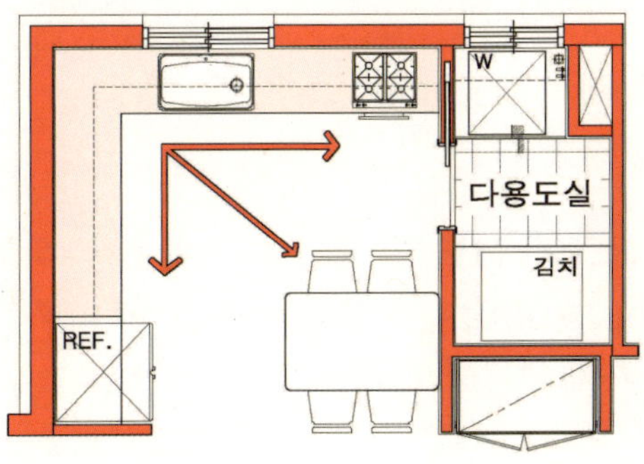

그림 2-25. ㄴ자형

④ ㄷ자형

작업대를 인접한 세 벽면에 배치한 유형이다. 일반적으로 중앙에 개수대를 두고 한 쪽에 준비대, 다른 쪽에 조리대, 가열대를 두면 능률적이다. 가장 편리한 작업대 배치유형이다. 작업통로는 1,200~1,500㎜정도가 적당하다.

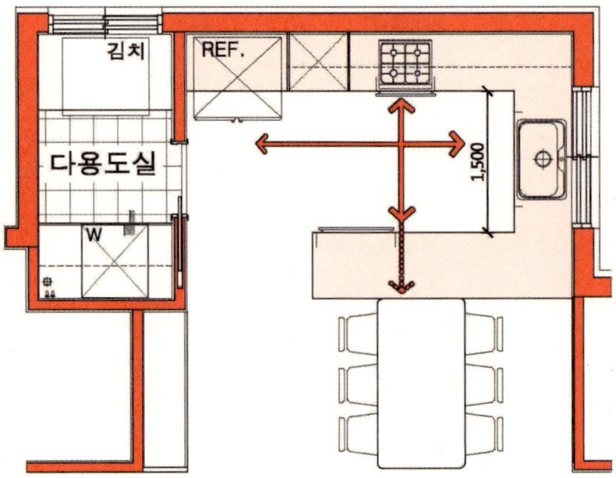

그림 2-26. ㄷ자형

⑤ 아일랜드 형

다른 작업대와 독립하여 특별한 작업대를 배치한 유형이다. 이 작업대는 모든 방향에서 접근이 용이하다. 일반적으로 가열대나 개수대, 또는 간단한 식사를 위한 식탁으로 배치하기도 한다.

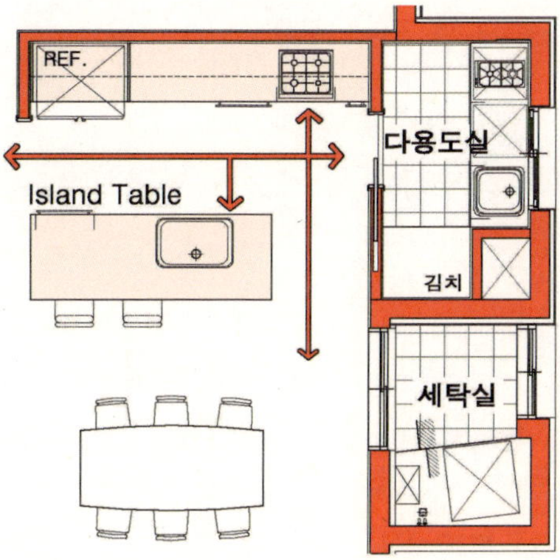

그림 2-27. 아일랜드 형

(2) 작업대 배치계획 시 주의사항

작업대 배치 계획을 할 때, 다음과 같은 사항에 주의한다.

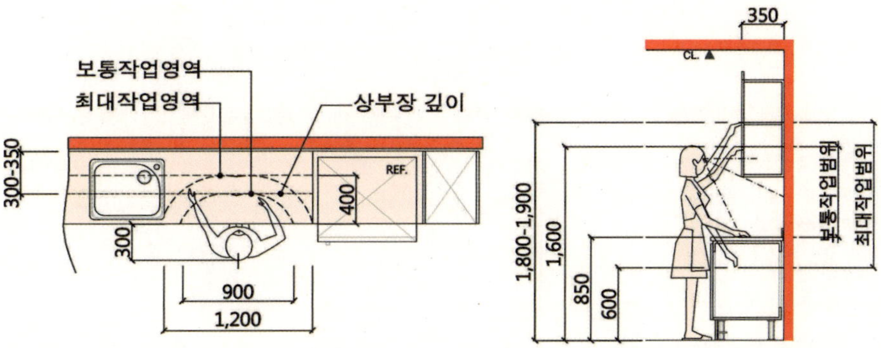

그림 2-28. 작업영역과 작업대의 치수

① 작업대의 치수는 작업내용과 인체공학적 측면에서, 능률적으로 작업하고 수납할 수 있어야 한다. 작업대의 길이는 600㎜를 기본모듈로 하여, 양손을 벌린 1,200㎜을 넘지 않도록 한다.

② 하부 작업대 없이 상부장만 설치하면 부딪치기 쉬우므로, 상부장 만을 계획하지 말아야한다.

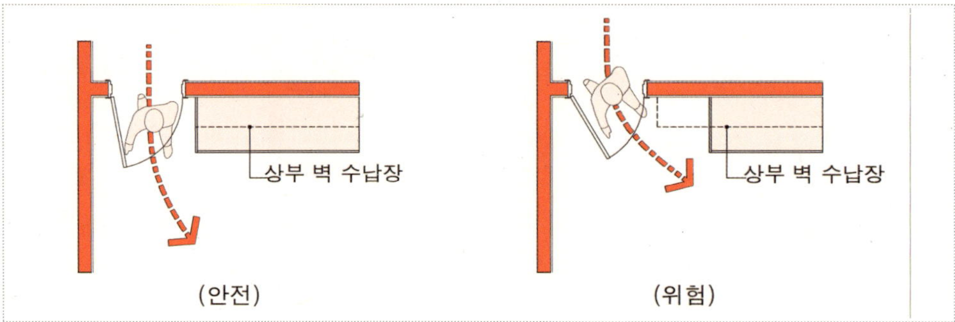

그림 2-29. 벽 수납장 설치 시 주의사항

③ 작업대와 출입문은 충분한 여유를 두고 배치하며, 여유가 없을 경우는 밖여닫이 문이나 미서기 문을 설치한다.

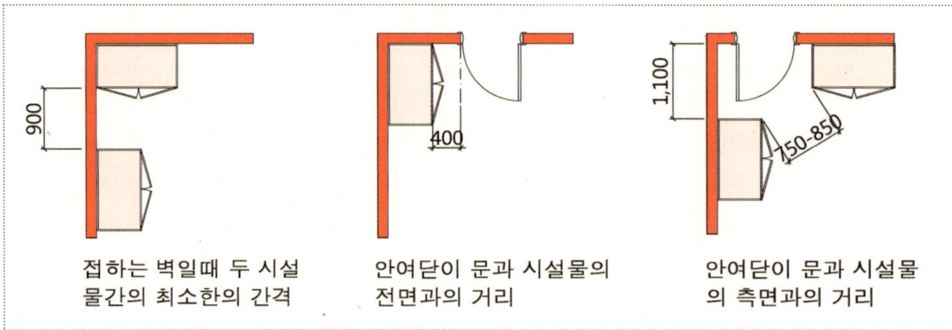

그림 2-30. 작업대와 출입문의 배치

4) 조명

부엌은 칼을 이용하는 위험한 작업을 해야 하고, 위생적으로 조리해야 하는 곳이므로 가능한 밝고 휘도가 낮으며, 연색성이 우수한 조명기구로 계획한다. 부엌 전체를 조명하는 전반조명과 작업대 위를 비추는 국부조명계획이 바람직하다. 만일 국부조명 없이 전반조명에만 의존하면, 아래 그림에서와 같이 작업대에 그림자가 생겨서 어두워진다.

그림 2-31. 부엌의 조명

5) 색채와 마감재료

부엌의 분위기는 작업대와 수납장의 색, 재료, 질감에 의해 좌우된다. 독립된 부엌이라면, 바닥, 벽, 천장의 색채와 재료를 자유롭게 계획할 수 있지만, 식당이나 거실과 오픈한 부엌은 이들의 색채나 마감재와 전체적인 조화를 고려한다. 다만, 물, 불, 기름 등을 사용하는 공간이므로 방부성, 내화성, 내수성, 내유성 등이 좋은 재료로서, 청소 또한 쉬워야 한다.

바닥재로 목재 플로어링은 탄성이 좋아서 장시간 서서 일하는 작업자의 피로를 경감하는데 유리하다. 대리석과 타일은 청소에 유리하지만, 오염되면

보수가 어렵고, 차갑고 딱딱한 단점이 있다. 물, 불, 기름을 사용하는 작업대 측 벽면은 타일이 적합하며, 그 외의 벽과 천장은 습기와 연기로 오염되더라도 청소가 쉬운 비닐벽지가 좋다. 작업대 상판은 내수·내열성이 우수한 스테인리스 스틸 외에 멜라민수지, 천연대리석, 인조대리석 등이 다양하게 사용되고 있다.

3.4 현관(Entrance)

현관은 주택외부와 실내를 연결하는 접점이다. 모든 가족이 외출하기 위해 마지막으로 거치는 장소이며, 외출에서 돌아와 처음으로 만나는 장소이다. 방문객에게는 주거공간의 이미지를 보여주는 첫 장소이기도 하다.

현관은 가족의 출입 장소 외에도 '방문하는 손님을 맞는 곳', '신발을 신고 벗는 곳', '외투를 입고 벗는 곳', '실외에서 사용하는 물품을 보관하는 곳'이다. 이 기능을 충족할 수 있는 공간의 규모와 가구계획이 필요하다.

1) 위치와 규모

현관의 위치는 도로와 대지의 관계에 의해서 결정된다. 아파트라면 선택의 여지가 없지만, 일반주택이어서 설계자가 결정할 수 있다면, 남쪽은 가급적 피한다. 왜냐하면 현관을 남쪽에 배치하면, 남측에 면하는 공간이 좁아져서, 그 만큼 남쪽에 배치해야 하는 실을 배치할 수 없기 때문이다.

현관은 모든 동선이 시작되므로, 복도와 계단을 연결하여 각 실로 단순하고 원활한 동선이 되도록 유도한다.

현관의 규모는 가족구성원의 수, 주택규모, 방문객의 빈도와 수, 실외에서 사용하는 물품의 량 등에 따라 차이가 있다. 현관에서 일어나는 다양한 행위와 3~4인이 신발을 벗어놓을 공간을 위해서 최소 폭 1,200㎜, 깊이 900

㎜는 필요하다. 현관이 외기와 직접 면할 경우는 중문을 설치하여, 방풍 실기능과 외부 시선도 차단하도록 한다. 이때 현관은 협소한 느낌이 들지 않도록 넉넉한 크기(1,350㎜ × 1,200㎜)를 확보한다.

현관과 현관홀은 바닥 차이를 두어서 신발을 신는 곳과 벗는 곳을 구분한다. 단 차이는 난방배관에 필요한 높이와 신발에서 떨어진 흙이 실내로 들어오는 것을 막을 수 있도록 80㎜~120㎜정도가 필요하다.

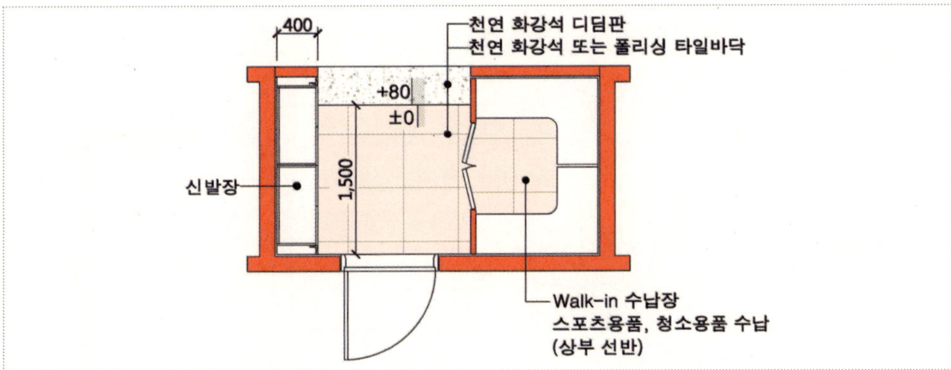

그림 2-32. 현관 평면의 사례

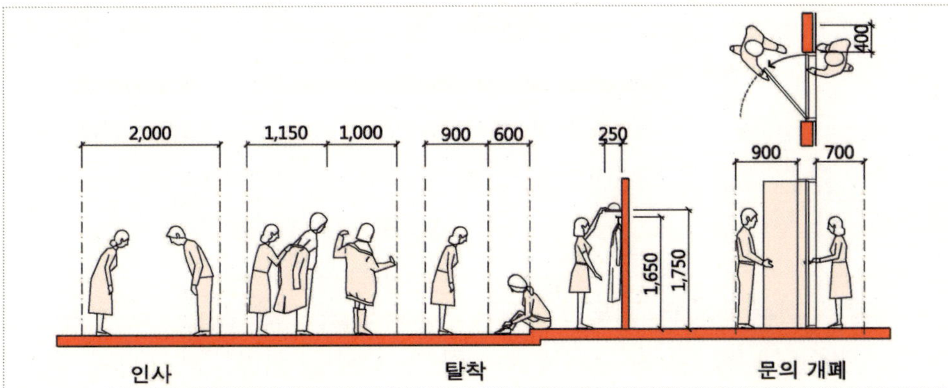

그림 2-33. 현관의 행위와 크기

2) 수납가구

현관은 신발을 신고, 벗는 접점이므로 신발을 수납할 수 있는 선반장이 필요하다. 최근 경제적 수준이 높아지면서 가족들이 소유한 신발의 수도 증가하기 때문에 신발장의 크기는 넉넉해야 한다. 또한, 굳이 실내 깊숙이 가지고 들어갈 필요가 없는 옥외활동용품, 스포츠용품 및 가방들 즉, 인라인 스케이트, 스키, 보드, 자전거, 골프가방, 낚시가방, 축구공, 볼링 가방, 테니스 가방 등도 현관에 수납할 수 있도록 계획하는 것이 바람직하다. 즉, 오늘날 현관 수납장은 이제 더 이상 신발장이 아니다.

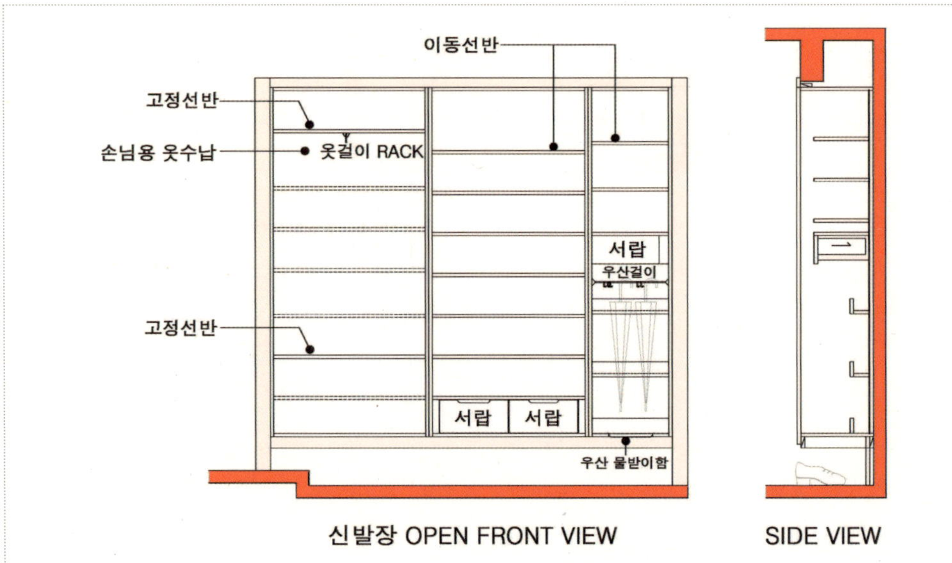

그림 2-34. 현관의 신발장

수납장 구조는 신발의 종류별, 가족별, 계절별, 크기별로 구분하여 수납할 수 있는 신발수납장, 스포츠 용품 수납공간, 우산을 정리할 수 있는 우산꽂이, 구두약이나 구둣솔을 정리하는 서랍, 자전거외의 실외용품을 수납하는 창고 등을 마련한다. 수납장 문의 전체 또는 일부분을 거울로 마감하면 외출 시 차림새를 확인할 수 있고, 시각적 확대 감을 얻을 수 있다. 이 외에도 방문객의 외투나 모자를 걸 수 있는 간단한 옷걸이를 마련하면, 손님방문 시 정돈된 응접실모습을 보여 줄 수 있다. 아울러 화분이나 꽃병을 둘 수 있는 선반을 설치하면 화사한 현관 분위기를 조성할 수 있다.

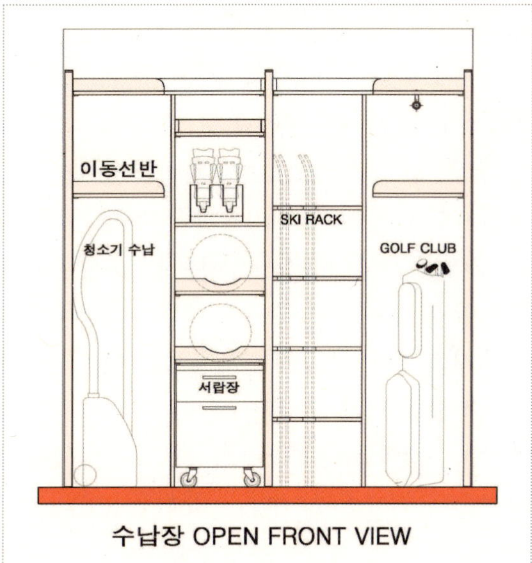

그림 2-35. 현관의 수납장

3) 조명과 재료

외출 후 처음으로 접하는 현관은 외부와 내부 조도 차이가 커서, 눈이 암순응하기까지는 매우 어둡게 느껴질 수 있는 공간이다. 따라서 현관은 다른 공간에 비해 고 효율의 등 기구를 계획한다. 한편, 외출 후 실내로 들어오면, 어두운 곳에서 스위치를 찾기 어렵기 때문에 센서에 의해서 자동으로 켜지고 꺼지는 시스템으로 계획해야 한다.

바닥 재료는 신발을 신는 곳이므로 물청소가 쉽고, 마모성이 우수한 재료를 권장한다. 바닥재로는 석재나 타일이 좋으며, 벽과 천장은 현관 홀, 복도 등과 통일성이 있으면서 유지관리가 쉬운 재료를 선정한다.

3.5 다용도실(Utility)

다용도실은 세탁기에 의한 빨래, 손빨래, 다리미질, 재봉질, 바느질 등의 가사작업을 위한 공간이지만, 부엌의 간이창고, 재활용품 창고, 보일러 실 등과 통합적 기능으로 사용되기도 한다. 최근 다리미질이나 바느질들은 주부만 하는 일이 아니라, 가족 누구든 하는 일이고, 다용도실이 아닌 식당이나 거실공간에서 하기 때문에, 다용도실은 세탁실과 다용도 창고 기능으로 전환되고 있다.

전자동세탁기와 건조기 등이 개발 보급되었지만, 속옷이나 운동화는 여전히 손빨래를 하기 때문에 배수구를 설치하고, 물 빠짐이 잘되도록 구배를 주어야 한다. 바닥은 방수 후, 논 슬립(non-slip) 타일로 마감해야 미끄럼을 방지할 수 있으며, 바닥 면에 화강석으로 된 빨래판을 고정해 설치하면, 손빨래를 편리하게 할 수 있다.

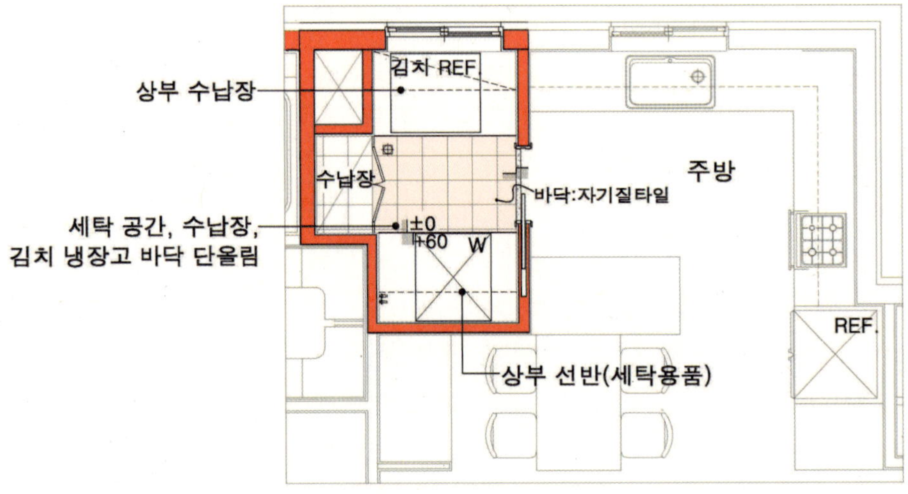

그림 2-36. 다용도실 평면의 예 1. (세탁실, 수납공간, 냉장고 공간 기능)

다용도실은 가사작업의 중심지인 부엌의 연장공간으로서 부엌, 보조주방과 같은 영역으로 조닝해야 작업동선을 줄일 수 있다.

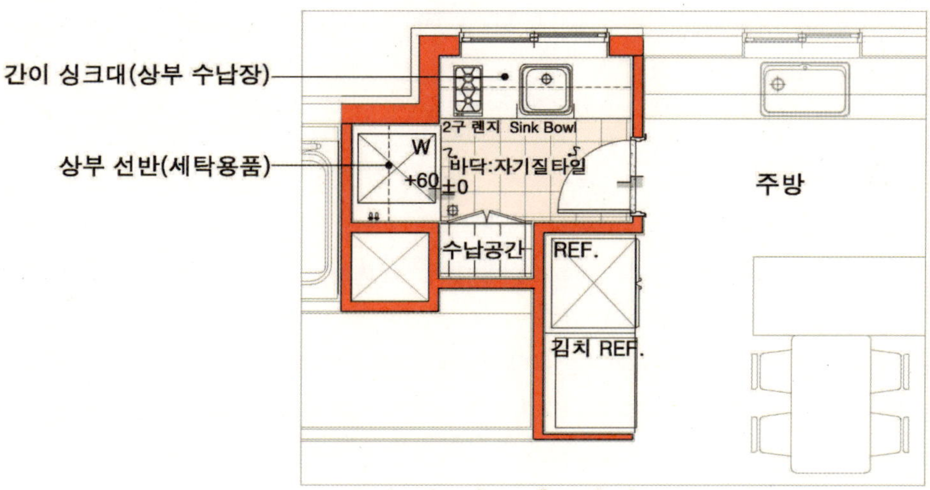

그림 2-37. 다용도실 평면의 예 2. (보조주방, 세탁실, 수납공간 기능)

3.6 개인 실(Personal room)

주택 내에 거주하는 가족 구성원들은 잠을 자거나, 자신만의 취미활동을 통하여 육체적·정신적 피로를 푸는 개인적인 영역이 필요하다. 아울러 가족과 독립하여 방해받지 않고 자신만의 작업영역도 필요로 한다. 침실, 서재, 취미실 등은 가족 전체보다는 사용자의 개성을 반영하는 영역이다.

일반적으로 사적 공간이라 함은 침실(Bed room)이 대표적이다. 하지만, 우리 주생활양식에서 침실은 잠을 자는 장소로서 기능 외에도 학습, 작업,

수납 및 갱의, 취미활동, 휴식 등의 다양한 용도로 이용하고 있어서 침실이라고 호칭하기 보다는 '누구 방'이라고 호칭하고, 또 그것이 더 잘 어울린다. 따라서 개인 실에 대한 계획은 '누가?', '어떤 용도로 사용할 방인지?'에 대한 세밀한 분석을 통해 계획해야 한다.

개인 실은 사용자에 따라 부부 실, 노인 실, 아동 실, 틴에이저(teenager) 실 등으로 분류할 수 있다.

1) 부부 실

부부 실은 일반적으로 안방으로 불리는 장소이다. 취침 전용으로 사용하면 독립성 확보에 유의해야 한다. 하지만, 취침이외에 갱의, 수납, 바느질이나 다림질과 같은 가사작업, 더구나 전통주택의 안방 기능과 같이 가족들이 모이는 단란의 장소로서도 사용되기도 한다. 따라서 일정규모 이상 주택이라면 부부침실과 안방을 분리하고, 전용욕실, 전용 드레스 룸(Dress room)을 부속시키는 것이 바람직하다.

① 위치

부부침실은 사적 공간 가운데 특히 프라이버시(Privacy)에 민감한 공간이므로, 공적이며 동적인 공간으로부터 이격시킨다. 문의 위치와 개폐방향도 침대와 갱의 장소가 바로 보이지 않도록 한다. 부부침실과 다른 실 사이에 수납공간, 계단실, 창고, 다용도실, 욕실 등을 배치하면 시각적· 청각적 프라이버시 확보에 유리하다. 방위는 남쪽, 동남쪽, 서남쪽이 바람직하지만, 침실 전용으로 사용된다면 반드시 남쪽이어야 할 필요는 없다.

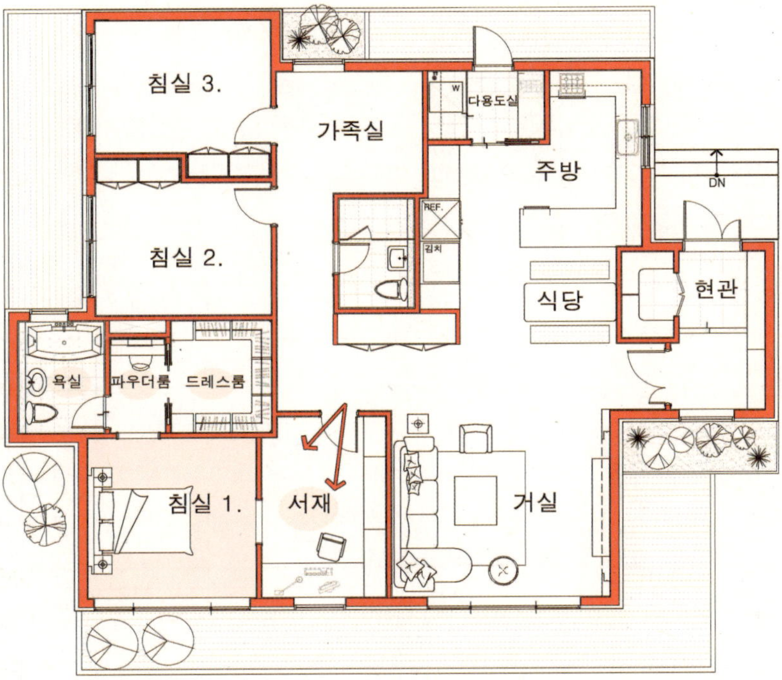

프라이버시 확보차원에서 부부침실과 다른 실 사이에 중간영역
(계단실, 수납, 창고, 다용도실)을 배치

그림 2-38. 부부침실의 배치

② 규모

부부침실의 크기는 취침 목적으로만 사용되면, 클 필요는 없다. 하지만, 다목적으로 사용될 경우에는 가구의 점유면적, 어린자녀와의 동침여부, 취침 외의 활동유형(취미, 가사작업, 독서, 화장 등), 그리고 좌식 또는 입식에 따라 차이가 있어서 일률적으로 크기를 정할 수는 없다. 한편, 좌식은 필요할 때만 요와 이불을 사용하므로 공간을 융통성있게 사용할 수 있지만, 입식은 침대를 고정하므로 융통성이 떨어져서 대개 좌식보다 더 넓은 면적이 소요

된다.

생리학적 측면에서 볼 때, '성인 한명이 취침 중 0.02m^3/hr의 탄산가스나 유해물질을 배설하고, 시간당 50m^3의 신선한 공기를 확보해야 한다.'고 한다. 그러므로 실내 환기 횟수를 시간당 1회한다면 50m^3, 2회한다면 25m^3의 공간이 필요하다. 천장높이를 2.5m로 가정하면, 시간당 1회 환기 시 20m^2, 2회 환기 시 10m^2의 면적이 필요하다.

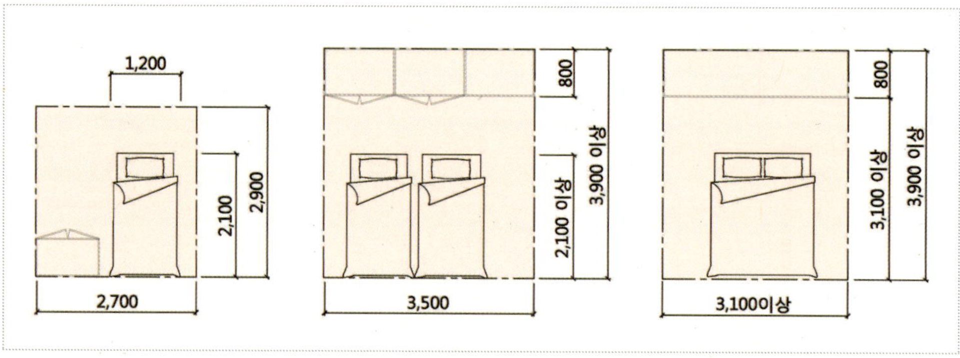

그림 2-39. 한식(좌식)침구 배치

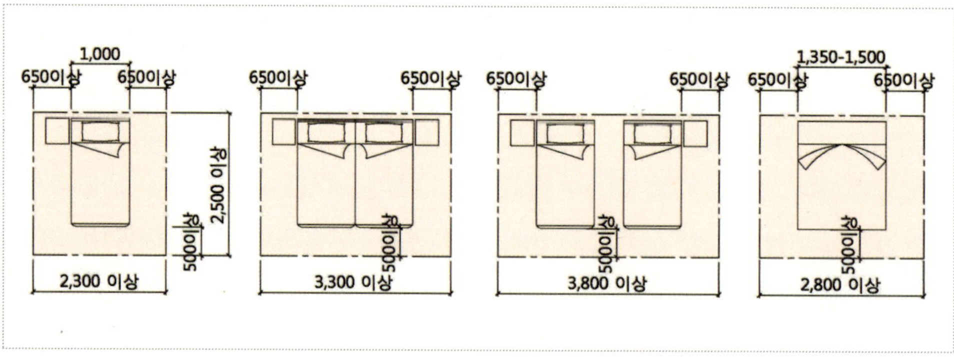

그림 2-40. 양식(입식)침대 배치

③ 가구

부부침실의 침대는 부부의 취침태도에 따라 더블베드 또는 싱글베드 2개를 트윈으로 배치한다. 침대 좌우는 650㎜, 하부는 900㎜정도 여유를 두면 통행이 불편하지 않다. 침대의 크기는 제조사마다 차이가 있으며, 일반적으로 폭은 1인용이 900~1,000㎜, 세미더블이 1,200㎜, 더블이 1,350~1,500㎜, 킹사이즈가 1,600~1,800㎜이다. 길이는 2,100~2,300㎜이다.

표 2-4. 침대의 크기

종류	폭	길이
싱글(single)	900~1,000	2.100~ 2.300
세미더블(semi double)	1,200	
더블(double)	1,350~1,500	
킹사이즈(king size)	1,600~1,800	

침실 내에는 의복과 개인물품을 정리, 보관할 수 있는 수납공간이 필요하다. 한쪽 벽면 전체를 붙박이장으로 하거나, 드레스 룸(Dress room)을 두는 것이 바람직하며, 이들 내부는 물품의 크기, 형태, 계절, 개인 등에 따라 다양한 방법으로 수납할 수 있도록 행거, 선반, 서랍 등을 세밀하게 계획한다.

침대 양측에는 조명기구, 시계, 전화, 일용품 등을 올려놓거나 수납할 수 있는 테이블(Night table)을 둔다. 부부침실의 안락한 러브시트(Love seat)와 흔들의자(Rocking chair)는 부부간에 친밀한 대화 분위기를 조성한다. 그 외에 화장대와 공간에 여유가 있다면 독서를 위한 책상을 두되, 책상위 조명기구는 잠자는 사람을 방해하지 않도록 책상용 스탠드 조명을 사용한다.

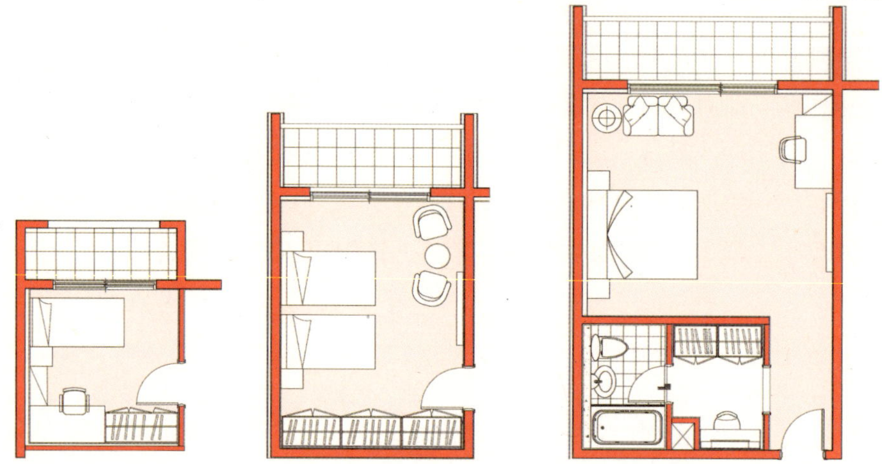

그림 2-41. 양식침실 평면의 예

④ 조명

침실은 편안히 쉬는 공간이므로, 조명계획은 잘 보이는 기능보다 분위기 있는 광원과 배광방식이 좋다. 그러나 화장이나 독서는 350~700lux의 조도가 요구되므로, 화장대와 책상 위는 국부 직접조명계획을 한다. 물론 부부침실이 취침 외에 가사작업이나 취미, 그리고 가족실을 병행하는 안방용도로 사용한다면, 효율 높은 광원을 전체조명으로 하고 조광기에 의해서 필요에 따라 조절하는 것이 바람직하다.

⑤ 색채

침실의 색채는 특별한 원칙 없이 사용자의 기호에 따라 결정할 수 있으나, 넓지 않은 공간이라면 화려하지 않은 무난한 배색이 좋다. 주조색이 채도가 높거나, 여러 색으로 배색하면 공간을 좁게 느껴지는 지각특성이 있기 때문이다. 다만, 단조로움을 피하려면 주조색이나 보조색을 동일 또는 유사 조화 배색으로 하되, 악센트 색을 보색대비 배색으로 할 수 있다.

주조색은 고명도·저채도의 옅은 색조(Tone) 배색이 권장되며, 악센트 색은 다소 채도를 높여 계획할 수 있다. 다만, 노랑, 주황, 빨강의 난색은 따뜻한 느낌을 주는 계열이므로 북향의 실에, 청색, 청록, 녹색 등의 한색은 시원한 느낌을 주는 계열이므로 남향의 실에 배색하는 것도 고려할 수 있다.

⑥ 마감재료

침실 벽과 천장의 마감 재료는 일반적으로 벽지와 패브릭(Fabric)을 많이 사용하나, 페인트도 추천할만한 재료이다. 요란한 무늬의 벽지나 패브릭은 공간을 복잡하고 협소해 보이게 하므로 가급적 작고 차분한 무늬가 좋다. 바닥재는 한지장판, 목재 후로링, 비닐 시트 등을 많이 사용한다. 바닥과 벽, 그리고 천장의 재료와 색채는 안락하고 안정된 분위기를 도모할 수 있어야 하며, 커튼이나 침대커버의 색채와 무늬도 침실 분위기에 상당한 영향을 미치는 요소이므로, 이들을 선정함에 있어서 침실 전체가 조화되도록 세심한 계획이 필요하다.

2) 노인 실

사회활동이 거의 없는 노인들은 하루의 대부분 시간을 집에서 보내기 때문에 일반적인 침실기능 외에 노인만의 독특한 생활, 취미 생활, 전용 거실, 가사 작업, 응접 등 다양한 기능을 겸해야 한다. 물론 사용자의 연령, 성별, 생활습관 등에 따라 생활내용이 다르므로 일반적인 노인 실의 기능과 함께 각자의 개성과 성격에 따라 합리적인 계획이 필요하다.

① 위치

노인 실은 전망이 좋고, 도로에서 떨어진 구역이면서, 채광이 좋은 남쪽에 면하는 것이 좋다. 2층 이상의 주택이라면 텃밭이나 정원이 있는 외부공간으로 출입이 쉽도록 1층에 위치하는 것이 바람직하다. 만일, 단층이라면 주택의 중심지로부터 어느 정도 독립된 조용한 구역이 좋다. 아울러 화장실과 욕실은 가깝거나, 전용으로 부속시키는 것이 바람직하다.

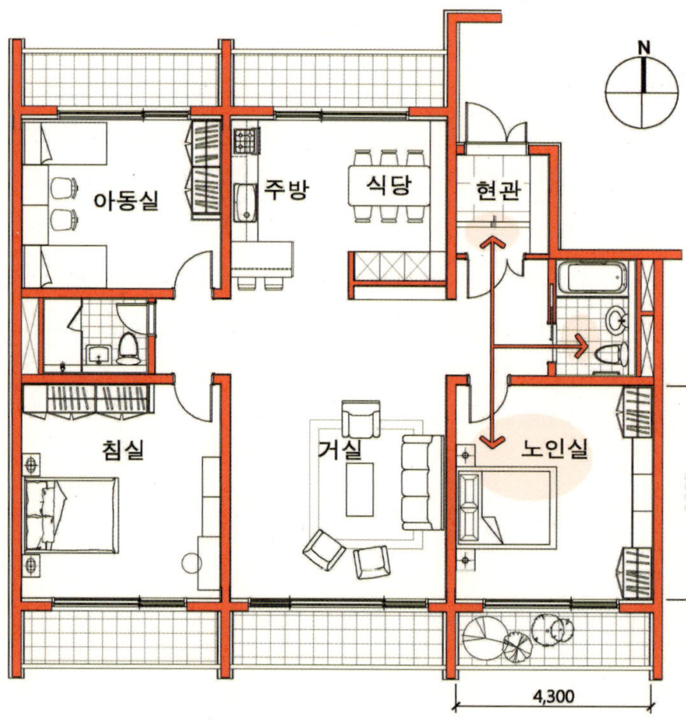

그림 2-42. 노인실 평면의 예

② 색채와 재료, 조명

노인은 신체적으로나 정신적으로 기능이 저하된 상태이기 때문에 색채와 재료는 안전하고, 따뜻하며, 밝은 실내 환경을 얻을 수 있도록 한다. 단차이가 있는 바닥이나, 요철이 있는 벽은 대비가 강한 색채나 재료를 사용하여 유목성을 높인다. 바닥은 물기가 있어도 미끄러지지 않고, 청소가 용이한 재료가 좋다. 노인 실의 조명은 다양한 활동에 따라 쉽게 조절하고 조작할 수 있는 계획이 필요하며, 스위치는 취침 중에도 비상등을 쉽게 켜고 끌 수 있도록 베갯머리에 설치한다.

3) 아동 실

아동 실은 취침 외에 학습, 놀이, 휴식 등 다목적공간으로 사용한다. 물론 사용자 각 개인의 연령, 성별, 취미, 놀이행위, 거주인원 등에 따라 차이가 있으므로, 일반적인 아동실의 기능과 사용자의 개성, 성격에 따라 위치, 가구, 색채, 재료, 조명 등의 계획을 전개한다.

아동 실 계획에 중요하게 고려해야 할 점은 성장속도가 빠르므로 성장에 대응할 수 있어야 한다. 7살의 유치원생과 9살의 초등학교 2학년 아동의 나이는 불과 2살 차이지만, 신체적으로나 정서적으로 상당한 차이가 있다. 초등학교 3학년 아동과 초등학교 5학년 아동도 나이는 2살 차이지만, 사춘기에 접어든 5학년 아동과는 확연한 차이가 있다. 따라서 아동실은 정신적, 신체적 성장에 따라 융통성있게 사용할 수 있고, 색채와 마감 재료는 성장에 따라 부분적 보수를 통해서라도 연령에 맞게 분위기를 바꾸어야 한다.

① 위치

아동은 하루 중 오랜 시간을 주택에서 보내므로 일조조건이 유리한 남쪽에 면하고, 옥외공간과 연결되는 것이 좋다. 아동 실은 사적 생활공간이기는 하지만, 정적활동보다는 동적활동이 많은 곳이며, 아동의 놀이와 활동은 부모의 감시가 필요하기 때문에 부모의 시선이 자연스럽게 미치는 곳에 위치해야 한다. 아동실의 규모는 최소 7㎡정도는 되어야하며, 침실외의 다목적 기능으로 사용하는 경우는 16㎡이상이어야 한다.

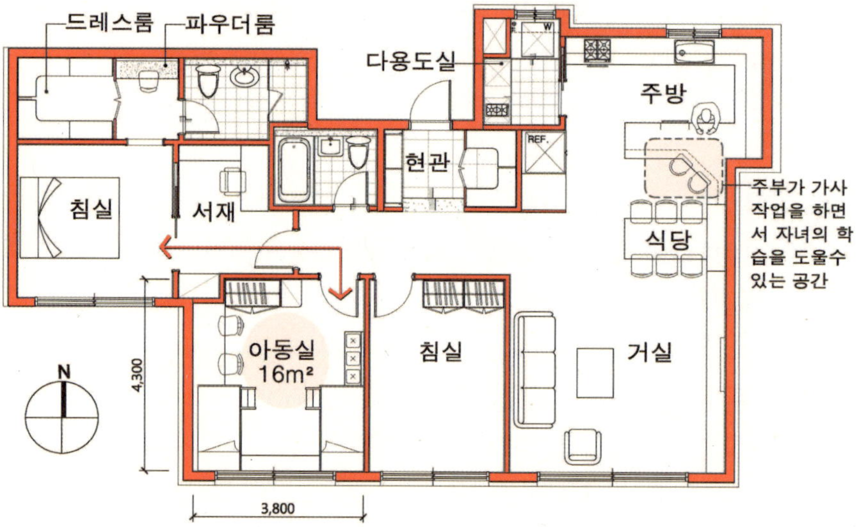

그림 2-43. 아동실 평면의 예

② 색채와 재료, 조명

초등학교 저학년 이하의 아동은 남여구별 없이 난색에 대한 선호가 높으나, 중학년 정도가 되면 남아는 한색계열, 여아는 난색계열 선호가 뚜렷해진다. 고학년의 남녀별 색채선호는 중학년과 유사하지만, 남녀모두 성인의 색채선호 경향처럼 무채색에 대한 선호도가 높아지기 시작한다. 그렇다고 선호색에 따라 아동 실의 주조 색을 고채도의 원색으로 계획하는 것은 금물이다. 주조색은 고명도·저채도의 색조로 계획하되, 악센트 색을 아동의 색채 선호도에 따라 중명도·중채도 이상의 색상으로 하면, 아동실다운 공간이미지 연출이 가능하다.

다목적용도로 사용하는 아동 실은 활동이 많기 때문에 바닥 재료는 탄력이 있으면서 내구성이 좋아야 한다. 목재 후로링이나 비닐계 바닥시트는 탄력성이 있고 청소도 용이하다. 벽과 천장도 충격에 강하면서 세제를 사용해 쉽게 지울 수 있는 비닐벽지나 비닐페인트가 청소·유지관리 면에서 유리하다.

아동 실의 조명은 다양한 용도로 사용하는 장소이므로 활동에 따라 조도를 조절할 수 있어야 한다. 학습활동 시 아동 실은 전체조명으로 방 전체를 부드럽게 조명하고, 책상 면은 스탠드 국부조명으로 밝게 계획한다. 어린자녀가 사용하는 방이라면 취침 등을 설치한다.

③ 가구

아동 실 가구는 성장에 따라 높이와 크기를 조절할 수 있어야 하며, 다양한 활동에 따라 융통성있게 사용할 수 있어야 한다. 아울러 위험하지 않은 형태와 마감 재료를 사용하고 유지관리가 쉬워야 한다. 가구의 수납공간은 다양한 문구, 생활용품, 의류, 놀이기구, 취미용품, 장식품 등을 아동 스스로 수납하고, 정리 정돈할 수 있도록 수납장 선반, 행거, 서랍을 계획한다. 특히 의류의 수납은 계절별, 크기별, 사용빈도별로 정리할 수 있도록 세심한 배려가 필요하다.

4) 틴에이저(teenager) 실

청소년기 중학교 학생은 신체적·정신적 성장이 빠르며, 고등학교 학생은 거의 성인과 유사한 특성을 갖고 있다. 이때는 감정이 예민하고 욕구가 다양한 시기면서, 학습에 열중하는 시기이므로 시각적으로나 청각적으로 독립된 공간이어야 한다. 또한 어른으로 대접받기를 원하고, 자신의 의견도 분명하게 밝히는 시기이므로 일반적인 틴에이저 실의 기능과 함께 각자의 의견을 존중하고, 이를 반영함으로서 자신만의 개성있는 공간으로 만들어갈 수 있도록 해야 한다.

3.7 생리위생 공간

변소와 세면실, 그리고 욕실의 기능을 포함하는 생리위생공간이 주택내부에 들어오게 된 것은 획기적인 변화이다. 특히, 더러운 곳이라는 인식 때문에 격리시켰던 변소가 설비시설의 발달로 실내로 들어오게 되었고, 온수가 대중화되면서 욕실문화도 발달하였다. 변소, 세면실, 욕실은 공간적으로 분리하기도 하지만, 대부분의 주택에서는 공간 사용의 효율을 높이기 위해서 한 공간 내에 통합 배치하는 것이 일반적이다. 이러한 경우 보통 생리위생공간을 '욕실'이라고 호칭한다.

변소, 세면소, 욕실이 모두 물을 사용하고, 배수하는 공통특성을 갖고 있으므로 하나의 영역으로 통합하면, 설비비의 절약과 유지보수 면에서도 유리한 것만은 사실이다. 그러나 이들의 행위는 분명한 차이가 있으며, 변소와 욕실의 행위는 프라이버시를 요하는 곳이므로, 통합된 욕실은 2~3사람이 동시에 사용할 수 없다. 따라서 사용자의 수가 많을 경우나, 사용시간이 집중될 때는 생리위생공간을 2~3실로 분리하는 것이 바람직하다.

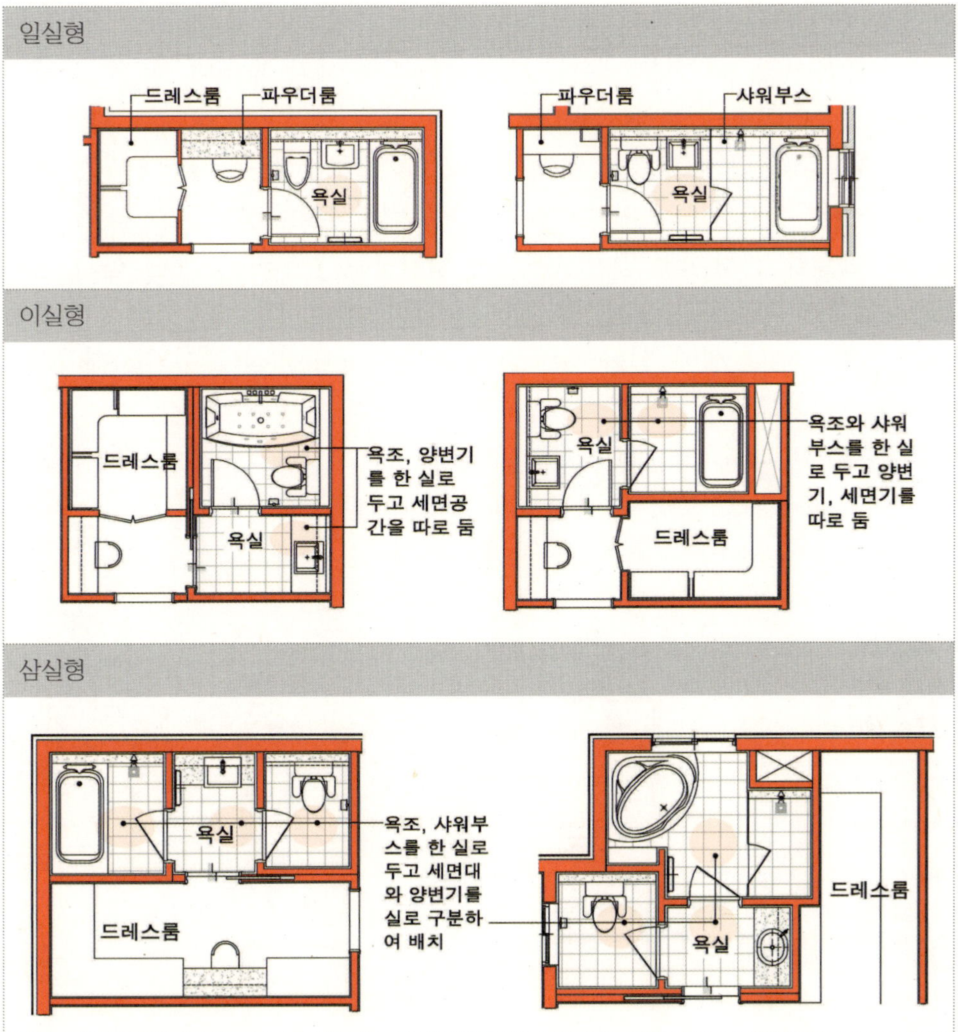

그림 2-44. 욕실의 유형

1) 위치와 크기

욕실기능의 중요성에 비해 다른 실보다 사용하는 시간이 짧으므로, 일조와 조망조건이 유리한 향에 배치하기 어렵다. 다만 습기와 악취를 배출하는 환기구나 환기창, 환기설비배관을 설치하는데 문제가 없어야 한다. 급·배수 설비를 갖추어야하는 부엌이나 다용도실과 같은 영역으로 묶어서 계획하면, 초기설비투자비 및 유지관리 면에서 유리하다. 공간적 여유가 있다면 개실 전용 욕실을 설치하는 것이 이상적이지만, 일반적으로 주거공간 내에 1, 2 개소의 욕실을 설치한다. 만일 1개소만 설치하는 경우라면, 개인 실과 공적 공간으로부터 이용하기 쉬운 동선의 분기점에 배치한다. 2개소를 설치하는 경우, 1개는 부부 실에 전용으로, 그리고 동선의 분기점에 1개를 배치하는 것이 일반적이다.

양변기, 세면대, 욕조 등의 기본 위생도기를 설치하기 위한 욕실의 최소 크기는 1,500㎜ × 2,150㎜이며, 욕실에서의 행위별 필요공간은 그림과 같다.

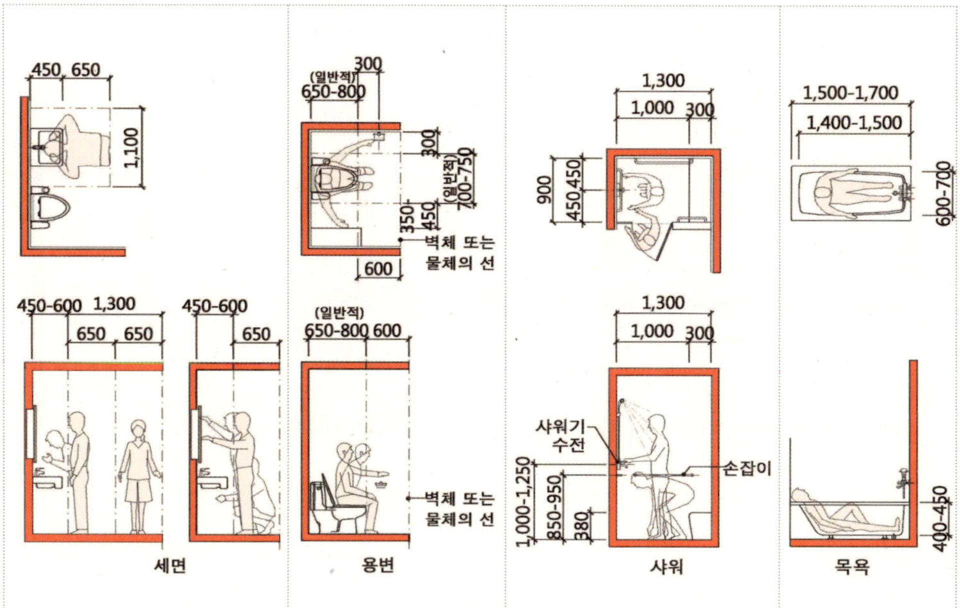

그림 2-45. 욕실에서 다양한 행위와 소요 공간

2) 색채와 재료, 조명

일반적으로 욕실은 높은 벽으로 막혀있는 넓지 않은 공간이고, 위생적으로 깨끗한 이미지를 요구하는 공간이므로 전통적으로 고명도의 흰색 계열을 많이 사용하였다. 그러나 벽으로 막힌 독립 공간이므로 주거공간 전체 색채 이미지에 영향을 주는 것이 아니기 때문에 특정 색이어야 할 원칙은 없다. 최근 답답해 보이지 않고, 위생적인 이미지이면서 독창적인 공간이미지를 조성하는 다양한 컬러와 문양의 타일이 개발되고 있다.

욕실의 재료는 방수성능이 좋고, 청소가 용이한 타일이나 석재를 사용한다. 바닥재는 물기가 있어도 미끄러지지 않는 논슬립 타일로 계획해야 한다. 난방코일을 욕실 바닥에도 배관하면, 물기가 빨리 건조되어서 미끄럼을 방지하고, 세균의 번식도 방지할 수 있어서 위생적이다. 천장재도 습기에 강한 재료로 한다.

욕실의 조명은 전체조명과 국부조명이 필요한데, 천장 가운데만 설치하는 전체조명만으로는 그림자가 생겨서 면도와 같이 고조도가 필요한 활동에 지장을 초래한다. 따라서 전체조명과 더불어 거울 위에 국부조명을 설치해야 한다. 하지만, 일반적인 규모의 욕실이라면 거울 위의 국부조명이 전체조명을 겸하여도 큰 불편함은 없으며, 습기에 강한 방습등을 사용하여야 한다. 아울러 환기창은 사용자의 그림자가 비치지 않도록 높게 설치하며, 조명기구의 위치도 그림자 방향을 고려하여 정한다.

3) 욕실 생활행위

욕실에서는 세면을 비롯하여 배설, 목욕 외에도 면도하기, 양치하기, 물받아놓기, 머리감기, 발 씻기, 속옷 빨래하기, 이불 빨래하기, 김장배추 절이기 등 다양한 생활행위가 이루어진다. 욕조를 이용한 이불 빨래나 배추 절이기, 물 받기 등의 빈도는 잦지 않지만, 빈도가 잦은 머리감기, 발 씻기,

속옷 빨래하기 등과 함께 서양인들과 다른 우리의 욕실 생활행위들이다. 그러나 이 행위를 위한 위생기구는 마련되어있지 않아서 사용자마다 기발한 방법으로 다른 용도의 위생도기들을 사용하고 있는 실정이다. 이런 일은 사용자의 주생활행위 특성에 대한 분석 없이 외국의 것을 그대로 받아들여서 생긴 일들이다. 앞으로 우리의 사용자 행위특성을 고려한 한국적인 욕실공간에 대한 연구 개발이 필요한 시점이다.

사진 2-8. PALATIUM VILLAGE (Designer; Park-HyoChul)

제4장. 주거 공간 효율의 극대화

실내디자인 행위는 제한된 공간을 제한된 예산으로 사용 용도마다 복잡하고 다양한 기능을 충족시키면서, 시각적 아름다움도 추구하는 것이다. 그러나 공간의 규모는 늘 넉넉하지 않으며, 예산도 항상 모자라게 마련이다. 주택도 예외는 아니어서 주어진 공간을 보다 넓게 활용하기 위한 방안과, 좁지만 시각적으로 넓어보이게 하는 방안을 연구해 볼 필요가 있다.

그 방안으로서 '합리적인 평면계획', '데드 스페이스의 적극적인 활용', '디자인 요소에 의한 조절' 등을 들 수 있다.

4.1 합리적 평면계획

주택의 공간효율을 극대화하기 위한 방안은 우선 합리적인 평면계획이 기본이다. 하지만, 평면계획이 기능을 충족시키지 못한다면 아무리 공간효율이 높다고 할지라도 소용없는 것이다. 따라서 주택이 제 기능을 발휘하면서 공간의 효율을 극대화하기 위한 평면계획 방안은 다음과 같다.

1) 기능의 통합과 다목적화

양식(洋式)은 침실, 거실, 부엌, 식당이 각각 하나의 목적과 기능을 갖는다. 하지만, 전통한식(韓式)은 하나의 실을 다목적 용도로 사용한다. 대표적인 공간으로 안방은 '잠자는 침실, 식사하는 식당, 단란의 장소, 손님을 접대하는 응접, 가사작업, 독서하는 서재' 등으로 사용되었다. 한식침실과 같이 하나의 실을 다목적 용도로 사용하면 공간의 효율은 높아진다.

또한, 주어진 실내 공간 내에서 실과 실을 칸막이벽으로 구분하지 않고, 용도를 겸할 수 있는 공간으로 통합하면, 실내공간을 넓게 활용할 수 있다. 예를 들면 식당 겸 부엌(DK), 거실 겸 식당(LD), 거실 식당 겸 부엌(LDK), 서재 겸 응접실, 서재 겸 객용침실처럼 2개 이상의 기능을 한 공간에 통합하면, 공간 효율을 극대화할 수 있다. 최근 공동주택의 경우 거주자의 다양한 라이프 스타일에 대응한 알파 룸을 제공하기도 한다. 예를 들면, 침실 안에 드레스룸을 확장하여 수납기능을 강화하거나, 서재, AV룸, 와인 바 등으로 활용하기도 한다. 그러나 기능의 통합을 통하여 공간의 효율을 높일지라도, 서로 기능이 상이한 다른 공간들 간에는 구분이 필요하다. 바닥 단차이, 재료나 색채의 구분, 조도의 차이, 천장의 형태, 가변형벽체 등에 의해서 영역을 구분할 수 있다.

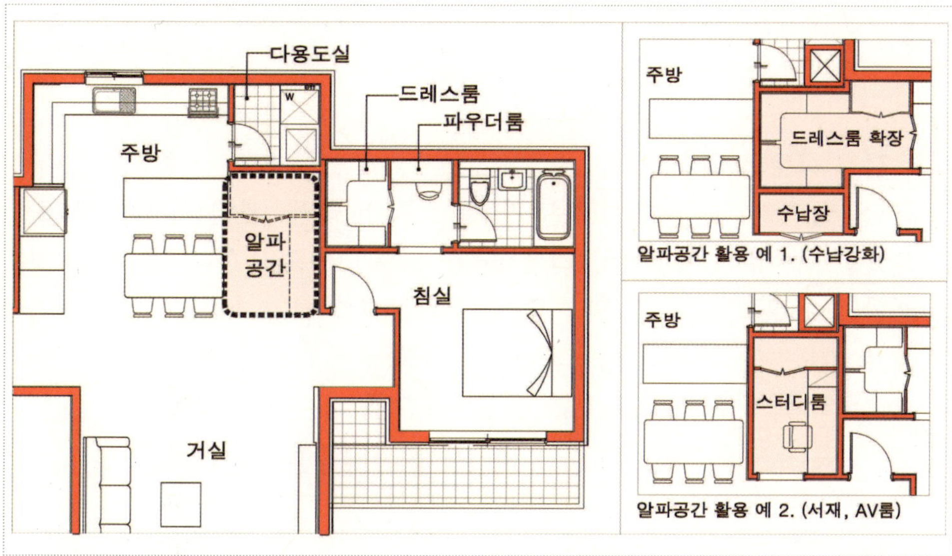

그림 2-46. 알파 룸의 활용 예

2) 가구의 다기능, 소형화

공간을 다목적으로 사용하기 위해서는 가구도 다 기능적이어야 한다. 서재 겸 객용침실에는 소파베드(Sofa bed), 스튜디오 카우치(Studio couch), 데이 베드(Day bed)등으로 소파와 침대를 겸하고, 식당 겸 가사작업실에는 식탁과 다리미질이나 바느질의 작업대 기능을 겸하면 공간효율을 높일 수 있다.

아울러 가구 본래의 용도에 지장을 주지 않는 범위에서 크기를 최소화하면, 가구가 차지하는 공간 점유율을 낮출 수 있다. 소파나 의자의 크기가 커야만 안락한 것이 아니며, 수납장이 커야만 많은 양을 수납하는 것이 아니다. 또한, 작업대가 넓어야만 효율적인 작업을 할 수 있는 것이 아니다. 소형일지라도 인체 스케일을 고려한 의자나 소파, 물품의 크기와 양, 그리고 사용빈도를 고려한 수납장, 작업의 흐름과 각 작업단계에 적절한 넓이의 작업대 등은 가구의 본래 기능을 달성하면서, 공간의 효율도 높일 수 있다.

3) 전용 통로의 최소화

주어진 공간이 넉넉하지 않은 가운데, 주거공간을 효율적으로 계획하기 위해서는 편(片)복도식 평면보다는 중(中)복도식이 유리하며, 중복도식보다는 중앙(中央)홀 형이 유리하다. 즉, 전용으로 사용하는 복도의 길이를 가능한 짧게 계획하는 것이 좋다. 더불어 통로를 통합하거나, 통로를 다른 공간과 융통성있게 사용하면, 공간효율을 높일 수 있다.

4) 합리적인 개구부의 위치

평면계획에서 개구부의 위치나 크기는 공간 활용에 영향을 미친다. 각 실 출입문을 여닫는데 필요한 공간은 단순히 문의 크기에 따라서 차이가 있지만, 그 위치가 비합리적으로 계획되면 동선이 길어짐은 물론, 그 동선으로 인해서 복도가 생기는 것이므로 실의 공간효율을 떨어뜨린다. 또한 창의 위치와 높이도 가구 배치에 영향을 미치기 때문에 세심한 고려가 필요하다.

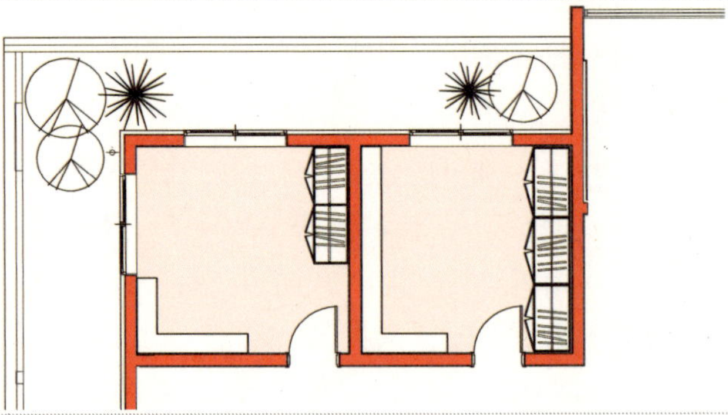

그림 2-47. 창의 위치와 공간 효율

4.2 데드스페이스(Dead space)의 활용

데드스페이스란 사용하지 않는 쓸모없는 공간을 말한다. 더 나아가 사용하더라도 빈도가 낮고 효용가치가 떨어져서, 없어도 그만인 곳도 데드스페이스이다. 주택의 데드스페이스는 계단하부, 지하실, 천장과 슬래브사이 공간, 가구배치 후 자투리 공간 등에서 발생한다. 이들 공간을 창고나 욕실, 사용빈도가 낮은 객용침실, 헬스 룸(Heath room), 홈 바(Home bar), 아틀리에, 서재, 음악실 등으로 계획하면, 공간의 활용도를 높일 수 있다.

1) 계단 하부 공간

계단 하부는 천장이 기울어져서 허리를 펴고 다니기에 불편한 공간이다. 하지만, 인체스케일과 인간 활동을 치밀하게 연구해서 계획하면, 욕실이나 가사실로 사용하는데 큰 불편함 없게 계획할 수 있다. 또한 사용빈도가 낮은 가전제품, 생활용품 등을 수납하는 창고로 활용할 수 있다.

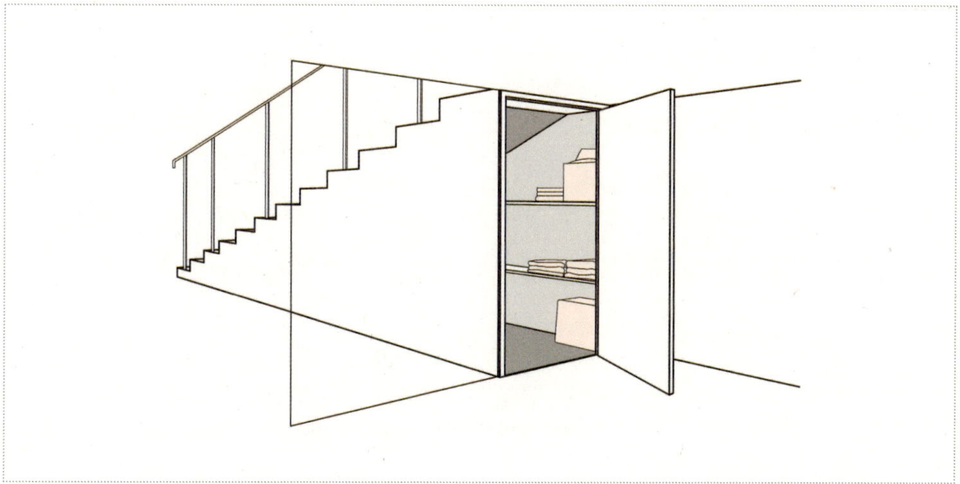

그림 2-48. 계단 하부공간의 활용

2) 지하실

지하층은 건축물 바닥이 지표면 아래에 있는 층으로서, 그 바닥으로부터 지표면까지의 평균높이가 그 층의 1/2이상인 것을 말한다. 1962년에 지하층 관련법 제정당시, 지하층에는 주택의 거실[1]을 설치하지 못하도록 하는 규정만 있었으나, 1970년대 초에 방공 목적으로 지하층 설치 의무규정을 신설하여 1990년대 중반까지 지속되었다. 물론 그 이후 이 지하층 의무설치 규정은 없어지고 거실용도로 사용하는 것도 가능해졌지만, 지하층 의무설치 규정을 적용받은 현존 건축물의 지하층은 대부분 현재 그 활용도가 떨어지는 데드스페이스이다. 더구나 당시 지하층 규정은 바닥으로부터 지표면까지의 평균높이가 2/3이상일 때 지하층으로 인정받을 수 있었으므로, 환기와 채광 확보가 더욱 어려운 것도 활용도를 떨어뜨리는 원인이다.

이 지하실들은 환기관련 제 설비를 갖추어서, 헬스 룸(Heath room), 아틀리에, 홈 바(Home bar), 음악감상실 등으로 계획하면, 방음효과를 얻을 수 있고 주택의 공간 활용도도 높일 수 있다.

3) 다락방

박공지붕과 같은 경사지붕의 하부공간을 적극 활용하면, 공간효율을 높일 수 있다. 다락이라고 하는 이 공간은 평균천장고가 1,500㎜이하이면 바닥면적으로 산입하지 않지만, 그 이상이면 바닥면적으로 산입하는 증축[2]행위이므로, 실내계획 시 법적절차를 밟아야 하는지 여부를 확인해야 한다. 이 공

---

1) 『거실』이라 함은 건축계획개념에서 일컫는 거실(living room)을 뜻하는 것이 아니라, 거실의 반자높이, 거실 바닥면적의 합계 등 건축법상 요구하는 거실의 범위에 현관, 복도, 계단, 화장실 등을 제외한 거주, 집무, 작업, 집회, 오락 기타 유사한 목적으로 사용되는 방을 거실이라 한다.

2) 『증축』이라함은 기존 건축물이 있는 대지 안에서 건축물의 건축면적, 연면적, 층수 또는 높이를 증가시키는 것을 말한다.

간은 천장이 기울어져서 허리를 펼 수 있는 높은 쪽과, 활동이 불편한 낮은 쪽도 있다. 하지만, 천장이 낮은 쪽에 수납공간이나 작업대를 배치하면 오히려 개성 넘치는 공간을 연출할 수 있다. 객용침실이나 아틀리에, 서재 등으로 계획하여 주거공간의 효율을 높일 수 있다.

4) 수납장을 이용한 칸막이벽

각 실의 가구는 사용자 요구에 따라 평면계획 시 세심하게 크기를 고려하여 배치하고, 이로 인해 데드스페이스가 생기지 않는지 주의한다. 즉, 가구를 배치함으로써 발생될 데드스페이스를 미리 예측해야 한다. 그림과 같이 수납장으로 벽을 대신하면, 벽이 차지하는 면적과 데드스페이스를 없애고, 방음 효과도 얻을 수 있다.

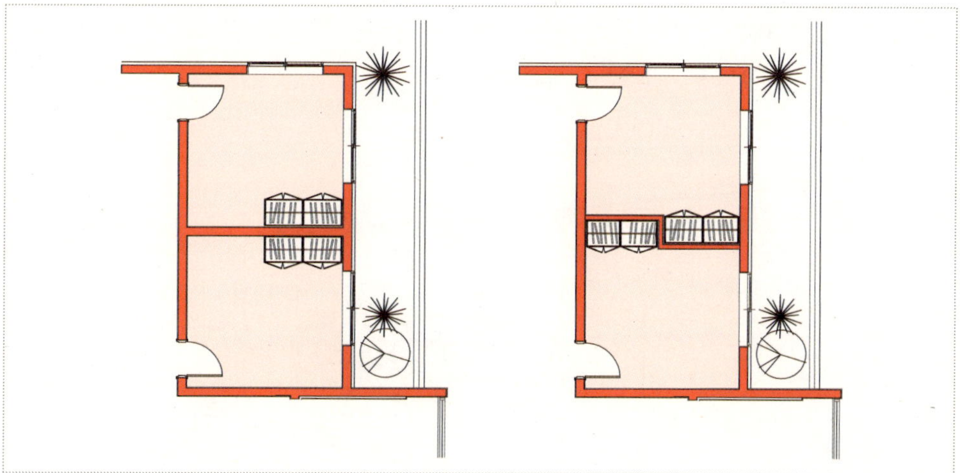

그림 2-49. 수납장을 이용한 칸막이벽

아울러 기둥으로 인해 생긴 데드스페이스는 기둥 크기의 수납장을 배치하면, 모나지 않은 공간이 형성된다.

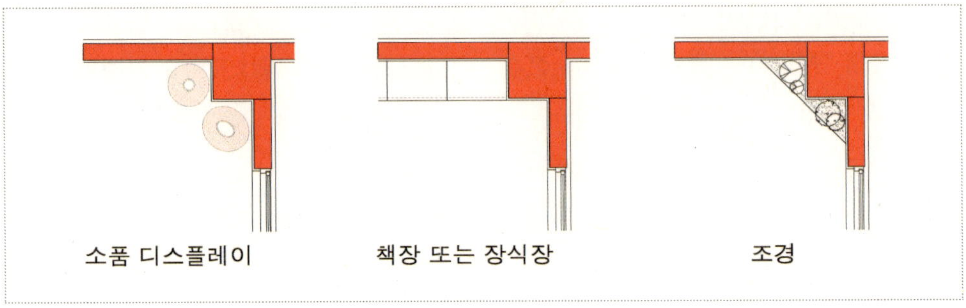

그림 2-50. 코너의 활용

5) 공간의 수직적 활용

한 침실에 2층 침대를 사용하는 경우나, 침대 하부를 수납장으로 사용하는 것을 공간의 수직적 활용계획이라고 한다. 그 외에도 창대를 진열대로 사용하거나, 침대를 벽이나 장에 수납하는 것도 공간을 수직적으로 활용함으로써, 공간 점유율을 낮추는 계획이다.

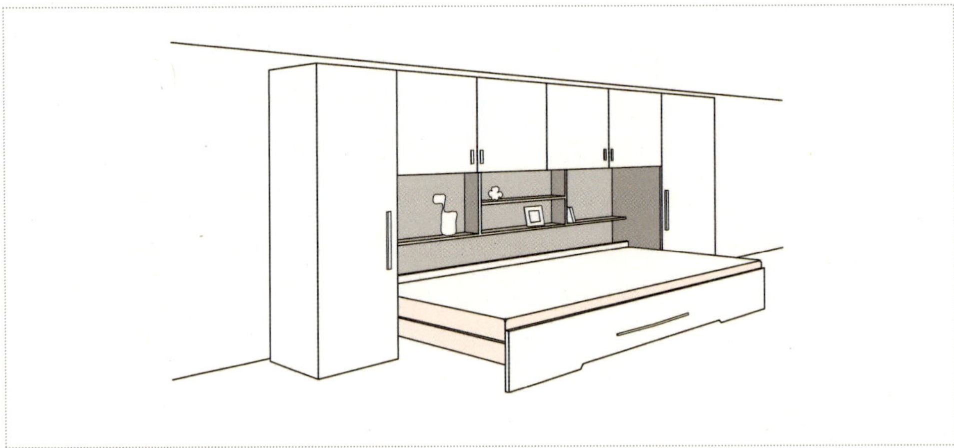

그림 2-51. 하우스 베드

그림 2-52. 접이식 책상

4.3 디자인 요소에 의한 조절

디자인 요소를 조절한다고 공간의 물리적 확장효과를 얻을 수는 없지만, 심리적 확장감은 얻을 수 있다. 공간형태의 단순화, 재료의 통일, 단순한 배색, 고명도·저채도의 한색계 색채계획 등에 의해서 심리적으로 공간효율을 높일 수 있다.

1) 공간형태의 단순화

공간의 형태에 따라서 심리적으로 실내공간이 크게도 보이고, 작게도 보인다. 공간의 형태는 복잡하지 않고 단순할 때 시각적으로 넓게 지각되는데, 공간의 형태에 영향을 미치는 요소는 평면 및 천장계획, 입면 및 가구계획, 문양의 형태 등을 들 수 있다.

평면과 천장은 원이나 요철 없이 심플한 공간형태로 전개하는 것이 바람직하다. 입면과 문양도 가급적 장식을 피하고 단순한 직선으로 계획하는 것이 심리적 확장감을 얻는데 유리하다. 가구는 여러 벽면에 분산배치하기보다는 한 벽면으로 통합배치하고, 입면으로도 벽과 일체화시킨다. 공간형태의 단순화로 공간의 활용도를 높이고 시각적 확장 이미지도 얻을 수 있다.

2) 재료의 통일

마감 재료도 심리적으로 실내공간의 규모에 대한 이미지를 주는 요소로 작용한다. 예를 들면 주거공간의 거실, 식당, 부엌의 바닥, 벽, 천장의 재료를 통일하면 실내공간은 넓게 지각된다. 즉, 같은 회사 동일 제품으로 바닥, 벽, 천장의 재료를 통일하는 것이 유리하며, 포인트나 패턴을 두는 것보다는 전체를 동일 재료로 마감하는 것이 효과적이다.

질감은 거친 것보다는 매끈하며, 빛의 투과나 반사가 잘 되는 물리적 특성을 가진 재료가 시각적으로 넓어 보인다. 스테인레스 스틸이나 거울로 넓은 면에 마감하면, 연속된 공간으로 지각되어서 공간의 확대감을 준다. 하지만, 2면 이상에 사용하면 시각적 혼란을 가져오므로 부분적으로 사용하거나, 한 면에만 사용해야 한다.

또한 투명 유리나 아크릴을 벽 재료로 사용하면, 투명성이 있어서 공간의 개방감과 확장효과를 얻을 수 있다.

3) 단순한 배색, 고명도·저채도의 한색

마감하는 색채의 수와 색의 삼속성에 따라서 심리적으로 실내공간의 크기는 다르게 지각된다. 실내공간을 이루는 바닥, 벽, 천장, 그리고 가구의 색을 단일 색으로 배색하면, 확장감을 주는데 효과적이다. 하지만, 이들 색채를 통일하는 것은 불가능할 뿐만 아니라, 가능하더라도 무미건조해진다. 따라서 주조 색과 보조 색을 단일 또는 유사색상으로 통일하고, 색조(tone; 명도와 채도)를 조절하면 심리적으로 넓게 지각되는 통일된 실내공간을 연출할 수 있다. 아울러 반대 색상이나 반대 색조의 색을 악센트 색으로 배색하면, 활기찬 실내분위기도 연출할 수 있다.

명도는 저명도보다 고명도가, 채도는 고채도보다 저채도가, 색상은 난색보다 한색이 수축·후퇴하는 지각적 특성이 있어서 공간의 시각적 확장감을 준다. 그러나 어디까지나 이론적인 색채지각 특성이며, 색의 삼속성 가운데 하나의 속성만으로 단순 비교하는 것은 문제가 있다. 왜냐하면 색은 두 속성이 같고 하나의 속성만 다른 경우는 거의 없기 때문이다.

COMMERCIAL SPACE

3부
상업 공간

제1장 개설
제2장 상점
제3장 백화점
제4장 레스토랑
제5장 호텔

사진 3-1. Cafe Lime(Designer; Park, HyoChul)

제1장. 개설

1.1 상업공간의 이해

1) 유통

유통은 구체적으로 매매거래를 지칭하며, 넓은 의미로는 재화의 보관 및 수송활동을 포함한다. 전자를 상적 유통, 후자를 물적 유통이라고 한다. 유통산업은 유통활동을 담당하는 산업으로, 도매 · 소매 · 운송 · 보관 · 하역 · 정보 등 경제순환에 있어서, 생산과 소비를 연결하여 경제의 원활한 흐름을 유도하는 기능을 수행한다. 따라서 유통산업은 당해 산업 자체의 발전 및 관련 산업의 발전을 뒷받침하는 지원 산업의 역할을 수행한다.

유통산업의 종류는 교환기능으로서의 판매와 구매를 담당하는 상적 유통산업, 수송이나 보관 등의 물류기능(物流機能)을 담당하는 물적 유통산업으로 나눌 수 있다. 상적 유통산업으로는 도매업[1]·소매업[2]·무역업·중개업·대리업 등이, 물적 유통산업으로는 창고업·운송업·하역업 등이 있다.

한국의 유통산업은 1960년대 경제개발계획 당시에 시작되어서, 1980년대 이후에 본격화 되었다. 제조업을 중심으로 움직여 왔던 국내 유통업은 짧은 기간 동안 발전을 거듭하여, 상 개념도 생산중심에서 판매중심으로 바뀌었다. 이에 따라 기업도 생산 문제보다는 소비자의 욕구와 구매패턴에 포커스를 맞추고 있다.

유통경로는 생산자가 만든 상품이 유통기관에 의해 소비자 또는 최종수요자에게 이르기까지의 과정을 말한다. 유형으로는 '생산자-소비자, 생산자-소매상-소비자, 생산자-도매상-소비자, 생산자-도매상-소매상-소비자' 등이 있다.

2) 상품의 구매

고객이 상품을 구매하는 동기는 제품의 인지도나, 제품의 종류에 따라 계획적인 경우와 충동적인 경우가 있다. 라면이나 통조림, 조미료 등과 같은 일용필수품, 자동차, 카메라, 악기 등과 같은 전문품, 그릇, 가구, 전자제품 등과 같은 가정용품은 상표나 제품의 인지도에 의해서 계획적 구매성격이 강한 제품들이다. 반면에 값비싼 사치품, 액세서리, 장식품, 유행품 등은 점원의 서비스나 판매 장소에 따라서 우연적인 요소가 작용하여 구매하는 충동적 구매성격이 강한 제품들이다.

---

1) 『도매업』은 소매업자 또는 다른 소매업자에게 상품을 판매하거나, 관공서, 학교, 병원 등 단체에 대량으로 상품을 판매하는 산업 활동이다.
2) 『소매업』은 주로 개인용, 가정용 소비를 위해 상품을 변형 없이 최종소비자에게 재판매하는 산업 활동을 말하며, 일반소매업과 백화점이나 슈퍼마켓과 같은 종합소매업이 있다.

충동구매 성격이 강한 제품을 판매하는 점포는 계획구매 성격이 강한 제품을 판매하는 점포보다 유동인구가 많은 번화가에 입지하며, 파사드(Facade)를 포함한 진입 공간이 고객의 시선을 사로잡을 수 있어야 한다. 백화점과 같은 대형매장의 상품배치는 고객의 동선빈도가 가장 많은 층과 구역에 충동구매 성격이 강한 제품을 배치하고, 동선빈도가 낮은 층과 구역에 계획구매 성격이 강한 제품을 배치한다.

즉, 1층은 충동구매 성격이 가장 강한 상품을 배치하고, 상층부로 갈수록 점차 계획구매 성격이 강한 상품을 배치한다. 동일 층에서도 고객 동선 빈도가 가장 높은 에스컬레이터 주변에는 그 층에서 가장 충동구매 성격이 강한 상품을 배치하고, 에스컬레이터에서 멀어질수록 점차 계획구매 성격이 강한 상품을 배치한다. 이것은 고객이 상품을 계획구매하기 위해 가는 중간에 충동구매 욕구를 불러 일으키기 위함이다.

3) 상품의 판매

판매하는 점원과 구매하는 고객 간에 거래가 이루어지는 상품 판매방식은 대면판매, 측면판매, 셀프서비스 판매로 구분할 수 있다.

① 대면판매

대면판매는 점원과 고객이 쇼 케이스(Showcase)를 사이에 두고 상담하고 판매하는 방식이다. 이 방식은 귀금속, 카메라, 화장품, 안경점 등과 같이 제품 크기가 작고, 비교적 가격이 비싼 상품판매에 주로 적용한다. 점원과 고객의 위치가 확실하게 구분되기 때문에 고객의 움직임에 따라 대응할 수 있으며, 마주보고 있어서 상품을 설명하는데 유리하다. 쇼 케이스는 포장 대를 겸할 수 있어서, 포장하는 동안 고객과 자연스런 대화를 유도할 수 있다. 하지만, 점원 전용통로로 인하여 공간의 효율이 떨어지고, 쇼 케이스 제작비용이 많이 소요되는 단점이 있다.

② 측면판매

측면판매는 점원구역과 고객구역을 구분하지 않고, 판매자나 구매자가 한 방향을 보면서 상담하고 판매하는 방식이다. 이 방식은 의류, 신발류, 가죽제품, 가전제품, 침구, 스포츠용품 등과 같이 제품의 크기가 비교적 크고, 무거운 상품판매에 적용한다.

점원구역을 따로 구분하지 않고, 고객구역을 공유하기 때문에 공간 활용도가 높으며, 고객은 상품을 직접 만져볼 수 있어서 선택이 용이하다. 하지만, 점원은 고객의 움직임에 대응하여 위치를 정하기가 어려우며, 상품 포장을 위한 별도의 공간도 필요하다.

③ 셀프서비스 판매

셀프서비스 판매는 판매대에 디스플레이 된 상품을 고객이 자유롭게 선택하고, 고객이 직접 계산대에 가져가 계산하는 구매방식이다. 이 방식은 슈퍼마켓이나 편의점처럼 가격이 비교적 저렴하고, 상품에 대한 설명이 필요하지 않은 상품판매에 적용한다.

상품의 배치는 고객의 구매계기에 대한 행태 분석을 통하여 계획한다. 규칙적으로 많은 판매대를 배치하므로 공간효율이 높고 점원 인건비가 절약되나, 물품의 분실 문제가 있을 수 있다.

1.2 실내디자인과 마케팅

판매공간의 궁극적인 목표는 상품이나 서비스를 소비자에게 제공하고, 그 대가로서 이윤을 창출하는 것이며, 이것을 마케팅의 결과라 할 수 있다. 예전에는 마케팅 기능이 광고와 마케팅 리서치를 통한 판매촉진 정도로 생각하였으나, 최근에는 고객과 관련된 모든 활동으로 그 의미가 확대되었다. 마케팅의 중요성이 두드러지는 곳은 소매점 같은 일반 소비자를 상대로 하는 분야이다. 마케팅에 소요되는 비용은 소비자 지출의 상당부분을 차지하는데, 미국에서는 대략 상품 가격의 40~60%에 이르며, 이 비율은 매년 증가하고 있는 추세이다.

1) 소비 환경

소득이 증가하여 생활수준이 향상됨에 따라, 소비자들이 찾는 실내공간이나 구매하는 제품은 기능성, 내구성, 편리성, 심미성, 간편성, 쾌적성 등 모든 면에서 우수한 것을 선호한다. 또한 자기실현 욕구가 증대되어서, 오늘날 고객들은 규격품을 싫어하고 개성을 추구하는 성향이 뚜렷하다. 이러한 고객의 소비성향으로 종래의 대량생산과 대량판매, 대량소비의 개념은 소량다품종, 전문화, 차별화, 그리고 독창성의 개념으로 변화되었다.

따라서 판매 상품과 환경디자인 개발의 초점은 이런 소비자 환경의 변화에 맞추어, 타겟(Target)으로 하는 고객을 분명하게 구분하고, 그 고객의 소비성향을 분석해야 한다. 주 고객의 연령, 소득수준, 라이프스타일, 선호하는 디자인, 선호하는 색채, 선호하는 음악 등에 대한 분석을 통하여, 실내디자인을 포함한 마케팅 전략을 세워야 한다.

2) 소비자가 요구하는 실내환경

소비자들의 소비성향을 고려하여 개발된 상품을 판매하는 실내공간디자인은 업종, 규모, 고객, 지역, 문화수준, 그리고 사업주의 요구조건 등에 따라서 다양하게 제안할 수 있다. 과거에는 팔고자하는 다양한 상품을 전시하고, 소비자가 제품을 구매하는데 불편하지만 않으면, 실내환경 조건이 매출에 영향을 미치는 요소가 아니었다. 그러나 최근 소비자의 소비성향은 상당한 변화가 있다.

오늘날 소비자는 기능적 편리성은 물론, 경쟁 점과 차별화된 환경을 요구하고 있다. 동일 업종의 경쟁점간에 상품의 차별화는 당연하고, 상품이 한층 돋보이는 실내디자인을 요구한다. 즉, 단순한 기능의 해결을 넘어서 심리적, 심미적으로 만족감을 주면서 개성 넘치는 공간 연출을 요구한다. 이러한 실내 환경의 아이덴티티 프로그램(identity program)은 공간의 형태, 마감 재료, 색채, 조명, 음악 등 다양한 시청각 언어에 의해 가능하다.

1.3 실내디자인 프로세스

상업공간뿐만 아니라, 어느 용도일지라도 실내공간을 디자인하는 과정은 기획, 기본설계, 실시설계의 프로세스에 의해서 완성한다. 판매공간을 중심으로 디자인 전개과정을 살펴보면 다음과 같다.

1) 기획

기본설계 이전에 '어디에서, 어떤 상품을, 어떤 고객을 대상으로, 어떻게 판매 서비스할 것인지'에 대한 구체적이며 전반적인 계획이 기획이다. 기획의 단계는 사업자가 디자이너에게 디자인을 의뢰하기 이전에 결정하는 것이 일반적이기는 하지만, 디자이너는 기본설계에 앞서서, 이 기획 프로그램을 완벽하게 이해하고 디자인에 임해야한다.

① 기업이념, 판매상품, 경쟁점의 이해

사업주가 추구하는 기업의 경영목표, 추구하는 기업 이미지, 공공에 대한 기여도, 수익목표, 향후 사업방향 등에 따라서 실내환경 디자인의 목표는 달라질 수 있으므로 이에 대하여 폭 넓게 이해해야한다. 또한 판매하는 상품의 종류, 주요 고객, 품질과 가격의 정도, 주변 경쟁점이 판매하는 상품, 경쟁점의 실내디자인 경향 등도 비교분석한다.

② 입지와 대상고객 분석

사업지가 속한 상점가의 성격, 상권의 규모, 교통과 주차, 고객의 어프로치동선, 방위와 일조조건, 경쟁 점의 유무 등 입지를 분석한다. 또한 주 고객층의 성별, 연령, 직업, 소비경

향, 구매동기, 선호하는 실내환경 등에 대하여 구체적으로 분석한다.

③ 마케팅전략

중점상품과 보완(전략)상품의 구성, 판매방법과 가격, 홍보방법, 영업방법, 서비스 등 경쟁 점과 차별화된 마케팅전략을 분석한다. 아울러 상업공간의 실내환경은 공간의 형태, 마감재료, 색채, 조명 등으로 구성되는 공간조형언어에 의해서 경쟁 점과 차별화된 이미지를 전개한다.

④ 관리경영

취급하는 상품 또는 재료의 매입경로, 판매방법(배달/Hall service, Self service/ Table service/ Room service/ Counter service), 취급방법, 보관, 부피, 재고처리 등 상품관리 방법을 파악한다. 또한, 종업원의 수, 종업원의 교육, 교육방법과 장소 등의 인력관리 경영측면을 파악한다.

⑤ 건축물의 이해

사업 예정 건축물이 행정관청으로부터 사업하고자하는 업종으로 시설사용허가가 가능한지, 그리고 건축 관련법규 위반사실이 없는지를 파악한다. 또한 주차공간은 충분한지, 상하 또는 좌우에 접한 업장이 급·배수 시스템을 갖추는데 미치는 영향은 없는지, 현재 전기용량은 얼마이며 승압은 가능한지, 소방 관련시설은 어떤 것이 있으며 확장은 필요하지 않은지 등 사업 예정 건축물을 철저히 파악한다.

2) 기본설계

기획의 단계에서 사업주가 세운 경영목표와 전략, 그리고 사업 공간에 분석 자료를 바탕으로 기본설계를 진행한다. 기본설계에서는 컨셉(Concept), 동선(Activity line), 조닝(Zoning)계획을 세우고, 공간 계획의 기본이 되는 평면, 입면, 천정의 형태, 재료, 색채를 결정한다. 아울러 투시도와 모델링(Modeling)에 의해서 전체 공간의 분위기를 검토, 결정하는 단계이다.

① 컨셉의 설정

기획의 단계에서 분석한 결과를 토대로 VMD[3)]전략을 세우고, 이에 따라 실내디자인 컨셉을 설정한다. 디자인 컨셉은 고객에게 쾌적성을 주면서 판매를 촉진하고, 디자이너가 공간 사용자에게 공간을 통해 전하고자하는 내·외형적 조형언어이다. 이는 공간의 배치, 공간의 형태, 마감 재료와 색채, 조명, 음악 등이 결합되어서 전달하는 종합적인 시각언어이다.

컨셉은 외부 파사드와 쇼 윈도우, 그리고 내부공간을 하나의 개념으로 설정하며, 이에 따라서 내·외부의 디자인도 전개한다. 아울러, 아무리 컨셉이 좋은 디자인일지라도 사업주가 실내디자인 영역에 투자할 예산에 적절해야 한다. 즉, 공간의 형태나 시공의 난이도, 마감재료 등은 공간의 조형언어에 영향을 미치는 요소들이면서 시공비에도 상당한 영향을 미치는 요소이므로, 예산을 미리 예측하면서 컨셉을 설정한다.

② 공간디자인

계획하는 공간이 요구하는 소요개실, 규모, 개실의 용도, 소요가구, 집기 등을 파악한다. 각 공간들은 고객이 이용함에 있어서 동선이나 행위의 흐름이 자연스러워서 쾌적함을 주고, 관리자의 입장에서는 효율적이며 능률적인

---

3) VMD(Visual Merchandising)은 상업공간에서 상품과 서비스를 팔기 위하여 광고, 디스플레이, 특별행사, 상품 기획 및 판매 등 고객에게 상점과 구성 상품을 효과적으로 연출, 제시하는 제반활동을 말한다.

업무가 이루어지도록 조닝과 동선계획을 전개한다.

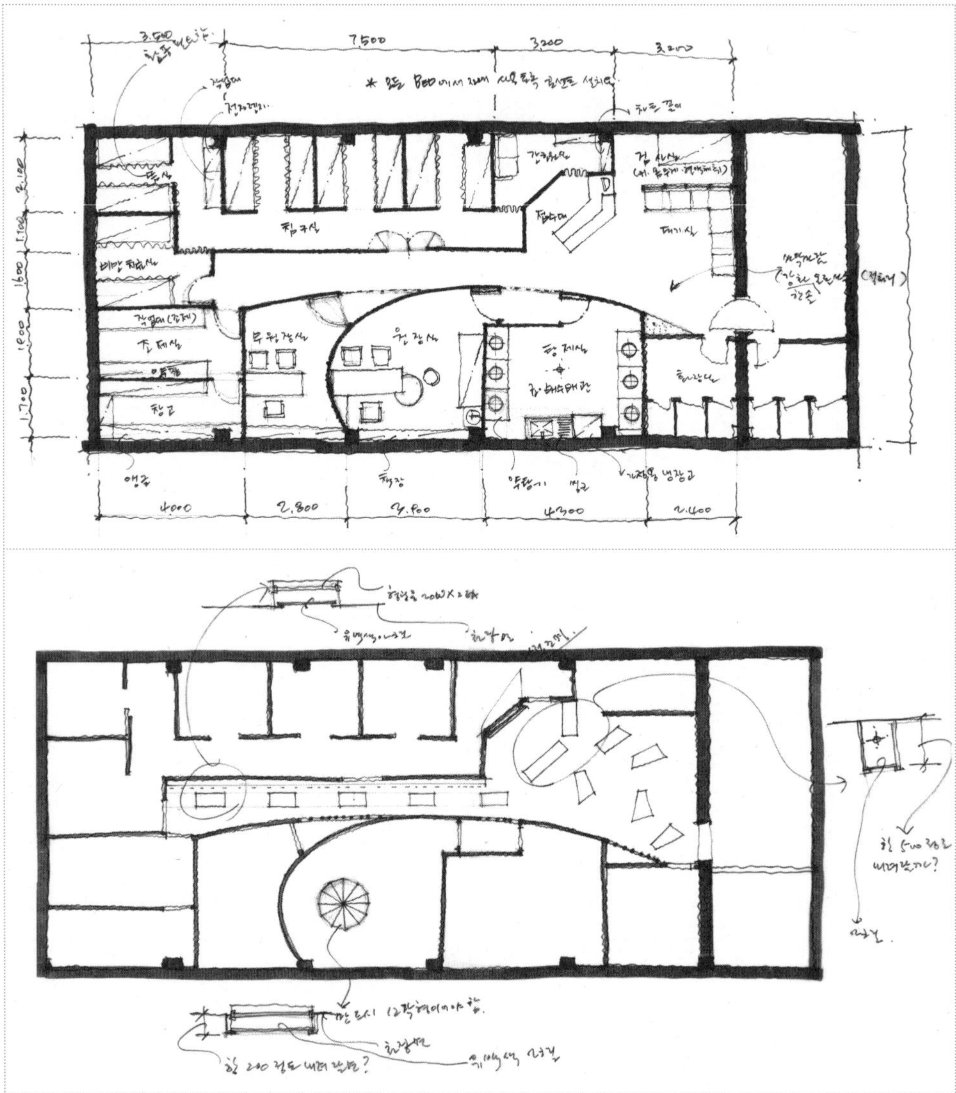

그림 3-1. 삼차원적 사고로서 디자인 프로세스 I(평면, 천장계획)
(차한의원, Designer; Park, HyoChul)

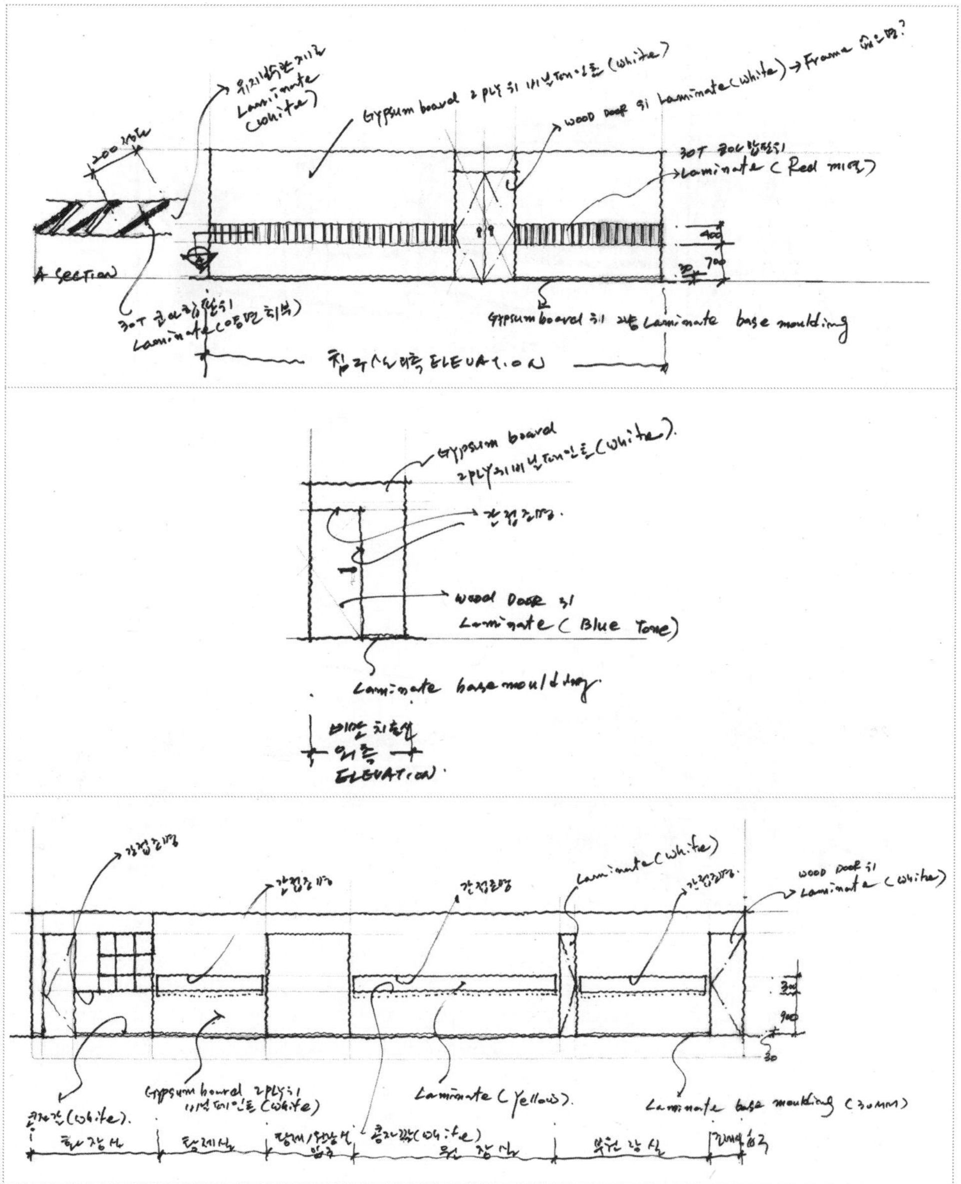

그림 3-2. 삼차원적 사고로서 디자인 프로세스 II-1(입면, 공간계획)
(차한의원, Designer; Park, HyoChul)

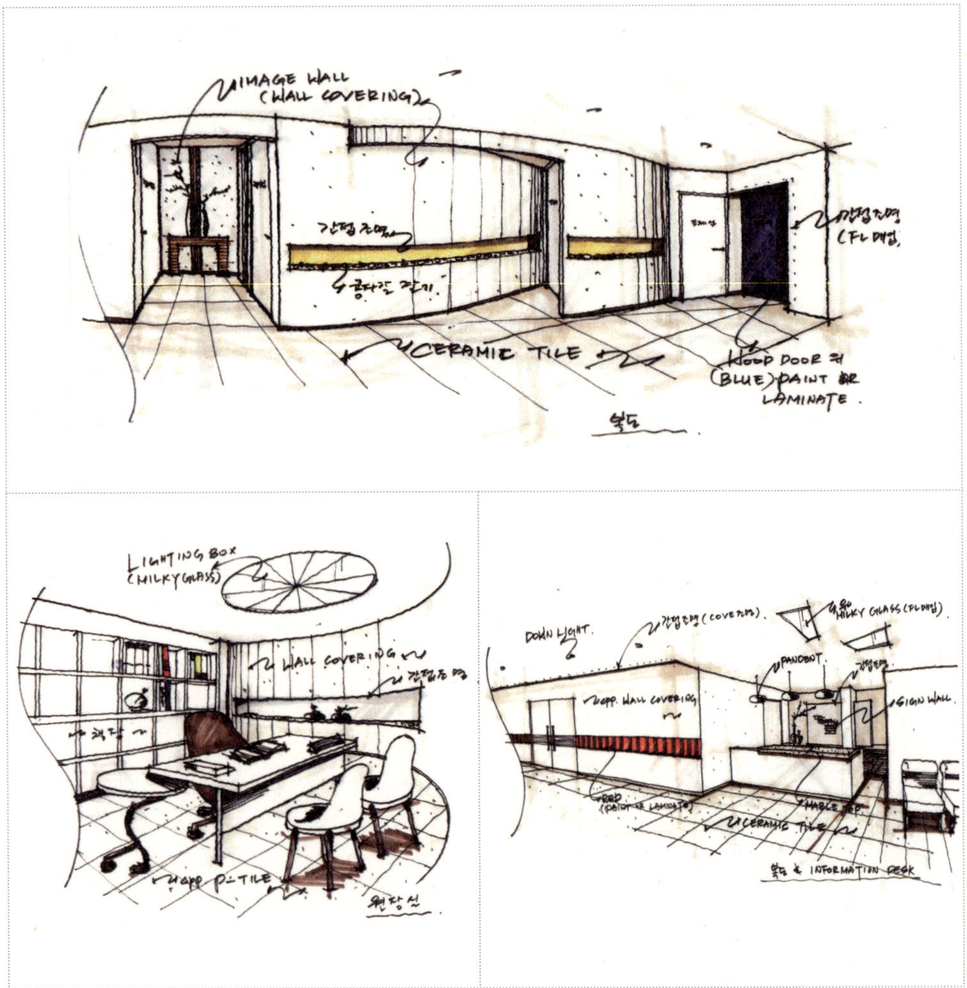

그림 3-3. 삼차원적 사고로서 디자인 프로세스 II-2(입면, 공간계획)
(차한의원, Designer; Park, HyoChul)

조닝과 동선계획을 바탕으로 평면계획, 천장계획, 입면계획의 순으로 진행한다. 이 기본계획은 앞에서 설정한 디자인 컨셉에 따라 전개하는 것이므로,

평면계획을 끝내고 천장, 입면 계획을 진행하는 것이 아니라, 통합된 공간조형언어를 연출할 수 있도록 삼차원적 사고(思考)[4]로 진행한다.

③ 재료, 색채, 조명계획

컨셉을 나타내는 조형언어는 평면, 입면, 천장으로 둘러싸인 삼차원의 형태만으로 완성되는 것은 아니다. 형태, 마감재료, 색채계획, 그리고 조명계획까지 포함되었을 때, 공간의 시각언어는 더 강력해지는 것이다. 따라서 재료와 색채, 그리고 조명계획도 기본설계 단계에서 삼차원적 사고로 동시에 진행한다.

④ 집기의 선정

기획단계에서 설정한 경영목표와 전략에 따라서 상업공간의 집기 유형과 크기를 선정한다. 아울러 고객과 관리자 모두 기능적이며, 동선은 단순·명쾌하도록 집기를 배치한다.

3) 실시설계

실시설계는 시공을 전제로 계획하는 단계이다. 따라서 기본설계를 바탕으로 시공 및 제작방법, 시공 소요시간 예상, 치수, 구체적인 색채 및 재료, 설비방법, 디스플레이 등을 최종적으로 확정하는 단계이다.

① 시공방법의 확정

기본설계에서 결정한 공간이나 집기의 구체적인 시공 및 제작방법, 치수 등을 확정한다. 이것은 시공의 용이성, 경제성, 완성도 그리고 완성 후 내구성, 유지보수의 용이성, 시공소요시간 예상 등을 고려하여 확정한다.

4) 도면을 그리는 순서는 평면도, 천장도, 입면도 순으로 그리는 것이 원칙이지만, 삼차원적 사고는 이차원의 평면도를 그리면서 천장과 입면, 그리고 재료와 색채, 조명계획까지 동시에 생각하면서 컨셉을 표현하는 것이다. 즉, 완성된 삼차원 공간을 상상하면서 통합적이며, 총체적으로 계획하는 것이다.

② 재료 및 색채의 확정

기본설계에서 세세한 부분까지 결정하지 못한 부분이나, 집기의 재료와 색채를 결정한다. 이때 재료는 제조회사와 제품번호를 명기하며, 색채는 컬러 칩(Color chip)을 첨부하여 분명하게 한다.

③ 조명계획의 확정

상업공간의 조명은 고객에게 상품에 대한 확실한 정보를 제공함으로서 판매까지 직결되는 요소이다. 그러므로 조명에 대한 구체적인 계획을 수립한다. 연출하고자 하는 매장의 분위기와 판매상품에 따라서 광원, 배광방식, 조명기구의 간격 등 조명계획을 확정한다.

④ 제설비의 결정

급배수, 오수, 전기, 냉난방, 소방, 가스, 급배기 등의 배관, 설비기기의 위치와 제품을 선정한다. 이 설비는 '계획하는 시설물과 공동으로 사용 가능한지?', '추가 설비가 가능한지?', '유지관리의 효율성과 경제성은 있는지?' 등을 검토하여 결정한다.

⑤ 관련법규의 검토

계획하는 업종에 따라서, 법으로 정하고 있는 시설물 기준은 차이가 있다. 일반적으로 건축법, 소방법, 도시계획법, 주차장법, 식품위생법, 청소년보호법 등에서는 업종에 따라 영업허가 여부를 결정하는 시설물 기준을 두고 있다. 그러므로 공간계획, 재료계획, 설비계획 등이 법규에 위배된 사항이 없는지 철저하게 검토한다.

1.4 설계자 및 시공자 선정

1) 입찰방법

상업공간의 설계자와 시공자 선정방법은 직영, 입찰, 그리고 수의계약이 있다.

(1) 직영제도

직영제도란 설계 또는 공사를 도급 업자에게 위탁하지 않고, 사업주 자신이 설계 또는 시공을 직접 진행하거나, 설계부터 공사까지 전체를 지휘 감독하는 제도이다. 건축주 자신이 재료를 구입하고 기능공을 고용하여 공사를 직영하는 경우는 'ⓐ 중요한 공사일 때, ⓑ 난공사일 때, ⓒ 확실한 견적 금액을 낼 수 없을 때, ⓓ 설계변경이 빈번하게 예측될 때, ⓔ 공사 중에 임기응변의 조치가 필요할 때'등 부득이한 공사이다.

설계나 공사에 대한 지식과 경험이 풍부한 사업주가 직영하게 되면, 설계비나 공사비를 절감하고, 계획을 변경하더라도 의사결정이 빠르기 때문에 프로젝트 진행 전반에 지장을 주지 않는다. 반면에 설계나 공사에 대한 지식과 경험이 부족하면, 그 비용은 오히려 증가한다. 또한 디자인이 조악해지고, 공사기간도 지연될 수 있다.

(2) 경쟁입찰

경쟁입찰에는 공개 경쟁입찰과 지명 경쟁입찰 방법이 있다.

① 공개 경쟁입찰

설계조건, 공사계약과 입찰조건, 설계 및 공사의 종류, 입찰자의 자격 등을 관보, 신문 등에 공고하여 입찰 참가자를 널리 공모하여 입찰하는 방법이다. 이 방법은 입찰 참가 희망자에게 균등한 기회를 주고, 담합(Combination) 의 우려가 적고, 공사비나 설계비를 최소화할 수 있다.

그러나 입찰 참가자가 많으면 사무가 번잡하고 경비가 많이 들며, 경쟁력이 격렬하여 낙찰가격이 떨어져서 조악한 설계나 시공을 초래할 위험이 있다.

② 지명 경쟁입찰

사업주가 '도급인의 설계능력과 시공자금 운영 능력, 신용, 그리고 시공기술 등이 해당 프로젝트에 적절하다'고 인정되는 몇몇 업자를 지명하여 경쟁입찰시키는 방법이다. 이 방법은 공개경쟁 입찰과 같은 위험이 없고, 시공능력을 신뢰할 수 있다. 그러나 입찰자가 한정되어 소수이므로 담함과 같은 폐해가 발생할 수 있다.

(3) 수의계약

수의계약이란 사업주가 '업자의 설계능력, 시공능력, 신용, 기술, 자산 등 제 관계상 해당 프로젝트에 적당하다.'고 인정되는 특정 단일 도급 업자를 선정하여 발주하는 것을 말한다. 이 방법은 입찰수속이 가장 간단하고, 업자는 특명에 의해 프로젝트를 수주하므로, 성의를 갖고 견적 시공하여서 양질의 설계나 공사를 기대할 수 있다.

그러나 설계나 공사금액의 결정이 철저하지 못하면 그 비용이 높아질 수 있다. 또한 그 능력을 철저하게 검증하지 못하면 설계나 시공 전반에서 좋지 않은 결과를 초래하게 될 수도 있다.

2) 입찰순서 및 방법

① 설계 및 견적기간

설계는 프로젝트 성격에 따라 적절한 기간을 주어야 하며, 견적기간도 충분한 기간을 주어야 한다. 공사비를 산출하는 견적기간은 공사현장을 설명한 날로부터 3일 이상으로 하는 것이 일반적이다.

② 입찰

일반 경쟁입찰의 경우, 입찰방식은 예정가격 이하의 최저 입찰자를 낙찰자로 정한다. 그러나 최저입찰방식은 자칫 조악한 설계나 시공결과를 초래할 수 있다. 이것을 보완한 방식이 예정가격 이하로써, 예정가격의 85/100 이상 금액으로 입찰한 자들 입찰금액의 평균가격을 구하여, 평균가격 밑에서 가장 근사(近似)한 금액으로 입찰한 자를 낙찰자로 정한다.

3) 계약체결

입찰결과 낙찰자가 결정되면 계약을 체결한다. 공사계약이라면, 공사도급계약서(계약서 및 공사 도급규정)와 설계도서(설계도, 시방서), 공사비 내역서, 공정표 등의 도급계약서류를 갖추어 계약한다. 계약서류는 정부 2통을 작성하여, 사업주와 도급자가 각각 1통씩 보관한다.

사진 3-2. E jewellery shop(Designer; Park, SungChel)

제2장. 상점

2.1 상점의 분류

상점은 소비자가 필요로 하는 제품을 판매하는 장소이다. 규모와 성격, 그리고 취급하는 상품의 종류에 의해 분류할 수 있다.

표 3-1. 상점의 규모 및 성격에 의한 분류

분류	특징
쇼핑센터 (shopping center)	• 하나의 경영단위로서 특정 운영관리업체에 의해 계획·건설·유지되며, 교외나 도심 외곽 주택지에 위치 • 소매업, 음식업, 문화휴식, 스포츠레저시설 등이 큰 비중을 차지하는 상점 • 소형은 100대, 대형은 5,000대 이상 주차시설을 갖춤
백화점 (department store)	• 다양한 상품을 파는 대규모 소매상점으로서, 여성 및 남성용 기성복, 장신구, 가구, 가정용품, 전기제품, 식품 등을 판매하는 상점 • 중소규모는 판매장이 1,000㎡ ~ 4,000㎡이나, 대규모는 4,000㎡ ~ 10,000㎡ 매장을 갖춤
도매점 (warehouse)	• 도매상품은 개인 용도가 아닌, 사업에 사용되는 물품들로서 소매업자·도매업자·기업 등에 판매하는 상점 • 판매 형태는 특별한 경우를 제외하고 대부분 대량판매로 이루어지며, 평균 소매가격보다 싼 가격으로 거래가 행해짐
전문점	• 전문적인 상품을 판매하는 상점으로서, 전문 지식을 갖고 판매행위가 이루어짐
일반상점	• 앞에서 열거하지 않은 상점으로서, 일반적으로 소규모 상점을 의미

표 3-2. 취급상품의 종류에 의한 분류

분류	특징
의류점	남성복, 여성복, 아동복, 유아복, 한복 등을 판매하는 상점
일용 잡화점	구두, 가방, 시계, 안경, 화장품, 수예품, 문구류, 서적 등을 판매하는 상점
문화용품점	악기, 음반, 귀금속, 카메라, 미술품, 민예품, 운동 및 등산용구, 도자기, 꽃 등을 판매하는 상점
식료품점	일용식품, 과일, 채소, 제과, 가공식품 등을 판매하는 상점

2.2 조닝과 동선계획

1) 조닝(Zoning)

상점의 공간은 크게 판매공간 존, 부대(판매지원) 존, 그리고 파사드(Facade) 존으로 구분할 수 있다. 상품판매를 통하여 수익을 올리는 곳이므로, 상점의 조닝은 구매자 중심의 계획이 무엇보다 중요하다.

파사드는 상점 내·외부를 통하여 판매상품에 대한 정보를 명확히 전달할 수 있도록 고객의 왕래가 빈번한 쪽에 밀도있게 구성한다. 판매공간은 고객이 편안한 마음으로 상점 안에 진입해서 상품을 구매할 수 있어야 하며, 종업원은 업무를 능률적으로 수행할 수 있어야 한다. 부대공간은 판매공간을 효율적으로 지원하고, 시설의 유지관리 용이성과 유지비용 등을 고려하여 규모와 위치를 선정한다.

① 판매공간

판매공간은 직접적인 판매활동이 이루어지는 매장이다. 판매공간은 다시 입구공간, 전시공간, 통로공간, 그리고 서비스공간으로 구성된다. 내부의 입구공간은 매장 내·외부를 연결하는 공간으로서 이곳에서 안내와 계산, 그리고 전시와 판매도 이루어지는 곳이다.

전시공간은 판매할 제품을 진열대나 진열장에 전시하여서, 판매할 제품에 대한 정보를 구매자에게 전달하는 공간이다. 통로공간은 상점 안에서 고객과 종업원의 통행 공간이며, 영업시간 이후에는 물품동선으로 이용된다. 서비스공간은 고객에게 서비스를 제공하는 응접실, 대기실, 화장실 등의 공간이다.

판매공간은 무엇보다 고객의 구매심리에 따라 계획한다. 파사드를 통해 판매하는 상품의 정보를 알고 진입한 고객에게 '어떤 품목 순으로 상품을 진열하여 보여 줄 것'이며, '상품과 고객은 어느 정도 거리를 둘 것인지' 공간구획을 통해 결정한다.

상품은 영업 전략에 따라 일반적으로 중점상품과 보완상품, 그리고 전략상품으로 분류할 수 있다. 이들 상품은 디스플레이 위치, 방법, 연출 등에 의해서 구매심리에 상당한 영향을 미치는 요소이므로 신중을 기해서 조닝해야 한다.

중점상품은 상점에서 취급하는 가장 많은 양의 주된 상품이며, 상점매출액에 가장 큰 비중을 차지한다. 따라서 이 상품은 주 통로에 연속시켜 배치한다. 보완상품은 판매를 목적으로 하기 보다는 중점상품의 가치를 높이기 위한 상품 군이다. 예를 들면 여성복 점의 액세서리나 구두, 핸드백, 그리고 모자처럼, 이 상품의 판매를 통해서 영업이익을 얻는 목적보다는 중점상품인 여성복의 가치를 높이는 상품이다. 이 상품은 계산대 근처, 피팅룸 앞, 부 통로에 크기와 세목별로 분류하여 배치한다. 전략상품은 일시적으로 유행하는 컬러나 스타일의 상품, 신 개발품으로서 고객의 시선을 끌어들이기 위한 상품이다. 이 상품은 입구나 상점 내에서 눈에 가장 잘 띄는 쇼윈도 및 주 통로에 배치한다.

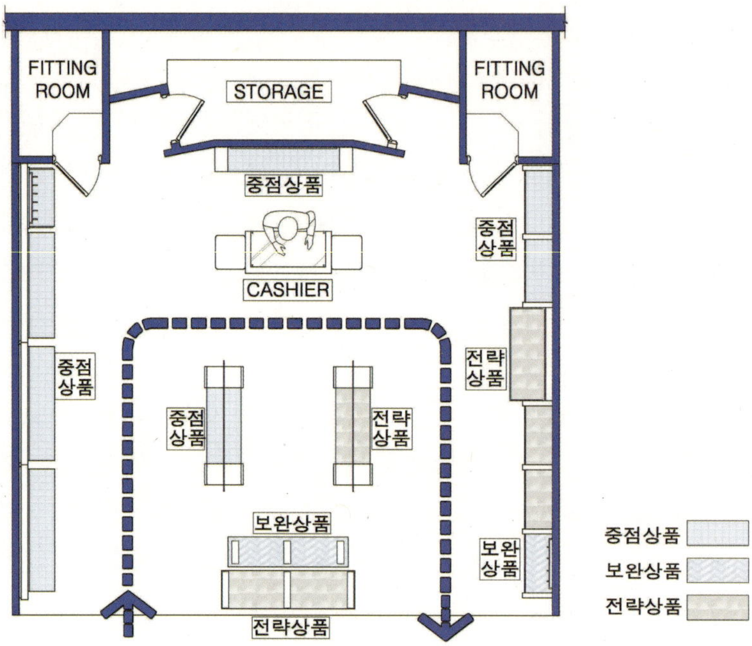

그림 3-4. 상점의 상품배치 예

② 부대(판매지원)공간

부대공간은 다시 행정관리와 상품관리, 종업원후생, 시설관리, 그리고 주차장 공간으로 구성된다. 행정관리공간은 상점의 본부사무실로서 판매공간과 부대공간 근무자를 관리하고, 판매 상품과 시설의 시스템을 관리한다. 상품관리 공간은 상품의 검사와 분류, 보관, 그리고 발송하는 공간이다. 종업원 후생공간은 종업원용 휴게실과 라커룸, 그리고 화장실로 구성된다. 시설관리 공간은 매장의 전기와 급배수, 그리고 냉난방을 지원하는 기계실로 구성된다.

부대공간은 효율적으로 판매공간을 지원할 수 있고, 시설물의 설치와 유지관리의 비용, 용이성 등을 고려하여 규모와 위치를 결정한다.

③ 파사드(Facade)

파사드는 상점의 입구, 쇼윈도(Show window), 출입구, 홀, 사인 등을 포함하여 외부에서 시각적으로 드러나는 상점의 모습을 총칭하는 말이다. 따라서 파사드는 통행인에게 주의와 흥미를 주어서 매장에 들어오게 하고, 마침내 구매로 이어지도록 계기를 마련한다. 특히, 판매하는 상품에 대한 정보를 독창적이며, 구체적인 시각언어로 고객의 시선을 사로잡을 수 있는 계획이 필요하다. 잠재고객이 제품 또는 서비스를 인지하고 구매의사를 결정, 구매행위에 이르기까지의 심리적 단계를 'AIDMA 원칙'이라고 한다.

그림 3-5. AIDMA 원칙

사진 3-3. 상점의 파사드 계획

2) 동선계획

상점의 동선은 조닝과 함께 평면계획의 기본이 되는 계획이다. 상점의 동선은 고객동선과 종업원동선, 그리고 상품동선으로 구분할 수 있다. 디자이너는 이들 동선의 흐름을 의도대로 조정하여 방향과 통로 폭을 결정한다. 특히, 고객동선은 구매심리를 고려한 판매 전략에 따라 의도적으로 흐름과 방향, 속도를 조절한다.

① 고객동선

고객동선은 고객이 상품을 선택하는 행동특성과 상점을 순회하는 방향, 그리고 고객이 상품을 보고 만지는 습관이나 범위 등을 고려하여 결정한다.

상점입구에서는 매장전체를 파악하여 고객 스스로 움직일 방향을 정할 수 있어야 하며, 구매과정에서는 상품을 편안히 보고, 선택할 수 있도록 시선과 행동흐름이 무난해야 한다.

고객동선의 기본은 자연스럽게 상점 구석구석을 다 순회(巡廻)하고, 상점 내에 오랫동안 머무를 수 있도록 함으로써 구매 욕구를 높일 수 있어야 한다. 하지만, 지나간 장소를 다시 반복해서 이동하는 동선은 고객의 배회율(徘徊率)은 높일 수 있어도, 오히려 고객에게 불쾌감을 줄 수 있으므로, 단순하면서도 상점 전체를 돌아보게 하는 동선계획이 바람직하다.

상점 내에서 고객의 시선은 상품을 바라보고 있으므로 잦은 단 차이는 피하는 것이 좋다. 특히 한 두 단의 계단은 눈에 띄지 않기 때문에 위험하다. 꼭 필요할 경우에는 눈에 잘 띄도록 강조하거나, 난간을 설치해야 한다. 고객의 주 통로 폭은 1,200㎜~1,800㎜ 정도가 필요하며, 최소 900㎜가 되어야 한다.

2층 이상의 상점은 계단이나 엘리베이터, 에스컬레이터를 이용해서 상하층을 이동한다. 엘리베이터는 가고자하는 층이 뚜렷한 고객이 이용하는 수직교통 수단인 반면에, 에스컬레이터는 기다리지 않고 연속적인 서비스와 시각적인 정보도 제공하는 수직교통 수단이다. 에스컬레이터가 판매상품 홍보, 사용 편리성, 이동성 면에서 유리하지만, 설치비가 고가이고 소요면적도 넓어서 소규모 상점에서 적용하기는 쉽지 않다.

두개 층 이상의 구조로 된 상점에서 하층과 상층을 계단으로만 연결한다면, 하층에서 상층으로 고객을 유도하는 마케팅전략이 큰 과제이다. 이때, 상점 내의 계단은 오르내리는 동선 이전에, 다음 층에 대한 정보를 제공하는 공간으로 계획하는 것이 바람직하다. 만일, 넉넉하게 확보한 계단참에 판매와 다음공간에 대한 정보를 제공하는 장소로 이용하면, 고객동선을 다음층으로 유도하기 좋은 전략이 될 수 있다. 스킵 플로어 타입(Skip floor type)의 공간구조라면, 더욱 바람직하다. 아울러 계단은 오르내리는데 지루하지 않도록 시각적 즐거움을 주는 조형적인 형태를 갖추고, 그 경사도도 적절해야 한다.

② 종업원동선

종업원 동선은 판매행위, 취급상품의 출납 및 정리, 상품의 디스플레이, 사무업무, 매장 정리정돈 등을 위한 작업동선이다. 종업원 동선은 업무와 작업이 효율적으로 이루어지도록 가능한 짧고 간단한 것이 이상적이다. 고객동선과 종업원동선이 교차되는 것은 피하는 것이 좋으나, 이들이 교차하는 지점에 카운터를 배치하는 것이 바람직하다.

종업원 동선 폭은 최소 750㎜이상으로서 900㎜정도면 이상적이다.

③ 상품동선

상품동선은 상품의 반입, 보관, 포장, 발송 등과 같이 상점 내에서 상품이 이동하는 동선이다. 상품동선은 폐점 후, 시간적 차이를 두어서 고객동선과 구분하는 것이 일반적이며, 부득이한 경우일지라도 고객동선과는 교차되지 않아야한다. 통로 폭은 취급상품, 포장단위, 운반방법 등에 따라 충분한 통로 폭을 확보한다.

2.3 판매대의 배치

상품을 진열, 전시, 판매는 쇼 케이스(Show case)나 행거는 취급하는 상품의 성격, 상점의 평면 형태나 규모 등을 고려하여 배치한다. 배치유형은 굴절형과 직렬형, 환상형, 그리고 복합형으로 구분할 수 있다.

표 3-3. 판매대의 배치유형

구분	그림	특성
굴절형	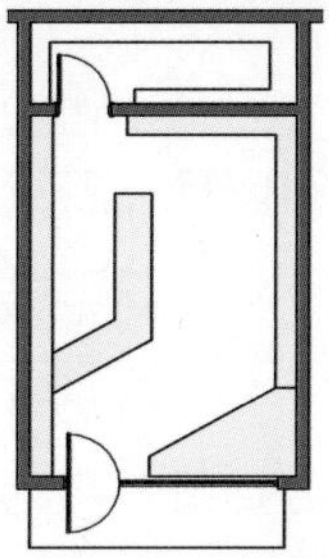	• 대면판매와 측면판매가 복합적으로 이루어지는 상점에서 적용 • 판매대가 직선과 굴절된 사선의 형태가 복합적으로 구성 • 안경, 문구, 보석점 등의 소형제품 매대 배치에 적용
직렬형	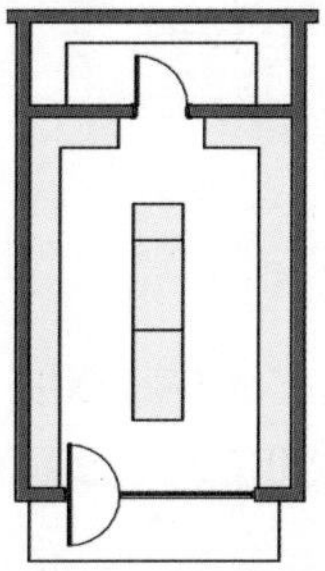	• 매대가 입구에서 내부로 직선형태로 배치 • 생활용품, 농수산물. 식료품, 서점, 잡화점 등 대량판매를 위한 매대 배치에 적용 • 고객이 직접 만져보고 선택하는 측면판매가 이루어지는 상점에서 적용
환상형	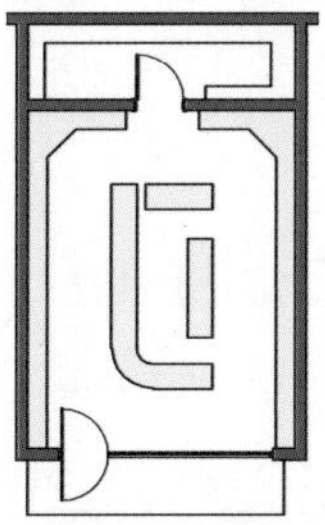	• 매장 중앙에 직선 또는 곡선의 매대를 고리 모양으로 배치 • 대면판매가 이루어지는 중앙부 매대는 제품의 설명이 필요한 소형 제품매장에 적합함
복합형	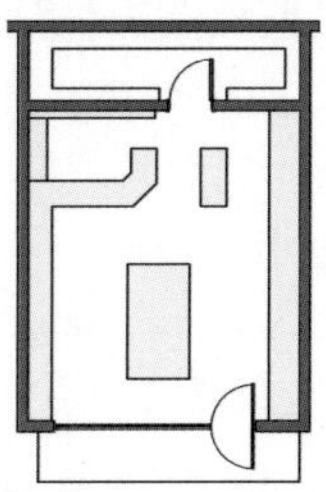	• 굴절형, 직렬형, 환상형을 조합한 유형 • 입구에는 고객이 직접 상품을 만져보고 선택하는 측면판매를 위한 매대를 배치하고, 내측에는 제품 설명이 필요한 대면판매대를 배치

2.4 쇼윈도(Show Window)

쇼윈도는 상점에서 취급하는 취급상품과 특색을 통행인에게 정확하게 알려서 잠재고객으로 유도하며, 구매 욕구를 자극해서 바로 점내로 끌어들이는데 목적이 있다. 즉, 상점은 쇼윈도를 통해서 고객과 접촉하며, 상품에 대한 정보를 지속적이고 반복적으로 제공하여서 점내로 고객을 유도한다. 하지만, 통행인의 시선을 잡는 것은 쉽지 않은 일이다. 그러므로 쇼윈도의 디스플레이는 단순히 상품 샘플을 진열하는 것이 아닌, 분명한 정보제공과 더불어 계절과 유행을 앞서가는 미래지향적 계획, 타 상점과 구별되는 독창적인 계획, 구매 욕구를 자극하는 계획 등이 요구된다.

1) 쇼윈도(Show Window)의 평면유형

쇼윈도의 평면유형은 판매상품, 시설물 여건, 디스플레이 전략 등에 따라 차이가 있다. 우선 쇼윈도의 배면처리 방법에 의해서 개방형과 폐쇄형으로 구분할 수 있다.

① 개방형

쇼윈도의 공간적 범위를 별도로 정해두지 않고, 계절별 디스플레이 전략에 따라 필요한 공간을 사용하며, 고정된 칸막이를 별도로 두지 않는 유형이다. 따라서 이 유형은 매장 전체가 쇼윈도의 역할을 하며, 고객은 매장 밖에서 점내 전체분위기를 파악할 수 있어서 점내 진입여부의 선택이 쉽다.

② 폐쇄형

쇼윈도의 공간범위를 별도로 정해서 상점내부와 차단하고, 의도된 전략에 따라 디스플레이하기 위한 유형이다. 이 유형은 고가의 상품을 취급하는 상점이나 단골고객이 많은 상점에서 특별한 디스플레이 컨셉에 의한 극적표현을 위해 적용한다. 폐쇄형은 형태와 깊이, 그리고 디스플레이 방법에 의해서 여러 유형으로 응용할 수 있다.

한편, 상점의 전면 폭에 따라 대칭형과 비대칭형 평면으로 계획할 수 있다.

표 3-4. 쇼윈도(Show window)의 평면유형

<table>
<tr><th colspan="2">비대칭형</th><th colspan="2">대칭형</th></tr>
<tr><td>평형</td><td>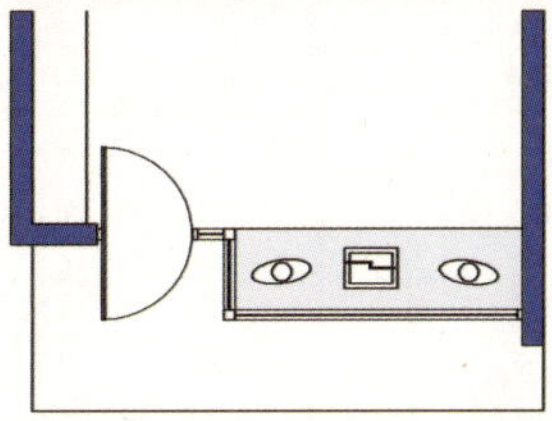</td><td rowspan="3">아케이드형</td><td>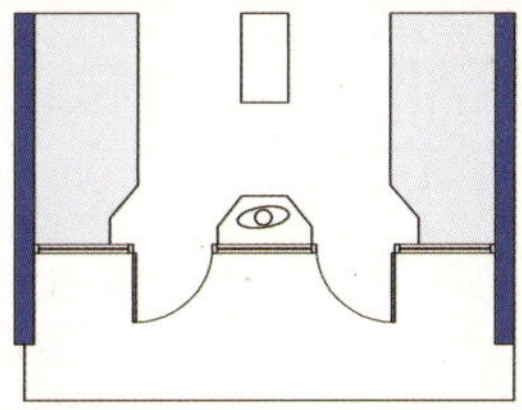</td></tr>
<tr><td>곡면형</td><td>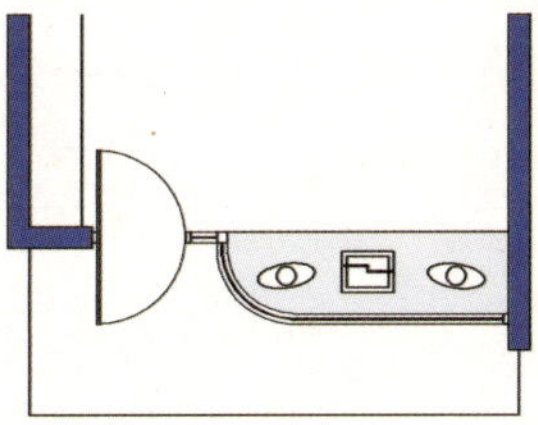</td><td>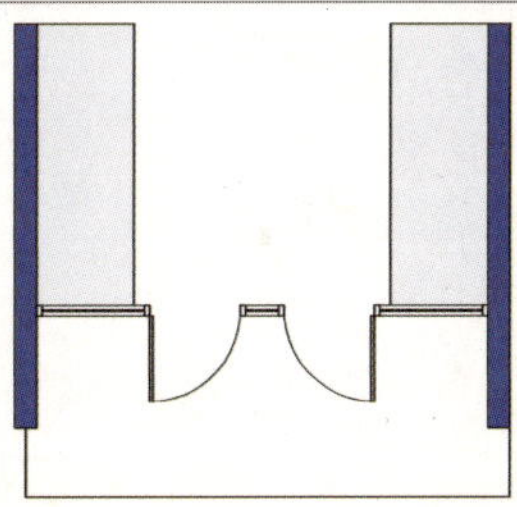</td></tr>
<tr><td>경사형</td><td>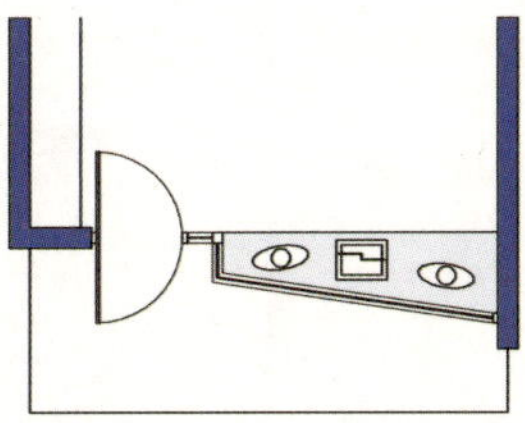</td><td>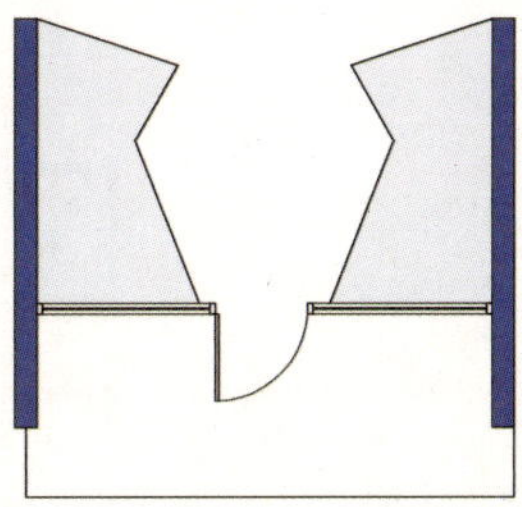</td></tr>
<tr><td colspan="2">• 상점의 전면 폭이 넓지 않을 경우, 쇼윈도를 한쪽으로 배치하여 공간을 확보하는 유형</td><td colspan="2">• 상점의 전면 폭이 여유가 있을 경우, 좌우에 대칭적으로 쇼윈도를 배치하는 유형
• 쇼윈도의 깊이를 깊게 처리하면 강한 흡인력으로 고객을 매장내로 유도할 수 있음</td></tr>
</table>

2) 쇼윈도의 단면유형

상품에 대한 홍보와 구매 욕구를 자극하는 쇼윈도는 판매 상품의 크기에 따라서 쇼윈도의 높이를 조절한다.

표 3-5. 쇼윈도의 단면유형

<table>
<tr><th colspan="4">단층 형</th></tr>
<tr><td>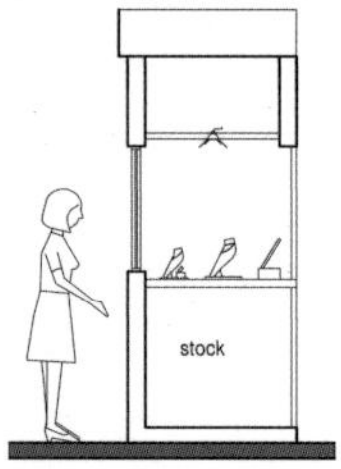
</td><td>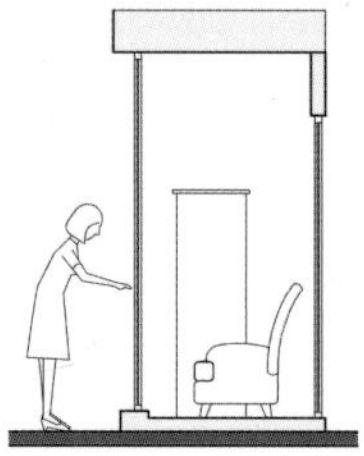</td><td>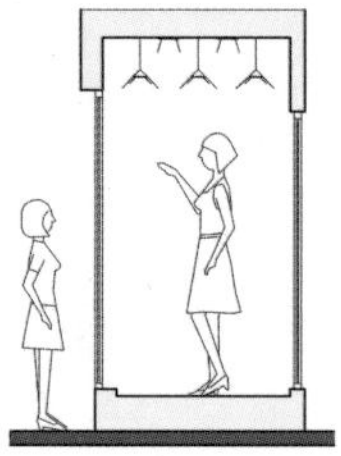</td><td>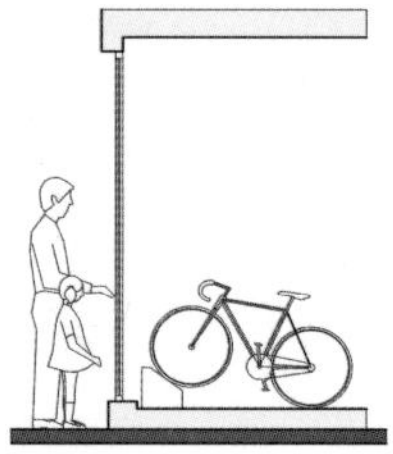</td></tr>
<tr><td>귀금속점, 안경점, 악세서리점, 시계점, 구두점 등 소형상품 취급점</td><td>가구점, 커튼점, 침구류점 등 키가 크거나, 넓은 상품 취급점</td><td>의류점과 같이 인체와 높이가 유사한 상품 취급점</td><td>자동차점, 악기점, 운동용품점 등 무거운 상품 취급점</td></tr>
<tr><th colspan="2">다층 형</th><th colspan="2">오픈 형</th></tr>
<tr><td colspan="2">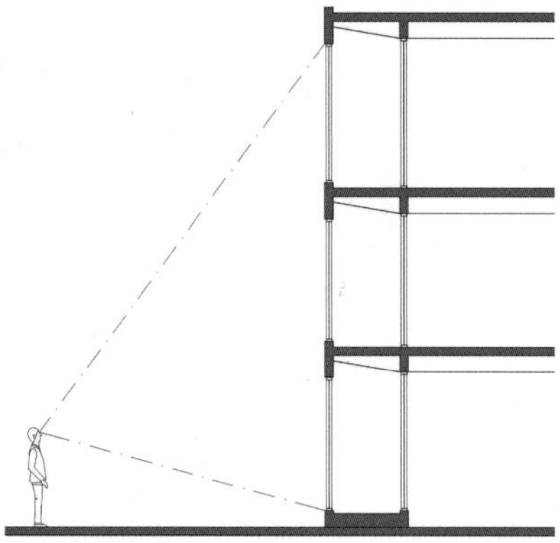</td><td colspan="2">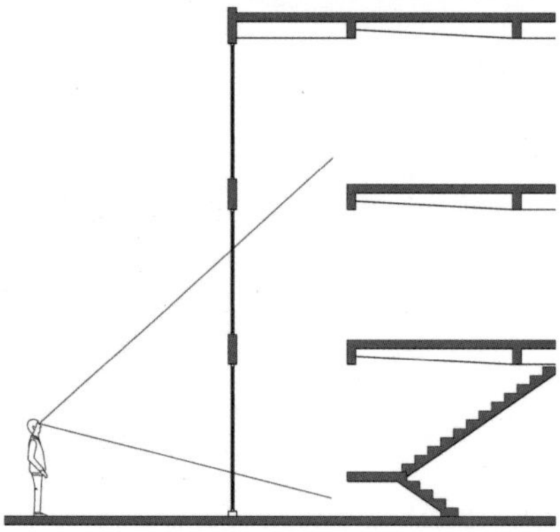</td></tr>
<tr><td colspan="2">점포 앞 전면도로 폭이 어느 정도 확보된 점포에서 각 층을 단독으로 운영하는 경우 적용</td><td colspan="2">점포 앞 전면 폭이 좁은 구 도심의 점포에서 각 층을 통합하여 운영하는 경우 적용</td></tr>
</table>

3) 쇼윈도의 반사 방지

쇼윈도는 점내에서 판매하는 제품의 정보를 제공하고, 고객을 점내로 끌어들이는데 가장 큰 목적이 있다. 하지만, 쇼윈도에 고객 자신이나, 거리 보행자, 그리고 거리풍경이 더 강하게 지각되는 경우가 있다. 이것은 쇼윈도와 외부 경계의 유리면 반사로 인하여 발생되는 현상이다.

유리면 반사를 방지하려면, 고객이 서 있는 외부보다 쇼윈도 내부조도를 높이거나, 외부의 영상이 고객의 시야에 들어오지 않게 하면 된다. 하지만, 외부보다 내부의 조도를 높이는 것은 한계가 있으므로, 쇼윈도 상부에 캐노피(Canopy)를 설치하여 외부조도를 낮출 수 있다. 또는 곡면 유리나 평 유리를 경사지게 설치하면, 외부의 영상이 고객 시야에 반사되어 들어오지 않는다.

2.5 조명계획

1) 조명계획의 기본

상점 조명은 상품의 형태와 색채, 그리고 질감에 대한 정보를 확실하게 전달하는 것과 이를 통한 판매 증진이 기본 목적이다. 제품의 아름다운 색채와 형태는 모두 빛의 선물이다. 빛이 없으면 무엇도 눈으로 지각할 수 없다. 형태와 질감은 빛의 방향과 양에 의해서, 그리고 색채는 빛의 반사에 의해서 시각언어로 전달된다.

상점 조명은 주로 인공조명에 의존하지만, 자연광에도 영향을 받으므로 맑은 날과 흐린 날, 오전과 오후, 주간과 야간에 실내 조도를 조절할 수 있도록 회로를 구분하며, 개점과 폐점 시의 점멸계획도 세워야 한다.

의류나 음식과 같이 색채가 중요한 상점은 특히 연색성[5]이 좋은 광원을 사용하며, 아울러 조명의 자외선이나 열로 인해 상품이 손상되지 않도록 신중한 계획이 필요하다.

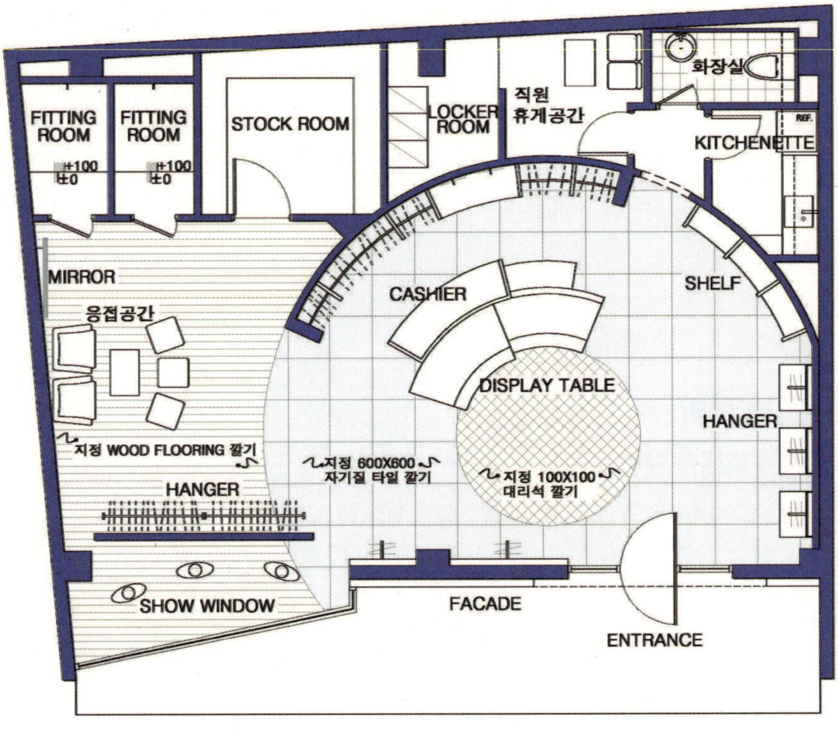

그림 3-6. 상점 평면계획의 예

5) 연색성(演色性, Color rendering); 같은 색채의 물체라도 '어떤 광원으로 조명해서 보느냐'에 따라 그 색감이 달라진다. 가령, 할로겐램프의 빛에는 주황색이 많이 포함되어 있어서 그 빛으로 난색계의 물체를 조명하면 선명하게 보이는데 반해, 형광등의 빛은 청색이 많으므로 흰색·한색계의 물체가 선명하게 보인다. 조명으로서 바람직한 것은 가급적 천연주광에 가까운 성질의 빛이며, 주광에 가까운 광원을 '연색성이 우수하다'고 한다.

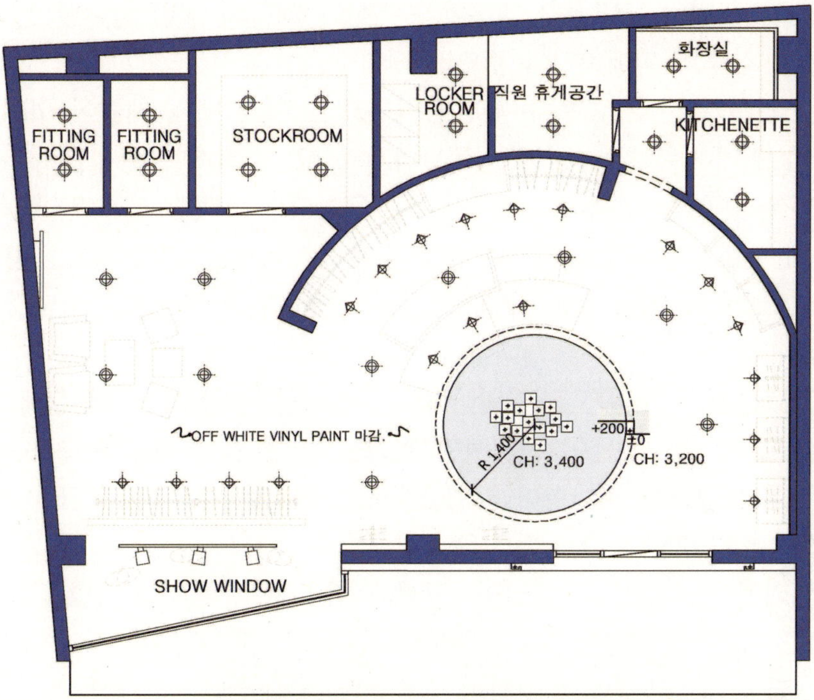

LEGEND

	조명기구	SIZE	LAMP	EA
	DOWN LIGHT	W205 x H180	EL 20W x 1	27
	SPOT LIGHT	Ø75	MR 16 50W x 1	19
	CHANDELIER	W170 x H100	LED 11W	16
	TRACK LIGHT	W190 x H175	HALOGEN 직관 150W	3
	간접조명-COVE조명	Ø2,800	LED 튜브	

그림 3-7. 상점 조명계획의 예

2) 조명의 역할

상점조명은 '무엇을 보이고', '상품이 고객에게 어떻게 보이고', '그것을 어떻게 느끼게 할 것인지'에 대한 고객의 생리적, 심리적 반응을 고려하여 계획한다. 즉, 상점의 조명은 실내분위기 조성과 제품에 대한 명확한 정보제공을 통하여 상품의 판매촉진이 주요 목적이다.

상점조명은 우선 기구의 수량과 광원특성, 그리고 배치 계획에 의해서 쇼윈도우나 점내에 전시된 상품을 돋보이게 하고, 소비자의 관심을 유도한다. 구매욕구가 높아진 고객이 상점 안으로 들어오면, 상품 구매이전에 상품을 상세하게 검토하게 되는데, 이때 상품의 형태, 색채, 질감, 그리고 전반적인 질(質; Quality)을 판단하여 구매 의사를 결정하도록 돕는 역할을 하는 것이 조명이다.

아울러 상점의 조명은 종업원이 매장 내에서 수행하는 상품판매, 포장, 매장관리 등의 업무능률에 직접적인 영향을 준다. 또한, 간접적으로는 근무환경에 대한 심리적 편안함이나 안정감에도 영향을 주어서, 결국 사업이익 증진에 영향을 미치는 요소로 작용한다.

상점 내에 계획하는 각 조명은 목적에 따라 전체(베이스)조명과 국부(악센트)조명, 그리고 연출조명으로 구분할 수 있다. 전체조명은 어느 곳에서든 기준이 되는 최소조도를 확보하기 위한 조명이다. 반면에 국부조명은 주위보다 높은 조도로 공간이나 상품을 강조하는 조명이다. 국부조명은 전반조명과 조도차이가 클수록 효과적이며, 보통 3~5배의 조도차이가 적당하다. 연출조명은 상품이나 공간에 대한 시각적 명료성 확보차원이라기보다는 고객으로 하여금 호기심과 흥미, 그리고 상점의 개성을 표현하기 위한 조명이다.

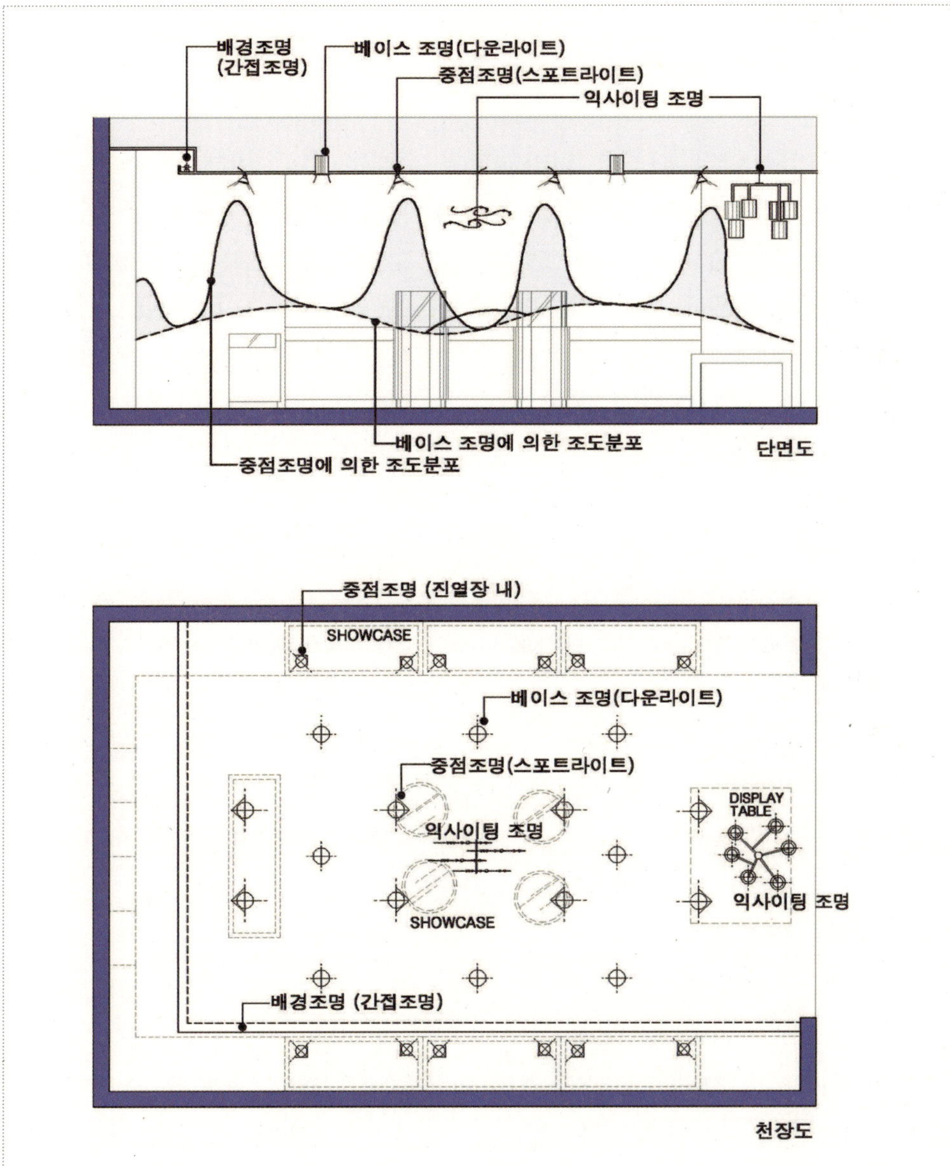

그림 3-8. 상점조명과 조도 분포

3) 조명의 분류

(1) 전구(Lamp)에 의한 분류

① 백열전구

진공 유리구 안의 텅스텐 필라멘트에 전류를 흘려 발생되는 열(약 3,000℃)로 빛을 발생시키는 전구이다. 백열전구는 발생되는 에너지 가운데 약 95%는 열로 방출되고, 나머지 5%정도만 빛으로 전환되므로 효율이 낮다. 표면의 밝기가 높아서 눈이 부시고, 형광등에 비해서 수명이 짧다. 이런 이유 때문에 유럽과 일본은 2012년 백열전구의 생산 및 판매가 금지되었고 우리나라에서는 2014년부터 30W, 60W, 100W 등의 일반백열전구의 생산과 수입을 중지하고 있다.

② 형광전구

유리관 속을 진공으로 하여 수은과 아르곤 가스를 넣고, 안쪽 벽에 형광도료를 칠하여 수은의 방전으로 생긴 자외선을 가시광선으로 바꾸어 조명하는 전구이다. 형광전구는 백열전구에 비하여 효율이 좋고, 소비전력은 1/3정도다. 또한, 빛이 부드럽고 열을 많이 수반하지 않는 장점이 있고, 수명도 약 3,000시간정도로 백열전구보다 5~6배 길다. 형광등의 정격전압[6]은 ±6% 이내이며, 전압이 높으면 흑화가 진행되어 수명이 짧아진다. 형광전구는 1회의 점멸로 1.5시간 정도 수명이 짧아지므로 점멸횟수가 많지 않은 곳에 사용하는 것이 유리하다.

③ LED(Light emitting diode)

발광다이오드(LED)는 Ga(갈륨), P(인). As(비소)를 재료로 만든 반도체이다. 아래 위에 전극을 붙인 전도물질에 전류가 통과하면, 전자와 정공이라고

6) 정격전압(Rated voltage); 전구가 정상적인 동작을 유지시키기 위해 공급해 주어야 하는 기준 전압

불리는 플러스 전하입자가 이 전극 중앙에서 결합해 빛의 광자를 발산하는 구조로 이루어져 있는데, 이 물질의 특성에 따라 붉은 색, 녹색, 노란색 빛을 발한다.

LED는 실내조명은 물론, 실내공간 구성요소, 도심 빌딩위에 설치하는 대형 전광판, TV 리모콘 버튼을 누를 때 TV 본체에 신호를 보내는 광선 등에 다양한 분야에서 사용하고 있다. 전기에너지를 빛에너지로 전환하는 효율이 높기 때문에 최고 90%까지 에너지를 절감할 수 있어서 최근 백열등이나 형광등을 대체하는 실내 광원으로 사용하고 있다. 또한 수명이 길고 응답속도(전류가 흘러서 빛을 내기까지의 시간)가 빠른 장점을 갖고 있다.

④ 할로겐 전구(Halogen lamp)

백열전구의 한 종류이다. 유리구 안에 할로겐 물질을 주입하고 텅스텐의 증발을 억제함으로서, 전구의 수명을 개선한 전구이다. 일반 백열전구 수명의 2~3배이고, 강한 빛을 내고, 크기도 작고 가볍다. 또한 자연광에서처럼 색채를 선명하게 재현하는 특성이 있어서 국부조명 계획에 많이 사용한다.

⑤ 수은전구(Mercury lamp)

고압 수은증기 속의 아크방전에 의해서 빛을 내는 전구이다. 점등 초기에는 작은 보조전극과 주전극 사이에서 방전을 일으키고, 주전극 사이 방전으로 점차 옮겨진다. 따라서 처음에는 수은 증기압이 낮아 정상적인 빛을 내기까지는 몇 분이 소요되고, 한번 소등하면 가스 압력이 내려가기까지 10여 분이 소요된다. 텅스텐을 사용하는 전구에 비해서 2배 이상 효율이 높기는 하지만, 연색성이 떨어지는 단점이 있다. 이 전구는 광의 질보다 효율을 우선하는 가로등으로 많이 사용한다.

⑥ 나트륨전구(Sodium lamp)

나트륨 증기 속의 방전에 의해서 빛을 내는 전구이다. 전구는 외관과 내관이 있고 내관에 1쌍의 전극과 미량의 나트륨이 들어 있다. 나트륨 전구의 효율은 백열전구에 비해 10배까지도 높으나, 형광전구과 같이 안정기를 병용해야 하며, 점등 후 20~30분이 경과하지 않으면 충분한 밝기를 낼 수 없다. 또한 빛이 황색 광이기 때문에 연색성이 떨어져 일반 조명용으로 적합하지 않다. 하지만 안개 속에서도 빛을 잘 투과하고, 효율이 높아서 가로등으로 많이 사용한다.

⑦ 메탈 핼라이드 전구(Metal halide lamp)

수은전구와 유사한 구조이다. 금속의 할로겐화물을 진공 석영 발광관에 넣고 아크방전을 일으켜 빛을 내는 전구이다. 이 전구는 연색성이 비교적 우수하며, 효율도 수은전구의 1.5배에 달한다. 또한 6,000~9,000시간의 긴 수명을 갖고 있어서 천장이 높은 스포츠 센터, 공장, 강당, 홀의 등으로 많이 사용한다.

(2) 배광방식에 의한 분류

① 직접조명(Direct)

작업 면 또는 공간 조도의 90~100%가 광원에서 빛을 직접 조사한 직사조도이고, 확산조도가 0~10%인 배광방식이다. 따라서 낮은 전력으로도 필요한 조도를 얻을 수 있어서 경제적이며, 배선이 간편하고 설비비도 경제적이다. 하지만, 실내 전체에 균일한 조도를 얻기 어렵고, 눈부심이 발생하며, 그림자도 강하

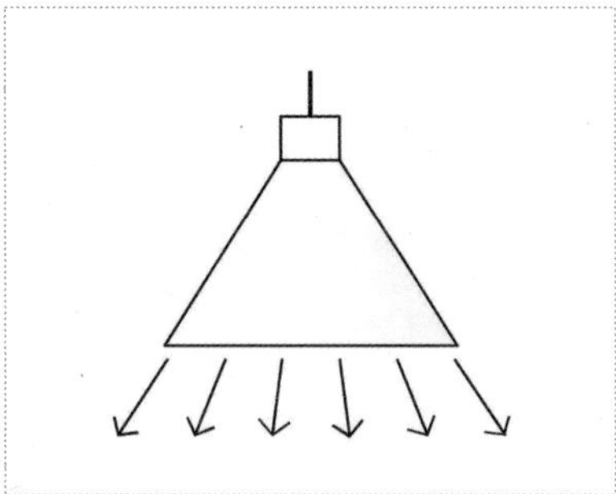
그림 3-9. 직접조명

게 나타나는 단점이 있다.

② 반직접조명(Semi-direct)

작업 면 또는 공간 조도의 60~90%가 직사조도이고, 확산조도가 10~40%인 배광방식이다. 비교적 조명효율을 높이면서 직접조명이 갖고 있는 낮은 균제도나 그림자 발생, 그리고 눈부심 발생의 단점을 일부 보완한 배광방식이다.

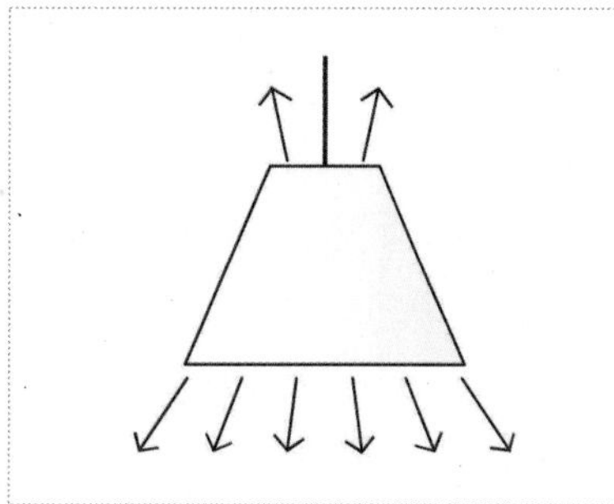

그림 3-10. 반직접조명

③ 반간접조명(Semi-indirect)

반직접조명과 반대개념으로 직사조도가 10~40%이고, 확산조도가 60~90%인 배광방식이다. 조명효율은 반직접조명보다 떨어지지만, 균제도가 높고, 그림자 발생이나 눈부심 현상이 완화된다.

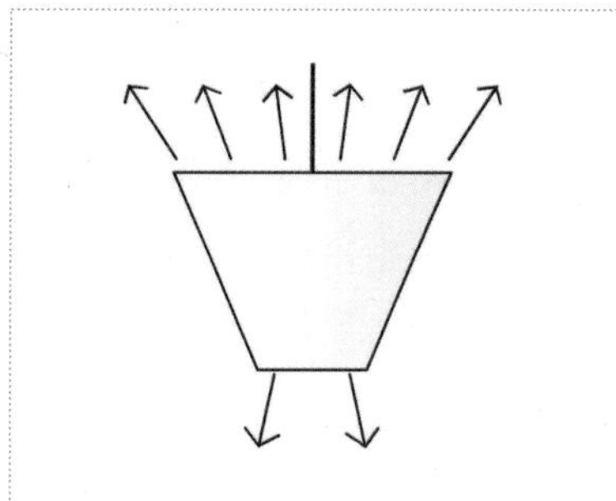

그림 3-11. 반간접조명

④ 간접조명(Indirect)

전등의 빛을 천장이나 벽, 그리고 바닥 면에 조사시켜서 반사된 확산조도가 90~100%이고, 0~10%의 직사조도를 작업 면과 공간에 배광하는 방식이다. 그림자가 거의 발생하지 않고, 눈부심도 거의 없다. 또한 균제도가 높아서 실내공간은 부드럽다. 하지만, 조명효율은 떨어지는 단점이 있다.

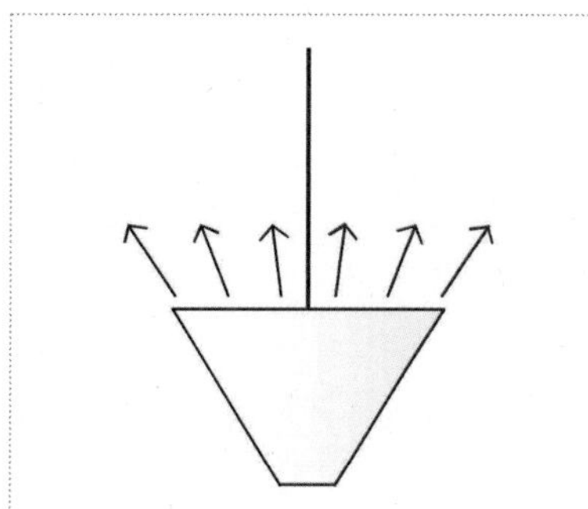

그림 3-12. 간접조명

⑤ 전반확산조명(General diffuse)

확산조도 40~60%, 직사조도 40~60%에 의해 작업 면과 실내 전체를 고루 밝히는 배방방식이며, 균제도가 높다. 일반 사무실, 학교, 상점, 주택, 공장 등은 작업 면의 위치가 달라지더라도 고명기구를 재배치하지 않고 소요조도를 얻을 수 있어야 하므로, 이들 용도 공간의 배광방식으로 많이 적용한다.

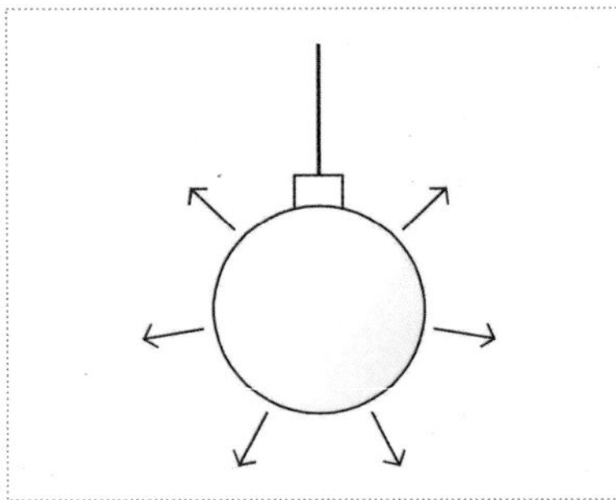

그림 3-13. 전반확산조명

(3) 설치방식에 의한 분류

① 매입형(Down light)

천장에 구멍을 뚫고, 그 속에 광원을 매입하는 방식이다. 기구의 노출이 없어서 천장 마무리가 좋다. 하지만 광원을 노출하는 경우보다 효율이 낮고, 매장 조도는 균일하지 않아서 강약을 연출한다.

② 직부형(Ceiling Light)

천장에 직접 조명기구를 부착하는 방식이다. 천장이 낮지 않고, 상품의 진열 밀도가 높으며, 천장 디자인이 그다지 중요하지 않는 상점에 적용하는 방식이다. 천장이나 벽 마감 재료의 색채와 질감은 반사율에 영향을 주므로 조명효율에도 영향을 미친다.

③ 펜던트형(Pendant Light)

빛을 집중적으로 조사하기 위하여 천장 면에서 특정부분까지 조명기구를 매달아 설치하는 조명방식이다. 낮은 전력으로 높은 조도를 얻을 수 있으나, 균일한 조도를 얻기 어려워서 전체조명으로 적합한 방식은 아니다.

④ 벽부착형(Bracket Light)

벽이나 기둥에 부착하는 방식이다. 실내전체를 균일하게 조사하기 위한 목적이 아닌, 최소의 조도를 확보하면서 장식적 효과를 주기 위한 방식이다. 실내공간규모가 작은 곳에 특정부위에 조도를 확보하면서 공간전체에 최소 조도를 확보하기 위해서 적용하기도 한다.

④ 건축화 조명(Architectural Lighting)

일반적인 조명기구가 아닌, 천장이나 벽, 기둥, 보 등 실내공간요소의 일부 또는 전체를 광원 화하는 조명방식이다. 조명효율을 높이기 위해 빛의 확산 투과율이 높은 유리, 아크릴, 바리솔 등을 표면재료로 마감한다.

상점 조명은 계절이나 시즌에 따라 전시상품의 수량과 위치를 바꾸어야 하며, 이때 가변적으로 대응할 수 있어야 한다. 기구 헤드를 자유롭게 조절할 수 있는 조명기구나, 레일(rail)에 의해 기구위치를 자유롭게 이동할 수 있는 조명기구를 설치하면 훨씬 효율적이다. 또한 조광기(Dimmer)로 외기 조도 변화에 대응하여 실내조도를 조절하거나, 특정 공간이나 특정 상품의 밝기를 조절할 수 있도록 계획하는 것이 바람직하다.

2.6 색채계획

상점 색채계획은 판매하는 '상품이 돋보이고', '상품에 고객 시선이 머물도록 하여 정보를 수집하게 한 후, 구매단계에 까지 이르게 하는 것'이 목표이다. 즉, 상점 실내공간의 독창적 이미지 창출이나 실내의 시각적 쾌감 조성보다는 상품의 배경으로서 충분한 역할을 담당하는데 초점이 맞춰져야 한다. 이를 위해 고객의 동선 흐름과 상품의 배경색과의 관계에 의해서 공간은 물론, 가구, 집기 등의 전략적인 색채계획이 필요하다.

사진 3-4. 상점의 색채계획

상점 실내 환경색채계획의 성공여부는 바닥, 벽, 천장, 집기, 가구 만에 의해서 결정되는 것이 아니라, 판매하는 상품, 종업원의 유니폼, 매장소품, 그리고 고객들이 입고 있는 의류에 이르기까지 매장 내에 있는 모든 구성요소에 의해 결정되는 것이다. 특히, 종업원의 유니폼은 움직이는 요소로서 상점 색채환경에 미치는 영향이 크므로, 디자이너는 실내디자인에 대한 책임자로만 역할이 끝나는 것이 아니라, 모든 색채 환경 구성요소에까지 제안하고, 조언해야 한다.

중명도·고채도 제품을 판매하는 상점이라면 시각적으로 두드러지기보다는 배경색 역할을 하도록 고명도·저채도로 주조색을 배색하는 것이 상품을 대비시켜서 강조할 수 있다. 색상대비에 의해서 상품을 돋보이게 하는 계획도 있을 수 있다. 반면에 상품과 상점의 배색을 보조색이나 강조색이 없이 전체적으로 동일 또는 유사조화로 배색하여 우아하고, 중후한 분위기로 조성할 수 있다. 특히, 모노톤만으로 명도 조절한 상점 배색은 절제된 세련미를 조성하면서 판매하는 상품을 강조할 수 있다.

2.7 소규모 상점의 업종별 실내계획

음식점과 백화점은 별도의 장(章)에서 다루기로 하고, 가로에서 쉽게 접하는 소규모 상점 가운데 패션 숍(Fashion shop)을 비롯하여, 영유아·아동복점, 스포츠 용품점, 보석점, 서점, 제과점 등에 대한 실내계획의 핵심을 짚어보고자 한다.

앞에서도 강조한 바와 같이 상업공간 실내계획의 최우선 과제는 이익창출에 있다. 따라서 모든 상점에서 공통적인 고려사항은 타겟(Target) 층에 대한 정확한 분석이 중요하다. 소비자의 취향과 수준, 상품구매 동기, 그리고 취급상품의 문화적·시대적 흐름을 고려하여 디자인의 분위기와 수준을 조절해야 하며, 경영관리와 근로환경의 효율성 측면도 깊이 있게 검토해야 한다.

1) Fashion Shop

상점에서 판매하는 상품 가운데 계절이나 시대적 흐름, 유행에 민감하게 반응하는 것 중에 하나가 의류이다. 성별, 연령, 용도, 가격 등에 따라서 차이가 있기는 하지만, 실내디자인도 소비자와 사회의 흐름에 민감하게 대응할 수 있어야 한다. 또한 패션 숍 실내디자인에서 간과해서 안 될 것은 아름다운 실내환경 조성이 전부여서는 안 된다. 매장 디자인은 판매하는 상품의 수준과 일치하면서, 구매 고객의 눈에 판매하는 상품이 최선의 것으로 보이도록 하는 배경을 디자인하는 것이다.

실내디자이너로서 빈번하게 접하는 의류상점 실내계획의 일반적인 고려사항을 정리하면 다음과 같다.

① 동선계획

고객은 자연스럽게 매장 안으로 들어와 편안한 마음과 흥미를 갖고 상점 구석구석까지 전체 상품을 둘러 볼 수 있어야 한다. 즉, 고객의 배회율을 높여서 점내에 오랫동안 머물 수 있는 동선계획이 바람직하다. 반면에 종업원은 피로가 적고, 능률적인 매장관리와 작업이 이루어질 수 있어야 한다.

고객은 상품을 선택함에 있어 전체적인 스타일, 색채, 질감, 가격 등을 꼼꼼히 따져보고 결정하기 때문에, 종업원은 고객 옆에 서서 상품을 설명하는 것이 효율적이다. 다만, 액세서리나 소품 등은 계산대를 겸한 대면판매형식을 채택하는 것이 관리와 매출을 높이는데 유리하다.

② 조닝

주요 고객에 따라 차이가 있으나, 고가(高價) 또는 특정그룹을 대상으로 하는 상점이 아니라면, 쇼 윈도우는 상점전체가 디스플레이 공간으로 인식될 수 있도록 개방형으로 처리하여서, 가로를 지나는 행인들에게 상품에 대한 정보를 제공하는 것이 바람직하다.

쇼 윈도우에 전시된 전략상품은 고객을 매장으로 이끄는 역할을 한다. 매장의 중심통로에는 상점매출의 대부분을 차지하는 중점상품을 배치한다. 피팅룸(Fitting room)은 구매절차에 이르는 중요한 단계이므로 카운터 가까이 배치하고, 최선의 서비스를 제공할 수 있는 공간계획이 필요하다. 아울러 거울은 피팅룸 내부보다는 외부에 설치하는 것이 좋다. 이는 의류를 입어본 고객이 판매원이 있는 밖에 나와서 옷매무새를 바로잡은 후에 구매를 결정할 수 있도록 유도하기 위해서다.

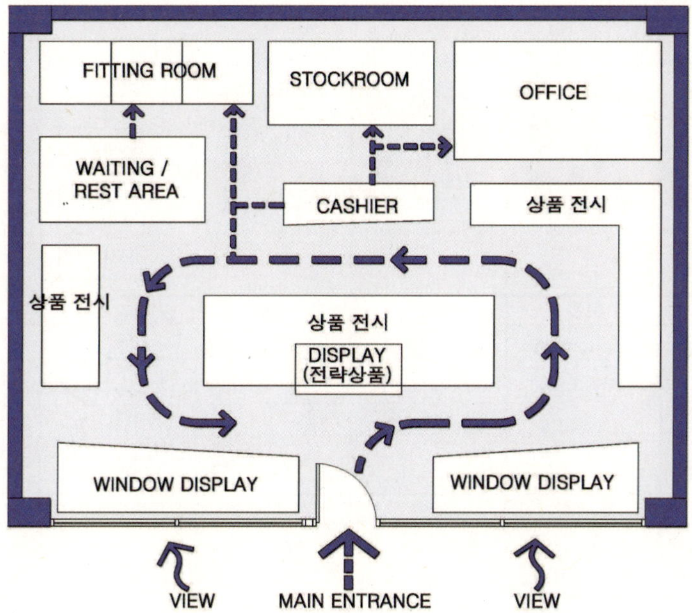

그림 3-14. 패션숍의 조닝

③ 디스플레이

상품 디스플레이 방법은 옷의 앞면이 보이도록 진열하는 방법과 옆면이 보이도록 진열하는 방법, 그리고 접어서 진열하는 방법이 있다. 앞면이 보이도록 진열하는 방법은 상품의 장점을 부각시켜서 고객에게 구매를 유도하는 전략상품이나 중점상품 디스플레이에 적용한다. 옆면이 보이도록 진열하는 방법은 앞면으로 디스플레이 한 상품이지만, 색채와 사이즈가 다른 상품을 디스플레이하는 방법이다. 또는 중점이나 전략상품이 아닌, 중저가 상점에서 많은 상품을 디스플레이하기 위한 방법이다. 접어서 진열하는 방법은 셔츠나 스웨터 종류를 색채와 사이즈별로 구분하여 대량으로 디스플레이 할 수 있는 장점이 있다.

그림 3-15. 의류의 주요치수

상품을 디스플레이하는 행거의 길이나 선반의 양(量)은 실내디자인의 성공여부에 중대한 영향을 미치는 요소이다. 즉, 브랜드의 계절별·품목별 취급 상품을 충분히 디스플레이 할 수 있어야 하며, 상품의 수준도 저하시키지 않아야 한다. 이는 기획 단계부터 세심하게 분석해서 계획해야 할 문제이다. 왜냐하면, 1단 행거와 2단 행거는 매장 분위기와 상품 레벨 이미지에 상당한 영향을 미치기 때문이다.

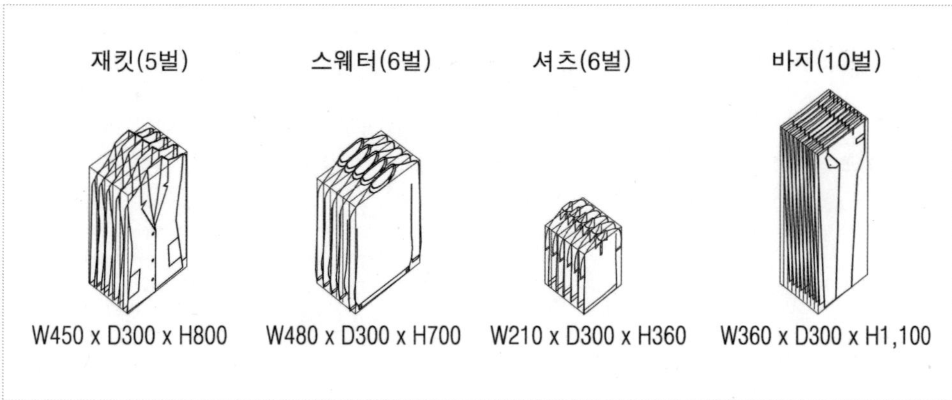

그림 3-16. 의류의 stock, 주요 집기 치수

2) 영·유아 및 아동·청소년 의류점

영·유아는 만 6세 미만의 유아와 영아 어린이이다. 이들을 대상으로 하는 상점은 의류와 함께 영·유아용품 판매를 겸하는 경우가 일반적이므로, 취급 상품의 종류와 크기를 분석하여, 합리적인 디스플레이 집기계획이 이루어질 수 있도록 한다.

영유아 의류와 용품의 구매특성은 부모와 함께 매장을 방문하고, 구매의사도 부모 특히, 엄마에 의해 결정되는 특성이 있다. 그러므로 아동시각보다는 부모 시각에서 유아의 의류와 용품이 돋보이는 실내환경 디자인이어야 한다. 부모가 매장을 둘러보는 동안 유아가 책이나 놀이기구에 집중할 수 있다면, 편안하고 여유 있는 쇼핑시간이 되어서 매출향상에 영향을 미치는 요소로 작용할 수 있다. 피팅룸(Fitting room)은 사용할 기회가 많지 않으므로, 커튼레일을 이용한 가리개로 설치하면 공간을 가변적으로 사용할 수 있다.

아동은 만6세부터 12세까지로 일반적으로 초등학생을 일컫는다. 이 연령대에도 부모와 함께 매장을 방문하지만, 영·유아와 달리 구매결정에 아동의

견이 상당부분 영향을 미친다고 할 수 있다. 청소년은 만13세부터 18세까지로 일반적으로 중·고등학생을 일컫는다. 이 시기에는 부모를 동반하기보다는 또래 친구들과 방문할 매장을 결정하고, 구매 의사도 스스로 결정하는 경향이 크므로, 청소년을 타깃으로 하는 의류점은 이들의 취향에 포커스를 맞추는 것이 좋다.

3) 스포츠 숍

스포츠 숍은 용품과 의류를 모두 취급하는 전문점이다. 최근 건강과 여가생활에 대한 관심이 높아짐에 따라 생활체육이 활성화되고, 관련 산업이 각광을 받는 가운데 상점마다 브랜드 아이덴티티를 나타내기 위해 총력을 기울이고 있다.

스포츠 숍의 디자인은 운동감, 활동감, 경쾌함 등 취급하는 상품의 이미지를 잘 살릴 수 있어야 한다. 특히, 스포츠 의류의 색채는 대부분이 명도와 채도가 높은 경향이 있으므로, 제품이 추구하는 이미지가 잘 드러날 수 있는 매장디자인이어야 한다. 만일 채도가 거의 없는 모노톤 실내이미지로 계획하면 채도가 높은 상품을 돋보이게 할 수 있다.

4) 구두, 가방, 모자점

구두, 가방, 모자 등은 패션 스타일을 완성·결정하는데 있어서 결코 간과할 수 없는 제품들로서, 이것들을 취급하는 전문 브랜드 매장들이 전문 디자이너에 의해 조성되고 있다. 제품 크기가 작고, 피혁관련 재료라는 공통성을 갖고 있어서, 이들 전체 제품을 판매하는 상점도 흔히 볼 수 있다.

구두는 여화와 남화, 캐주얼화, 그리고 정장화로 구분할 수 있으나, 브랜드에 따라서 모든 제품을 취급하기도 한다. 공간은 모든 상품이 일반적으로 쇼윈도와 진열장, 포장·계산대, 창고, 그리고 휴게·대기공간으로 구성된다. 진열장은 벽면 전체를 이용하며, 상점의 폭이 넓은 경우는 중앙에도 낮은 진열장을 배치하기도 한다. 진열장의 상단은 180㎝ 이내를 권장하며, 바닥으로부터 60~70㎝까지는 스톡(Stock)공간으로 계획한다. 선반의 간격은 250㎜ 이상을 확보하고, 선반은 경사를 두되, 높이에 따라 최상의 시각을 확보하는 각도는 차이가 있으므로, 각도를 조절할 수 있는 하드웨어를 장착하여 조성한다.

5) 보석, 액세서리 및 안경점

보석, 액세서리, 안경 등 소형상품을 취급하는 상점은 주로 쇼 케이스에서 판매, 계산, 포장을 겸하는 대면판매 형식이 일반적이다. 다만, 저가(低價) 액세서리점은 다양한 상품을 행거에 디스플레이 한다. 쇼 케이스는 고객이 서서 보기 쉽도록 높이는 100㎝내외, 폭은 60㎝ 내외가 적절하다. 매장 규모가 크면 별도의 상담실과 대기실, 그리고 사무실을 확보하며, 보석점은 감정실, 안경점은 제작실과 검안실을 둔다.

이들 상점은 그림자가 생기지 않아야 하므로, 쇼케이스 상부와 하부, 그리고 측면까지 조명계획이 필요하다. 아울러 상품의 정확한 색채정보를 전달할 수 있도록 연색성이 좋은 광원을 사용한다. 상품의 배경이 되는 쇼 케이스 내부바닥 재료는 상품에 따라 차이가 있으나, 보석점은 저채도·저명도의 다크 톤(Dark tone)이 유리하며, 안경점은 저채도·고명도의 라이트 톤(Light tone)이 유리하다.

사진 3-5. E jewellery shop(Designer; Park, SungChel)

6) 제과점

제과점은 빵을 만드는 공간과 판매 공간으로 구분할 수 있다. 판매 공간은 고객으로 하여금 선택, 포장, 계산으로 이어지는 동선이 간단명료하고, 계산대 앞은 병목현상이 일어나지 않도록 여유 있는 공간계획이 필요하다. 제빵실은 외부와 직접 통하는 출입구를 두어서, 물품동선이 고객동선과 겹치지 않도록 한다.

최근 제과점은 빵을 사고파는 곳에서 벗어나, 커피와 음료를 함께 취급하는 장소로서의 요구가 높아짐에 따라, 판매공간과 섭취공간을 분리하여 독립성을 확보하고, 안락성도 확보하는 추세이다.

제과점의 재료와 색채, 그리고 조명계획은 고소하고 달콤함, 청결함, 신선함, 그리고 자연재료를 이용하는 빵의 이미지를 잘 살릴 수 있는 실내디자인이면 더욱 좋을 것이다. 조명은 연색성이 좋은 광원을 사용함으로서, 빵 특유의 색감을 잘 살릴 수 있어야 한다.

7) 서점 및 문구점

마을단위의 서점과 문구점 실내디자인은 고객이 상품을 쉽고 편리하게 찾고, 계산해서 나오는 편리성과 기능성이 우선되는 분야의 상점이다. 많은 상품을 취급하는 곳이므로, 모든 벽은 바닥부터 천장까지 책장이나 선반을 설치하여 상품을 전시하고, 중앙부도 통로를 제외하고는 좌대나 낮은 선반에 상품을 전시하는 특성이 있다. 그러므로 서점이나 문구점은 판매하는 다양한 상품의 색채와 이들의 밀도감이 실내 분위기를 결정한다.

서점의 경우, 벽에 설치하는 책장에 레일을 달아 이중으로 설치하면, 고객이 불편함 없이 직접 찾으면서도, 제한된 공간에 많은 상품을 전시할 수 있다. 매장 중간 중간에는 책 내용을 훑어보는 동안 잠깐 앉을 수 있는 간이의자, 검색용 컴퓨터, 휴게 공간 등의 서비스를 제공하는 배려도 필요하다.

문구점에서 취급하는 상품 가운데 충동 구매상품과 계획 구매상품을 구분 배치하되, 고객이 일단 상점 내에 들어오면 전체 매장을 둘러보도록 하는 동선계획이 바람직하다. 따라서 상점 가장 안쪽에는 계획구매 상품인 필수문구류를, 점두에는 완구류와 같은 충동구매 상품을 배치하여 구매욕구를 높일 수 있다. 아울러 취급하는 상품이 대개 소형인데다가, 소유에 대한 욕구는 강하나 충동조절능력이 떨어지는 고객이 대부분이므로, 도난의 소지를 예방하는 차원에서 판매대의 배치는 카운터에서 감시가 용이하게 배치한다.

사진 3-6. Cafe' Obscura (Designer; Park HyoChul)

제3장. 백화점

3.1 개요

인구가 많고, 교통· 통신이 발달한 대도시 중심부에 위치하여 일상생활에서 필요한 상품들 즉, 화장품 및 장신구, 여성 및 남성용 기성복, 스포츠 용품, 가구 및 가전제품, 생활용품, 그리고 식료품에 이르기까지 층이나 공간 구역을 구분하여, 판매하는 대규모 현대식 소매상점이 백화점이다. 세계 최초의 백화점은 1852년 프랑스 파리에 개설된 봉 마르셰(Bon Marché)이다. 이 백화점은 '누구든지 출입할 수 있도록 한 점, 상품에 정찰제를 실시한 점, 상품을 대량으로 진열하여 고객이 직접 만져볼 수 있도록 한 점, 상품을 반품할 수 있도록 한 점, 상품가격을 낮추어 상품회전율을 높인 점'등 새로운 형식의 운영으로 창업 8년 만에 매출액은 10배나 올랐다. 미국은 1858년에 개설된 메이시(Macy)가 있고, 영국은 1863년에 개설된 휘틀리(W.Whiteley), 독일은 1870년에 개설된 베르트하임(A.Wertheim), 일본의 최초 백화점은 1904년에 설립된 미쓰코시(三越)이다.

한국은 일본의 미쓰코시가 1906년 서울에 지점을 설립하고, 1927년 현재의 신세계 백화점 자리에 현대식 건물을 착공하여 1934년 10월에 이전한 것이 효시가 되었다. 한국인이 처음 세운 현대식 백화점은 1929년 서울 종로2가의 화신백화점이다.

3.2 소비문화와 백화점의 전망

1980년대 이전까지만 해도 서울 명동의 신세계와 미도파, 그리고 롯데 등이 대표적인 백화점이었다. 전국적으로도 그 수가 많지 않았고, 규모도 그다지 크지 않았다. 그러나 1980년대 이후 국민 소득수준과 생활수준이 전반적으로 향상되면서, 백화점을 비롯한 대형마트가 대중화·보편화되었다. 그 결과 서울을 비롯한 지방의 교통 요지와 아파트 밀집지역에 많은 대형 상업 집적지들이 생겨났다.

과거에는 절약과 저축을 미덕으로 생각하였지만, 지금은 소비를 통하여 경기를 활성화하고, 국민의 경제적, 문화적 수준도 높인다는 관렴으로 국가정책 방향도 바뀌고 있다. 물론 국민의 수준향상은 국가 수준 향상과 경쟁력강화로 귀결된다. 오늘날 경제와 문화수준의 향상으로 고객들은 상품 질이 보장되는 백화점이나 대형마트와 같은 대규모 상업 집적지를 선호하게 되었다.

다양한 상품을 판매하는 대형 상업 집적지는 오늘날 개성을 중요시하는 고객들의 라이프스타일을 충족시킬 수 있는 쇼핑장소 역할을 한다. 나아가

문화와 외식, 그리고 스포츠 센터로까지 그 기능은 확대되고 있다. 더구나 승용차를 이용하는 가족단위 쇼핑 고객에게 제공하는 주차공간의 확보와 다양한 상품을 한 장소에서 구매함으로서 쇼핑시간을 단축한다는 점에서 앞으로도 지속적인 성장이 전망된다.

3.3 공간구성

백화점이 중·소규모 상점보다 매장이 넓고, 다양한 상품을 취급할 뿐이지, 공간의 조닝이나 동선계획의 기본원칙은 사실상 동일하다. 물론 규모가 크기 때문에 복잡하기는 하지만, 판매와 서비스를 위한 필요 공간 분석과 소비자의 구매성향에 따른 공간구획 원칙을 분석하여, 조닝과 동선계획이 이루어진다. 이때 공간과 동선계획은 전체에서 부분, 그리고 상세의 순서로 계획하되, 이 과정은 여러 차례의 피드백을 거쳐 검토한다.

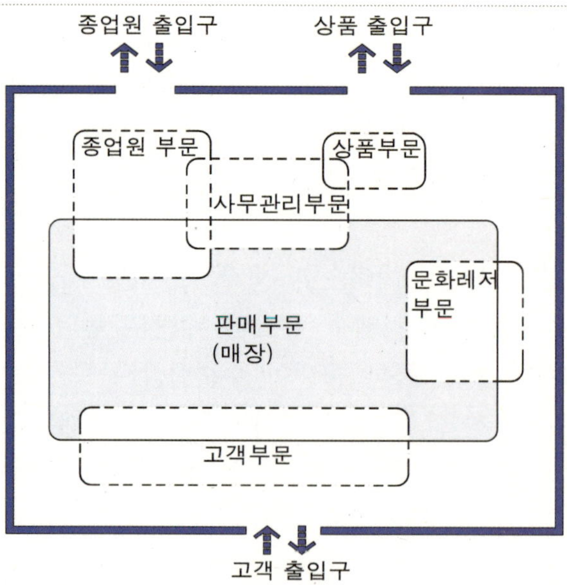

그림 3-17. 백화점의 공간조닝

1) 조닝

백화점의 공간은 고객, 판매, 상품, 종업원, 문화·레저, 그리고 관리 존(Zone)으로 구성된다.

① 고객 존

고객을 점내로 유도하는 쇼 윈도우와 고객을 맞이하는 현관, 점내 매장 내부로 고르게 유도하는 통로, 에스컬레이터, 엘리베이터, 계단, 그리고 고객에게 편의를 제공하는 휴게실과 화장실 등이 고객 존에 해당된다. 고객 존은 점내에서 판매권과 일체가 되어 접한다.

② 판매 존

상품을 전시, 판매하는 장소로서 매출과 경영을 좌우하는 가장 넓은 면적의 존이다. 고객에게는 구매 욕구를 높이고, 종업원에게는 능률적인 환경이 되어야 한다. 많은 사람이 이용하는 시설로서 방화 및 피난 규정을 준수할 수 있도록 계획에 앞서 관련법규를 철저하게 검토해야 한다.

③ 상품 존

상품의 반입과 검수, 가격표시 등의 상품보급시설, 상품 보관시설, 매장으로 보낼 상품 또는 고객에게 배송을 위한 작업시설 등의 존이다. 작업공정과 흐름에 따라 효율을 높일 수 있는 공간체계가 중요하며, 상품은 최상의 상태를 유지·보관하면서 작업할 수 있는 온·습도조절 체계도 고려해야할 존이다.

④ 종업원 존

종업원과 관련된 시설로서 출·퇴근 관리시설, 휴식·배설·식사·보건 공간, 종업원이 이용하는 출입구 및 계단·엘리베이터 시설 등 관리·후생·전용동선 존이다. 이 존은 업무공간 즉, 판매공간 및 관리공간 등과 접근성이 좋아야 한다. 또한, 종업원의 업무의욕을 고취하고, 직장에 대한 자부심을 가질 수 있도록 규모와 수준도 높은 계획이 필요하다.

⑤ 문화·레저 존

고객들은 원 스톱 쇼핑 서비스측면에서 지적(知的)서비스도 동시에 요구하고 있다. 따라서 전시장, 공연장, 교육장 등의 문화 휴식시설, 양식·중식·일식·한식 등의 식사공간, 식음료를 판매하는 카페, 건강 증진과 스트레스 해소를 위한 스포츠 레저 시설 등의 기능을 수행하는 존이다. 이 존은 백화점의 이미지 형성에 상당한 영향을 주며, 장기적으로는 이 존 이용자가 고객층으로 영입되는 효과를 얻을 수 있다. 따라서 점차 매장 면적가운데 이 존의 비율이 높아지고 있다.

⑥ 관리 존

앞서 설명한 고객 존과 판매 존, 상품 존, 종업원 존, 그리고 문화·레저 존을 지원하는 구역이다. 냉난방기계실, 전기·전자기계실, 전산센터, 급·배·오수 관리시설, 급·배기 지원시설, 소화·소방지원시설, 엘리베이터·에스컬레이터 관련시설, 냉동·냉장 지원관리실 등 백화점의 기계와 설비계통을 운영하는 존이다. 이 존에서 발생되는 소음과 냄새, 그리고 먼지가 다른 존에 영향을 주지 않도록 유의해야 한다.

2) 판매존의 층별 조닝

백화점의 층별 조닝 즉, 판매상품의 배치는 마케팅 전략에 기초를 두고 계획한다. 백화점을 오픈한 후에 층별 조닝을 바꾸는 것은 대대적인 리노베이션(Renovation)계획을 할 때 가능하기 때문에, 층별 조닝은 기획 단계부터 철저하게 검토해야 한다. 층별 상품조닝계획을 정리하면 다음과 같으나, 상품구성에 대한 면적 배분은 백화점의 경영방침과 고객의 수준에 따라 달리 할 수 있다.

① 지하층과 저층부

층별 조닝에 영향을 미치는 가장 큰 인자는 고객이 상품구매를 '계획적으로 하는지', '충동적으로 하는지'에 의해 결정된다. 그런데 지하층과 저층은 상품의 구매동기가 상반된다. 지하층은 목적성이 강한 식품 부를 배치하는 것이 일반적인 반면에, 저층은 고객동선의 빈도가 가장 높은 곳이므로 선택 시간이 오래 걸리지 않으면서 충동구매 성격이 강한 액세서리, 피혁류, 화장품, 잡화 등을 배치한다.

② 중층부

시대적 트렌드(Trend)를 반영하는 상품으로서 구매선택 시간이 비교적 오래 걸리는 의류나 생활용품을 배치한다. 중층부의 하층에서 상층으로 가면서 여성의류, 남성의류, 생활용품 순으로 배치한다. 즉, 중층부의 상층으로 갈수록 계획구매 성격이 강한 상품을 배치한다.

표 3-6. 층별 조닝 기준

층	상품의 성격	판매상품
지하층	• 계획구매 성격이 강하고, 쇼핑동안 마지막으로 사는 상품	식료품, 주방용품
1층	• 구매선택 시간이 짧고, 상품의 크기가 작으면서 충동구매 성격이 강한 상품	화장품, 장식품, 피혁류(가방, 구두) 등
2, 3층	• 구매선택 시간이 비교적 길고, 상품 가격이 고가의 상품	여성복(캐쥬얼, 숙녀복), 고급잡화, 귀금속
4층	• 구매선택 시간이 길고 상품 가격도 고가이지만, 비교적 계획구매 성격이 강한 상품	남성복(캐쥬얼, 신사복)
5, 6층	• 중층부의 상품보다 계획구매 성격이 강하면서 비교적 넓은 면적이 필요한 상품	주방용품, 전기·전자제품, 악기, 침구, 스포츠 용품, 문구·완구
6층 이상	• 목적성이 강한 기능을 수행하는 상점	식당가, 전시장, 문화공간

③ 상층부

계획구매 성격이 강한 상품이나, 목적성이 강한 기능을 수행하는 상점과 공간을 배치한다. 상층부의 하층에는 카메라, 악기, 문구·완구, 운동용품, 식기, 도기 등 생활 잡화, 그리고 가구, 가정용품, 가전제품 등을 배치한다. 그리고 상층부의 상층에는 식당가, 전시장, 문화공간 등을 배치한다.

3) 각 층의 조닝

백화점 각 층의 공간조닝도 마케팅 전략에 의해서 계획하며, 그 기본은 다음과 같이 정리할 수 있다.

① 전체매장에 고객을 골고루 배분

동선의 중심인 에스컬레이터 주위에는 충동구매 성격이 강한 상품, 새로 출시되어 인기가 높지 않지 않거나 인지도가 낮은 상품을 배치한다. 그리고 중앙에서 먼 곳으로 갈수록 계획구매 성격이 강한 상품, 인기가 높거나 인지도가 높은 상품을 배치한다. 이러한 조닝계획은 고객을 매장 전체에 골고루 배분할 수 있다. 또한 부진한 품목은 인기품목과 인접해 배치하여 고객동선을 매장 전체로 유도할 수 있다.

② 유사상품 인접배치

관련 상품군을 인접 배치하면, 고객동선을 자연스럽게 인접매장으로 유도할 수 있다.

③ 종업원 효율

최소의 종업원이 최대 수익을 올리려면, 종업원 동선이 짧아야 하며, 근무교대시간과 식사시간, 그리고 포장 중이거나 창고에 갈 경우에 인접 매장 종업원이 대신 판매를 담당할 수 있도록 한다.

3.4 동선계획

백화점의 동선은 기능적 측면에서 주동선과 부동선, 행태의 주체적 측면에서 고객동선과 종업원동선, 상품동선, 그리고 관리동선으로 구분할 수 있다.

1) 기능적 측면

① 주동선

고객과 종업원, 그리고 관리 동선을 가장 쉽고 빠르게 목적하는 층이나 존으로 유도하기 위한 동선이다. 주동선은 여러 층과 넓은 매장 전체에 고객을 골고루 분산 유도하는 기능을 수행해야하기 때문에, 이해하기 쉬운 단순 체계가 바람직하다.

② 부동선

고객과 종업원, 그리고 관리 동선을 목적하는 매장 구석구석까지 유도하기 위한 보조 통로이다. 주동선에서 연결되어 상품 존 어느 곳까지도 고객을 유도하며, 체류시간을 길게 유도한다.

2) 행태의 주체적 측면

① 고객동선

고객동선은 백화점 입구에서부터 쇼핑하는 전체 매장에 이르기까지 고객의 흐름이다. 백화점에서 고객을 안측과 상층부, 지하층까지 유도하는 것은 매우 중요하다. 이는 구매력을 높여 매출에 영향을 미친다. 매장 내에서 고객은 주동선에서 부동선으로, 부동선에서 주동선으로 원활한 흐름이 되어야 한다.

② 종업원동선

고객 동선은 점내 전체를 순회하는 체계에 의해서 구매 욕구를 높여야하는 반면에, 종업원동선은 가급적 짧아서 피로를 줄이고 업무의 효율을 높일 수 있어야 한다.

③ 상품동선

상품동선은 창고에 입고되면서 매장 판매 코너에 배치·전시되는 과정까지의 흐름, 그리고 시즌이 바뀌면서 판매되지 않은 상품을 교체하는 과정에서 상품의 흐름이다. 상품동선은 종업원과 함께 움직이는 특성을 갖고 있으며, 시간의 단축과 작업효율을 높이기 위해서 짧을수록 좋다.

상품동선은 특별한 경우 외에는 고객동선과 겹치지 않도록 매장 개장시간 이전에 상품흐름을 완료해야 한다. 이는 전시되지 않은 제품이 고객시선에 노출되는 것은 자칫 품질이 평가 절하될 수 있기 때문이다.

3) 수직 동선

백화점의 수직동선은 계단과 엘리베이터, 그리고 에스컬레이터를 이용하여 이동하는데, 이용하는 목적과 설치하는 목적 면에서 각 시설은 차이가 있다.

① 계단

계단은 엘리베이터나 에스컬레이터와 같은 기계적 승강설비의 보조용과 비상용으로 계획하는 것이 일반적이다. 계단의 치수는 법규로 정하고 있다. 계단의 폭은 1m이상, 단 높이는 18㎝ 이하, 단 너비는 26㎝이상이다. 층고 3m이내마다 너비 1.2m 이상의 계단참을 설치하도록 규정하고 있다.

② 엘리베이터(Elevator)

엘리베이터는 고객 수송의 약20~25%를 담당하며, 단속적(斷續的)으로 서비스를 한다. 백화점 매장 이용자 가운데 목적지가 뚜렷한 사람들이 이용하는 수직동선이다. 에스컬레이터에 비해 기계설비를 위한 소요공간이 작고, 설치비용도 저가(低價)이므로 경제적이다.

엘리베이터의 위치는 출입구와 이격(離隔)하여 배치한다. 이는 고객으로 하여금 매장으로 시각이 열린 에스컬레이터 이용률을 높여서, 구매 욕구를 자극하기 위함이다.

③ 에스컬레이터(Escalator)

고객 수송의 약75~80%를 담당하는 에스컬레이터는 고객이 매장을 여러 각도로 보면서 오르내릴 수 있으며, 기다리게 하지 않는 연속적 서비스를 제공한다. 다만 엘리베이터에 비해 소요공간이 많이 필요하고, 설치비용도 고가(高價)이다. 하지만, 수직 동선의 핵심적 역할을 수행하여 매출에 미치는 영향이 큰 것도 사실이다.

에스컬레이터는 고객을 매장 구석구석 보내서 전체 매장을 활성화하고, 매장 내의 고객들은 막힘이 없이 원활한 흐름이 될 수 있도록 배치해야 한다. 따라서 만일 에스컬레이터 한 대로 수송을 충족할 수 있다면, 중앙에 배치하는 것이 가장 적절한 계획이다.

4) 동선의 군집특성

백화점에 쇼핑을 오는 고객은 혼자 오는 경우도 있으나, 대부분은 누군가와 함께 오며, 이들의 흐름은 군집(群集)해서 움직이는 특성이 있다. 한산한 경우는 다른 사람들의 움직임에 영향을 받지 않고 고객 자신의 의지에 의해 보행한다. 하지만, 복잡한 경우 다른 고객들의 움직임에 따라 속도를 맞추거나 방향을 바꾸기도 하여서 자신도 군집된 움직임에 포함된다. 더구나 군집된 동선 안에 있는 고객이 목적매장에 도달하면 보행속도를 줄이기 때문에 군집의 평균속도도 떨어진다. 따라서 백화점과 같이 이용객 수가 많은 공간의 통로는 충분한 폭을 확보해야 한다.

표 3-7. 매장 통로조건과 통로 폭

고객			종업원	
혼잡정도	통로 조건	통로 폭	통로조건	통로 폭
한산	1인 통과	750	1인 통과	500~700
복잡	2인 통과	1,300~1,500	2인이 겨우 다닐 수 있는 정도	500~700
	3인 통과	1,950~2,250	보통	700
	4인 통과	2,600~3,000	한사람이 밑의 서랍을 사용하는 경우	800
			상자를 취급하는 경우	900

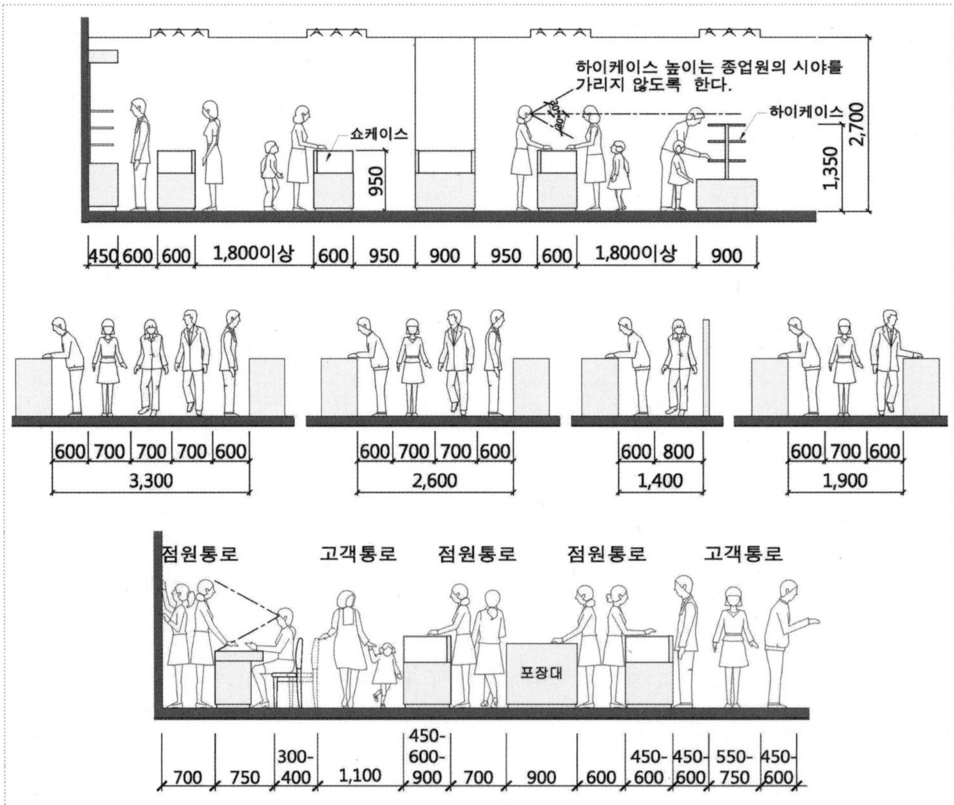

그림 3-18. 매장의 통로 폭

3.5 매장 배치유형

백화점의 매장배치유형은 직각배치, 사행배치, 자유곡선배치가 있다. 매장배치 유형은 고객동선의 유도와 속도, 매장 및 매대 배치계획, 공간효율, 시설비용, 그리고 전체 백화점 실내 환경이미지 형성에 영향을 준다.

1) 직각배치

일반적으로 많이 적용하는 배치방법으로 매장면적을 최대로 이용할 수 있으며, 다른 배치에 비해 단순하므로 매장조성 비용도 적게 소요된다. 하지만 매장이 단조롭고, 고객의 통행량에 따라 통로 폭을 조절하기 어려운 단점이 있다.

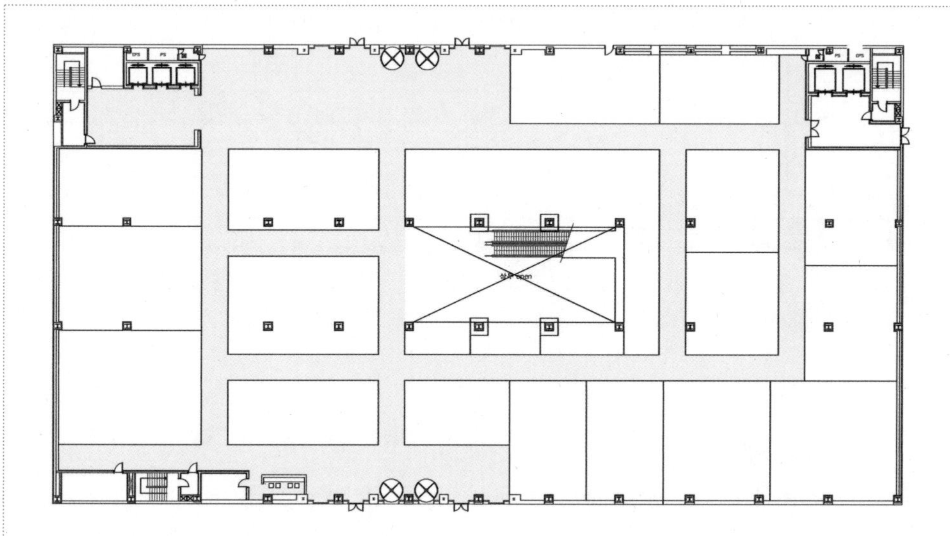

그림 3-19. 직각배치

2) 사행배치

직각배치 된 주 통로 외에 부 통로를 사선으로 배치하는 형식이다. 직각

배치 유형의 고객 목적동선이 긴 단점을 보완하고, 매장 구석까지 유도하는 장점이 있다. 하지만, 고객의 공간 감각이 떨어져 방향을 잃을 수 있으며, 전반적으로 혼란스러운 분위기가 조성될 수 있다.

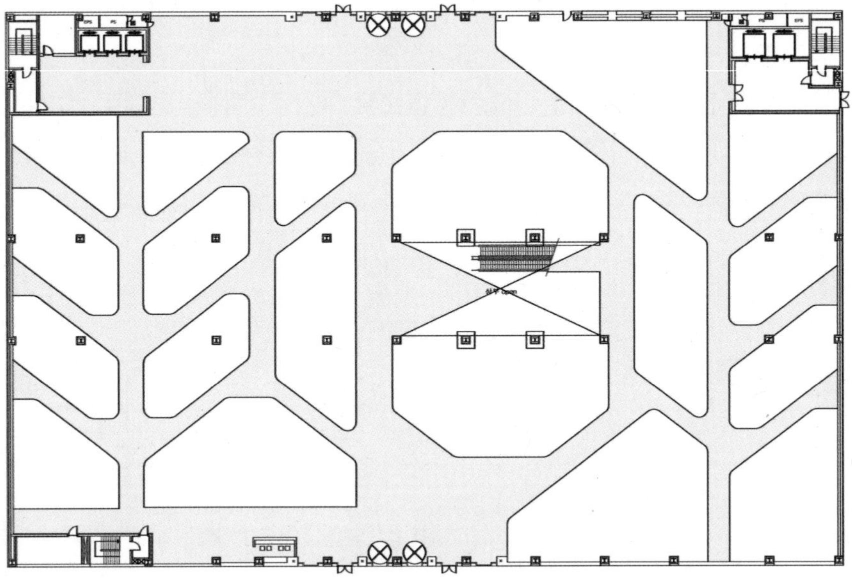

그림 3-20. 사행배치

3) 자유곡선 배치

상품의 레벨이 높은 매장에서 고객의 수준과 통행량에 따라 부드러운 자유 곡선으로 배치한 형식이다. 매장의 획일성을 탈피하고 화려한 공간분위기를 창출하여 판매상품의 가치를 높일 수 있다. 그러나 판매대의 형태가 곡선이면서 같은 것이 없으므로 제작기간이 많이 소요되고, 천장과 바닥의 형태, 조명, 각종 설비도 매대를 감안하여 디자인되어야하기 때문에 전체적인 시설비 역시 많이 드는 단점이 있다.

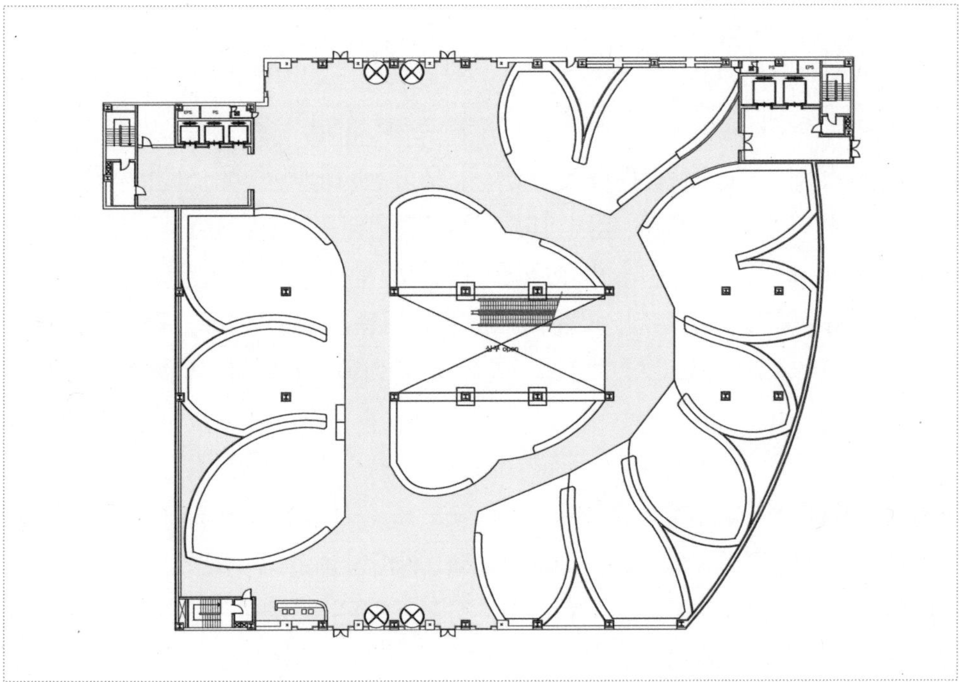

그림 3-21. 자유곡선 배치

3.7 색채 및 조명계획

1) 색채계획

백화점 벽체 대부분은 디스플레이를 하는 행거나 선반으로 사용하기 때문에, 벽은 각 매장마다의 다양한 상품과 이들의 배경색채에 의해 결정된다. 물론 상점마다 브랜드 아이덴티티 컬러를 강조하기 위해서 계획한 다양한 벽체 컬러가 다채롭기도 하다. 따라서 70~80%의 채색면적을 차지하는 각 층의 주조색은 고객의 시각에 가장 많이 노출되는 천장과 기둥 색채에 의해서 결정된다. 그러나 상품이 돋보여야 하므로 천장과 기둥 색채가 눈에 띄어야할 필요는 없다. 특히 안정된 공간분위기를 연출해야하기 때문에 고명도·저채도의 무채색계열 배색이 일반적이다.

다음으로 영향을 미치는 색채는 바닥재료 색채이다. 주 동선과 보조 동선상의 재료색채, 그리고 판매대에 가려져 있기는 하지만 각 상점의 바닥 재료가 보조색의 색채환경을 형성한다. 강조색은 넓은 매장에서 각 상점의 브랜드 컬러에 의해 형성된다. 백화점은 공간이 워낙 넓고, 고객의 동선과 시각의 흐름도 여러 방향이다. 때문에 고객이 보는 시각에 따라 각 상점 브랜드 컬러는 악센트 색으로서 초점의 역할과 활기를 더해주는 역할을 한다.

2) 조명계획

백화점의 조명은 판매대의 배치유형과 판매상품의 종류, 그리고 마케팅 전략에 따라서 조명계획을 수립한다. 직접조명은 효율이 높으나 눈부심과 음영이 생겨서 불쾌감을 줄 수 있다. 간접조명은 효율이 떨어지지만 눈부심과 음영이 생기지 않는다. 특별히 강조하고자 하는 상품의 조명은 집광성이 좋은 국부조명을 사용한다. 국부조명은 전반조명과 3~5배의 조도차가 적당하다. 광원은 연색성이 우수해야 한다.

1층 매장은 옥외에서 들어온 고객이 암순응(暗順應)을 해야 하므로, 다른 층에 비해 밝은 1,000lux 이상의 조도로 계획하는 것이 바람직하다. 전반조명을 광천장이나 건축화 조명으로 계획하면, 전체 점내의 균제도를 높일 수 있다. 2층 이상의 층에서는 고객이 이미 암순응을 한 상태이고, 천장높이도 낮으므로 1층 조도보다 다소 낮추어 계획하여도 무관하다. 마케팅 전략에 따라서 전반조명과 국부조명, 그리고 배광방법과 광원을 계획한다. 하지만, 지하층은 장소가 갖는 어두운 이미지로부터 벗어나도록 1층 정도의 밝은 조도와 분위기로 계획하는 것이 바람직하다.

사진 3-7. 북 카페의 사례

제4장. 레스토랑

4.1 개요

레스토랑(Restaurant)의 어원은 1765년 파리에서 처음으로 팔기 시작한 스태미나 수프에서 시작되었다. 이것은 양(羊)의 발을 화이트소스로 끓인 스프로, 당시 스태미나 식품으로 유행하였는데, '체력을 회복시킨다.'는 뜻의 레스토레(Restaurer)라는 단어에서 유래된 것이다.

이 스프를 판매하는 상점이라는 뜻'으로 '레스토랑'이라고 하게 되어, 오늘날은 모든 식사와 음료, 빙과 등을 판매, 영업하는 넓은 의미의 상업공간을 지칭한다.

레스토랑의 실내디자인은 고객으로 하여금 평소 가정에서 벗어나 특별한 음식과 분위기를 제공하고, 종업원은 효율적으로 업무와 서비스를 수행하며, 사업주는 최대의 영업이익을 창출하도록 환경을 디자인하는 종합적인 계획이다. 최근 고객들은 생활수준의 향상과 욕구의 개성화, 다양화에 따라 새로운 라이프스타일을 추구하고 있으므로, 실내공간도 역시 고객의 성향과 시대적 흐름을 반영해야 한다.

사실 레스토랑을 개업해서 고객서비스를 시작한 후에는, 실내디자인에 문제가 있다고 해도 전면적으로 보수하여 보완하기는 어렵다. 만일 영업을 하면서 보수공사를 하게 되면, 실내가 오염되어 비위생적인 인상을 줄 수 있다. 그렇다고 보수공사를 위해서 휴업을 한다면, 모르고 내방한 고객이 헛걸음을 해서 좋지 않은 인상을 주게 되고, 공사기간 동안 영업하지 못한 매출손실도 발생하게 된다. 뿐만 아니라, 보수공사에 투입된 경제적 손실도 발생하기 때문에 기획단계에서 밀도 높은 계획이 필요하다.

4.2 기획단계에서 체크 포인트

1) 고객입장에서 디자인 전개

레스토랑의 실내 디자인은 사업가 입장이 아닌, 이 업소가 타깃(Target)으로 하는 고객 입장에서 전개한다. 사업주는 자칫 고객 서비스보다는 매출상승에 초점을 맞추어 운영 방향을 결정한다. 즉, 기획단계에서 경영자가 최대 수익을 창출하기 위해 전력을 다하다보면 매출을 올리는 소비자에게 소홀할 수 있다. 따라서 디자이너는 먼저 고객 입장에서 '각 좌석들이 앉고 싶은 편안한 자리인지', '실내환경이 지불한 음식 값의 가치가 있는지'를 고려하여 디자인방향을 설정한다. 그 결과로 고객의 재방문횟수가 늘어나면 매출과 영업수익이 오르고, 사업주의 금전적측면의 경영목표도 달성할 수 있다.

2) 주 고객의 수준을 고려한 실내환경 레벨

제공하는 음식과 그 가격뿐만 아니라, 타깃으로 하는 고객수준을 고려하여 실내환경 레벨을 설정한다. 레스토랑 입구를 통해 영업장에 들어온 고객은 이미 상품의 가격과 종류, 그리고 서비스 정도를 예상하고 입장한다. 그러므로 수준이 높은 실내디자인만이 반드시 좋은 공간이라고 할 수는 없으며, 판매상품과 구매하는 고객 수준에 적합한 디자인이어야 한다. 대중적인 가격의 음식을 취급하는 레스토랑이라면, 화려한 실내디자인이 오히려 고객의 방문을 망설이게 할 수 있다.

3) 독창적 공간의 연출

상업공간 인테리어 디자인에서 중요한 것은 독창성이다. 물론 관련 동종 또는 유사업종의 최근 디자인 경향을 벤치마킹(Bench marking)할 수도 있지만, 업장의 크기나 형태, 판매상품, 고객의 성향, 경영방침, 시대적 유행을 보는 시각 등에서 서로 차이가 있기 마련이다. 따라서 기획단계에서 세운 경영방침과 마케팅 전략을 반영하되, 차별화된 창조적인 공간연출이 필요하다.

4) 토탈 코디네이트(Total Coordinate)

실내디자인은 포괄적 토탈 코디네이트를 통한 결과이다. 간판을 비롯하여 쇼윈도, 출입구 등의 파사드(Facade) 디자인과 업장의 실내디자인은 물론, 종업원의 복장, 식기류, 린넨, 소품, 그리고 장식품에 이르기까지 디자인 컨셉에 따라 일관되게 계획한다. 즉, 실내디자인은 공간을 구성하는 바닥, 벽, 천장과 가구뿐만 아니라, 눈에 보이는 모든 요소들을 포함하여 완성되는 것이다. 고객 역시 부분이 아닌, 매장 안의 모든 시각 이미지를 통해서 쾌적감이나 불쾌감을 판단하기 때문이다.

5) 종업원의 능률적인 환경

종업원이 쾌적한 환경에서 능률적으로 작업할 수 있어야 한다. 종업원 동선을 절감하는 계획이나, 주방에서 작업순서에 따라 작업대를 배치하는 것은 능률을 향상시킨다. 또한, 종업원의 수고를 격려하고, 휴식을 배려하는 편의시설은 근무 환경에 대한 심리적 쾌적감과 자긍심을 불러일으킬 수 있다. 종업원의 능률적인 작업환경 조성은 결국 인건비를 절약할 수 있어서, 수익을 높이는 효과를 얻을 수 있다.

6) 전기 및 급·배수설비의 확인

입점할 건물의 제 설비를 확인한다. 기존건물이 개점할 업장에 분배할 수 있는 전기용량을 체크한다. 레스토랑은 냉·난방기를 비롯하여 냉장·냉동고, 냉·난방기 등을 비롯하여 전력소모가 많은 장비를 갖추어야하기 때문에, 전기용량이 부족하다면 증설의 가능여부, 증설에 소요되는 비용, 그리고 관련 대관업무에 대비해야한다.

또한 업장으로 인입된 급·배수관이 있다면, 위치와 크기를 확인하고, 사용 가능여부를 판단한다. 만일 없거나 용량이 부족하다면, 인입에 어려움이 없는지, 이로 인해 비용이 얼마나 발생되는지 검토한다. 이외에도 '기존 건물

화장실을 사용할 것인지', '아니면 업장에 신설할 것인지', '냉방기 실외기는 어디에 설치할 것인지'등을 꼼꼼히 확인한다.

7) 관련법규의 검토

창업 시 요구되는 시설기준 관련 법규는 무엇이 있으며, 이들 기준에 적합 여부를 확인한다. 설계에 앞서 기존 시설물의 용도를 확인하고, '업장 개점에 문제가 없는 시설물인지', '만일 적합하지 않다면 용도변경이 가능한지'를 확인한다. 이외에도 건축 관계법, 소방 관계법, 식품위생 관계법 등에서 '요구하는 시설물 기준은 무엇이 있는지' 확인하여 검토한다. 아울러 '비상시 고객의 안전을 확보할 수 있는지'도 검토한다.

4.3 레스토랑의 종류

1) 요리에 의한 분류

① 한식당(韓食堂)

우리나라 고유의 음식이나 대중적인 식사인 설렁탕, 갈비탕, 두부, 찌개류 등을 메뉴로 하는 곳, 전통음식을 코스로 서비스하는 한정식, 불고기, 갈비, 냉면 등을 전문적으로 취급하는 곳 등을 총칭하여 한식당이라고 한다.

한식당 디자인은 전통 우리음식을 취급하는 곳이므로, 한국 고유의 멋을 현대 디자인 언어로 재창조하는 것이 바람직하다. 물론 한국전통 대표이미지인 기와, 초가, 서까래, 마루, 창호 등의 형태와 재료를 그대로 표현해서 한국성을 표현할 수도 있다. 하지만, 내·외부 전체에 대한 복원 수준까지 접근하려면 비용이 많이 들고, 이에 못 미치면 유치할 수 있기 때문이다. 아울러, 현대 조형언어로 재창조함에 있어서, 전통 공간체계, 건축조형미, 전통색채 등에 내재된 조형언어에 이르기까지 한국전통성을 표현할 수 있도록 다각적인 연구가 필요하다.

한식당의 면적배분은 영업방침, 매장면적, 메뉴, 객 단가, 고객의 회전율, 서비스 방식, 조리방식, 종업원의 수 등에 따라 차이가 있기는 하지만, 일반적으로 객석 홀의 면적을 60%, 주방을 30%, 기타 면적을 10%로 배분한다. 한식당에서 취급 메뉴 가운데는 고객테이블에서 직접 굽거나 끓이는 음식들이 많은데, 이 식당들은 급·배기 설비계획을 중요하게 계획해야 한다.

사진 3-8. 한국적이미지에 대한 현대 조형언어로 재해석한 레스토랑(청와대 사랑채 차림 / 이공디자인 연구소 김욱선, 최혁준)

② 중식당

한국 사회에 본격적인 외식업이 발전하기 시작하면서 유행한 것이 한국식 중국요리점이다. 초기에는 이곳에서 짜장면, 짬뽕, 우동, 탕수육, 군만두 등을 주 메뉴로 하는 소규모 대중 레스토랑이었다. 최근에는 중국 각 지방의 특색 있는 요리를 취급하는 대규모 레스토랑, 다양한 중식요리를 코스로 제공하는 레스토랑 등도 많이 볼 수 있다.

중국음식을 취급하는 곳이므로 실내디자인도 원색의 중국 고유문양이나 오리엔탈 문화를 느낄 수 있도록 현대 디자인 언어로 재창조하는 것이 바람직하다. 때로는 중국 고유전통문양, 색채, 재료 등을 사실적으로 표현할 수도 있지만, 현대인들의 식사문화나 실내전체 분위기와의 조화를 고려한다.

코스요리를 테이블 서비스하는 중식당은 사업주의 운영방침에 따라 다르겠지만, 일반적으로 일반 좌석 존과 연회석 존을 구분한다. 그리고 새로운 음식을 서비스할 때마다 접시를 바꾸어야 하므로 각 좌석 존과 가까운 거리에 서비스 스테이션(Service station)을 두며, 연회석 존에는 개실마다 둔다.

③ 일식당

4개의 섬으로 이루어진 일본은 지리적 특성으로 인해 육류보다는 생선재료 음식이 많다. 특히 어패류를 날로 먹는 회(사시미) 요리가 발달하였다. 사시미를 비롯하여 조림요리, 구이요리, 튀김요리, 초밥 등 다양한 일본식 식사와 요리를 취급하는 레스토랑이 일식당이다.

일식당의 실내디자인은 전통일본식 건축 및 실내디자인 양식(樣式)으로 조성할 수도 있지만, 도시에 있는 현대식 라이프스타일 속에서 음식을 즐긴다는 점에서 볼 때, 전통일본풍의 이미지를 현대조형언어로 새롭게 창조하는 것이 바람직한 것으로 보인다. 전통 일본식을 나타내는 대표적인 디자인 요소는 나나비, 격자형 모듈, 선(線)이 강조된 나무재료, 일본풍의 장식 등이 있다. 일본요리가 맛뿐만 아니라, 색깔이나 모양을 중시하는 것처럼, 실내환경 역시 디자인에 앞서 충분한 연구와 검토가 있어야 한다.

일식당의 공간조닝은 크게 주방 존, 카운터 존, 테이블 존으로 구분할 수 있는데, 테이블 존은 다시 의자 객석, 바닥차를 둔 객석, 다다미 객실 등 점포의 규모와 영업방향에 의해 달라질 수 있다.

사진 3-9. 중국 전통이미지가 잘 나타난 홍등

④ 양식당

미국이나 영국, 프랑스, 이탈리아, 멕시코 등의 음식을 전문적으로 취급하는 서구풍의 레스토랑이다. 각 음식들은 지역적 특성에 따라 조리방식은 물론, 서비스 방식, 식사예의와 격식 등에 상당한 차이가 있으므로, 공간계획과 디자인 방향설정에 대비하여 철저한 연구와 준비가 필요하다.

음식의 차이가 있는 것처럼 실내디자인 방향도 취급하는 메뉴에 따라 각

나라별 이미지로 디자인을 전개한다. 디자인 스타일은 영업전략, 메뉴, 타깃 고객, 입점 위치, 환경조성 소요예산 등에 따라 달라질 수 있다. 디자인 스타일은 네오클래식, 클래식, 세미클래식, 모던, 포스트모던, 팝 스타일 등 다양한 측면에서 접근할 수 있다.

⑤ 뷔페 레스토랑(Buffet restaurant)

후드 테이블(Food table)에 차려진 다양한 음식 가운데, 고객이 원하는 것을 직접 그릇에 담아 지정된 테이블에서 먹는 레스토랑이다. 뷔페 레스토랑은 식사 장소이면서, 비즈니스, 회의, 세미나, 공연, 강의, 축하연 등 개인 및 집단, 그리고 가정의 다양한 행사를 하는 사회 문화적 역할도 한다.

뷔페 레스토랑의 조닝은 테이블 존과 후드테이블 존, 주방 존, 그리고 서비스 존으로 구분할 수 있으며, 행사에 따라 스테이지와 즉석 요리서비스를 위한 존을 구분하기도 한다. 한식, 일식, 중식, 양식, 후식, 음료 등 요리별, 찬 음식과 더운 음식, 원형 보존을 요하는 것과 즉석 요리, 서비스 요리 등을 구분하여 후드 테이블을 배치한다. 아울러 음식 및 요리별 후드테이블의 간격은 한꺼번에 고객동선이 집중되어 정체되거나 복잡하지 않도록 여유롭게 배치한다.

⑥ 패스트푸드 레스토랑(Fast food restaurant)

미리 준비된 음식을 빠른 시간에 고객이 먹을 수 있도록 셀프서비스 하는 레스토랑이다. 햄버거, 샌드위치, 프라이드치킨, 피자 등의 메뉴가 대표적이다. 셀프서비스 카운터에서는 메뉴의 선택, 주문과 계산, 그리고 배식이 모두 이루어지므로 카운터의 크기는 물론, 카운터 앞 공간도 충분히 확보한다.

패스트푸드 레스토랑은 고객이 음식을 빨리 섭취하고, 일반적으로 박리다매의 영업 전략을 취한다. 따라서 테이블 수의 확보나, 객석의 회전율을 높이는 가구 배치와 선택도 신중을 기해야 한다. 파사드(Facade)는 판매하는 음식에 대한 정보를 외부에서 알 수 있도록 한다. 즉, 도로 측 유리창을 통해 메뉴와 가격 정도에 대한 정보를 제공함으로서, 고객이 점내로 들어올 것인지를 판단할 수 있도록 한다.

⑦ 카페(Cafe), 바(Bar)

프랑스어로 커피(Coffee)를 '카페'라 하는데, 이것이 '커피를 파는 집'이라는 뜻으로 변한 것이다. 우리나라에 들어오면서 초기에는 서양풍의 고급스런 커피숍이나, 바 형태의 술집을 카페라 불렀으나, 그 후에는 주류와 사교를 판매하는 저질(低質)로 변모하기도 했었다. 지금은 차(茶)와 술을 파는 곳을 카페 또는 바라고 한다. 취급하는 차, 술, 음악, 음식, 테마 등에 따라 와인바, 비어홀, 전통찻집, 민속주점, 재즈 바 등 다양하다. 최근에는 오락적 측면과 함께 북 카페나, 갤러리를 겸하는 카페와 같이 현대문화공간의 역할까지 기능이 확대되고 있다. 이에 따라 실내디자인의 방향도 취급하는 식음의 종류나 테마, 고객의 유형, 객 단가, 영업방침 등에 따라 구분되어야 한다.

특히, 카페나 바에서 고객이 계산하는 비용은 서비스 받는 식음료의 원가(原價) 비중보다는, 휴식과 만남을 제공하는 공간사용료 비중이, 앞에서 소개했던 레스토랑들보다 훨씬 높다. 즉, 고객이 카페나 바를 선택하는 기준 가운데, 실내의 분위기와 테마가 결정적인 요소로 작용한다고 할 수 있다. 그러므로 기획 단계부터 실내환경을 통하여 서비스를 제공한다는 점에 역점을 두고 계획을 전개한다.

사진 3-10. 카페 Lime(Cafe Lime; Designer Park, HyoChul)

2) 서비스방법에 의한 분류

종업원이 고객에게 서비스를 제공하는 방법에 의해서, 다음과 같이 구분할 수 있다.

① 셀프서비스 레스토랑(Self service restaurant)

고객이 직접 배선 해치(Hatch)에서 음식을 받아 좌석에 와서 식사하고, 식후에도 직접 잔반처리와 식기를 반납하는 형식의 레스토랑이다. 고객 스스로 서비스하므로 고객동선은 간단명료하여, 혼란함이 없어야 한다. 음수대는 식기반납장소 근처에 배치하면, 고객의 식후동선을 짧고 명료하면서 자연스럽게 유도할 수 있다.

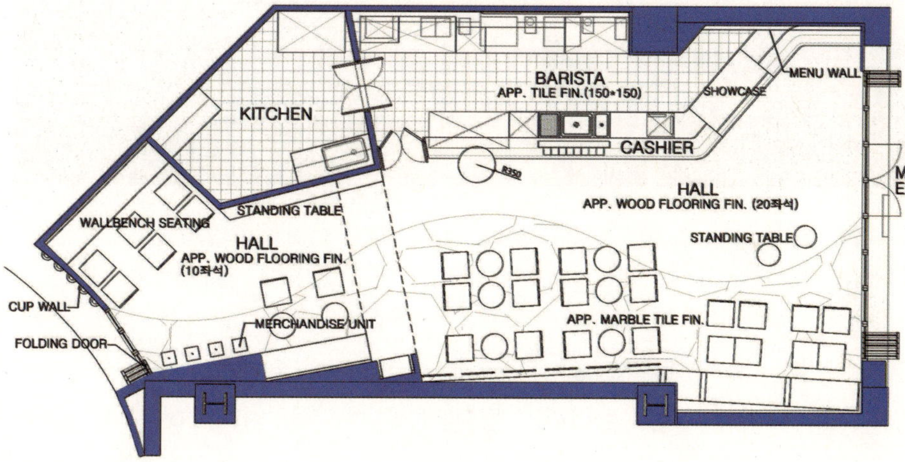

그림 3-22. 셀프서비스 레스토랑 (Segafredo; 설계, 시공 (주)디자인 담)

사진 3-11. 셀프서비스 레스토랑 (Segafredo; 설계, 시공 (주)디자인 담)

② 카운터서비스 레스토랑(Counter service restaurant)

카운터를 사이에 두고 조리사가 고객에게 음식을 서비스하는 형식의 레스토랑이다. 보통 고객이 일시에 몰려드는 혼잡한 음식점에서 간편한 메뉴로 신속하게 서비스하는 유형이다. 스낵 바, 런치 룸, 카페테리아 등에서 많이 볼 수 있으며, 공간이 넓지 않아도 가능한 서비스시스템이므로 공간 이용률이 높다.

카운터 디자인은 작업자의 능률과 고객이 편안한 자세로 음식을 서비스 받을 수 있는 치수계획이 필요하며, 무엇보다도 종업원과 고객의 시선 레벨 차이가 나지 않도록 하는 계획이 필요하다. 일식당의 스시나 덴부라, 오뎅과 같은 소규모 일품요리점에서도 적용하는 서비스타입이다. 공간이 협소할 경우 아래층은 카운터 서비스 존으로 하고, 위층은 테이블이나 룸서비스 존으로 구획하면, 공간과 서비스 효율을 높일 수 있다.

사진 3-12. 카운터 서비스 레스토랑(Cafe Lime; Designer Park, HyoChul)

③ 테이블서비스 레스토랑(Table service restaurant)

종업원이 배선실에서 고객테이블까지 음식을 운반, 서비스하는 형식으로,

대부분의 레스토랑 운영시스템이다. 앞의 셀프서비스나 카운터서비스 형식보다는 시간적 여유를 갖고, 격식이 있는 음식을 서비스하는 레스토랑에서 채택한다.

종업원에 의해 모든 서비스가 이루어지므로 배선실로부터 고객테이블은 가급적 가깝게 배치한다. 종업원 동선이 짧아야 능률적인 작업 및 서비스 동선이 되고, 주방에서 조리된 최상의 음식을 고객에게 바로 서비스할 수 있기 때문이다. 만약, 배선실을 한쪽으로 치우쳐 배치해야만 될 경우는 고객테이블 존 중앙에 서비스 스테이션(Service station)을 두어서, 고객에게 서비스 조미료, 린넨류, 음료 등에 대한 신속한 서비스를 제공하고, 종업원 동선을 짧게 해야 한다.

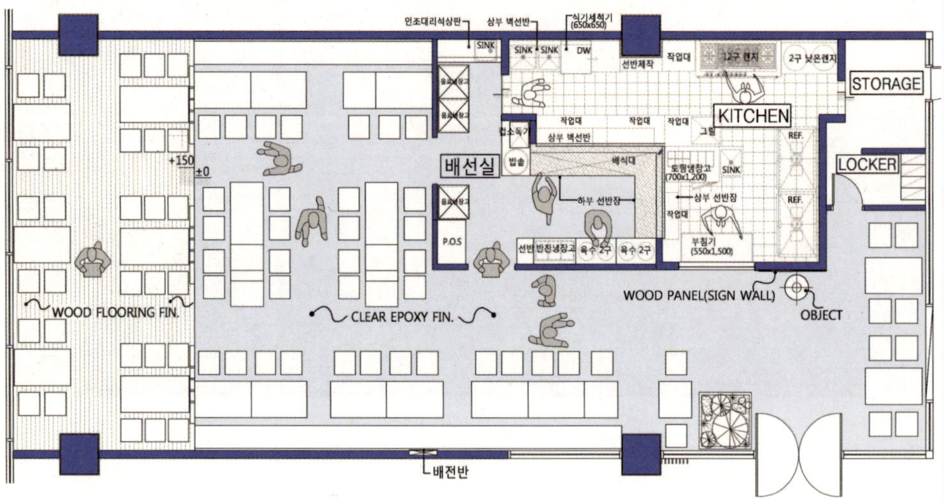

그림 3-23. 테이블 서비스 레스토랑 평면 (더 전, 설계; Han, Hyesun, 시공;(주)디자인 담)

사진 3-13. 테이블 서비스 레스토랑의 예

④ 룸서비스 레스토랑(Room service restaurant)

조리된 음식을 종업원이 각 객실까지 운반 서비스하는 형식이다. 각 객실마다 독립된 공간에서 식사와 더불어 상담과 회합, 그리고 유흥을 더해주는 고급 레스토랑에서 채택하는 형식이다. 이 유형은 각 실의 시각적·청각적 독립성을 확보하는 것이 무엇보다 중요하므로, 룸을 구획하는 벽과 천장으로 옆 객실 음(音)이 전달되지 않도록 흡음재와 차음재로 마감한다. 확실한 차음을 위해서는 보이지는 않지만, 천장과 슬래브사이도 벽으로 차단한다.

각 실의 입구에 전실을 두면, 입실·퇴실 시 어수선한 혼잡을 피할 수 있고 독립성도 한층 강화할 수 있다. 전실에는 서비스 스테이션을 둘 수 있어서 신속한 서비스와 종업원 동선도 줄일 수 있다.

4.4 레스토랑의 공간구성

레스토랑의 공간구성은 크게 파사드(Facade), 영업, 조리, 관리공간 등으로 구분할 수 있다. 파사드는 쇼윈도(Show window), 출입구, 사인, 창호, 외벽, 기둥 등을 포함해 고객들에게 취급음식에 대한 정보를 제공하는 외부의 총체적 시각 구성요소이다. 영업부분은 고객이 머무르는 영업장, 계산대, 고객화장실 등으로 쾌적한 느낌을 줄 수 있어야 하는 공간이다. 조리공간은 주방을 포함하여, 배선실(pantry), 세척실, 식품 저장고 등으로서 종업원의 능률적인 작업환경을 우선하여 계획한다. 관리공간은 종업원 관련시설로서 사무실, 라커룸, 종업원 화장실 등과 업장의 전기, 냉난방, 급배기, 급배수 관련 기계실 등이다.

1) 파사드(Facade)

파사드는 개성적이고 독창적이어서 통행객의 발길을 멈추어 업장으로 유도할 수 있어야 한다. 특히, 레스토랑의 파사드는 취급하는 메뉴와 그 가격에 대한 정보도 제공할 수 있어야 한다. 즉, 고객이 파사드를 보고, '한식, 양식, 중식, 일식 등 어떤 종류의 음식을 판매 서비스하는지', '격식있는 식사의 공간인지, 간편한 식사공간인지', '음식가격 정도는 어느 정도인지'를 예상할 수 있어야 한다. 고객을 업장 내로 유도하기 위해서는 앞의 상점에서 소개한 AIDMA원칙을 상기하면서 계획을 전개한다.

2) 영업공간

① 객석

영업장은 사업성 검토단계에서 예상한 1일 피크타임 최대고객을 수용할 수 있도록 테이블과 좌석을 배치한다. 사업주의 입장은 가급적 테이블을 많이 배치해서 수용인원을 늘리고 싶어 하는 반면에, 고객은 음식의 종류와 객 단가에 따라 업장의 내부환경에 대한 기대치가 있으므로 면밀히 검토하여 좌석 수와 실내 환경방향을 검토한다.

좌석은 고객들이 앉고 싶은 좌석이 많이 배치되어야 한다. 기차나 비행기에서 승객들이 창가 좌석을 선호하는 것처럼, 레스토랑을 찾은 고객들도 업장 중앙부보다는 창가나 벽이 있는 주변부를 선호하는 착석성향이 있다. 그러므로 조닝단계부터 객석에 대한 고객의 선호도를 고려하여야 한다.

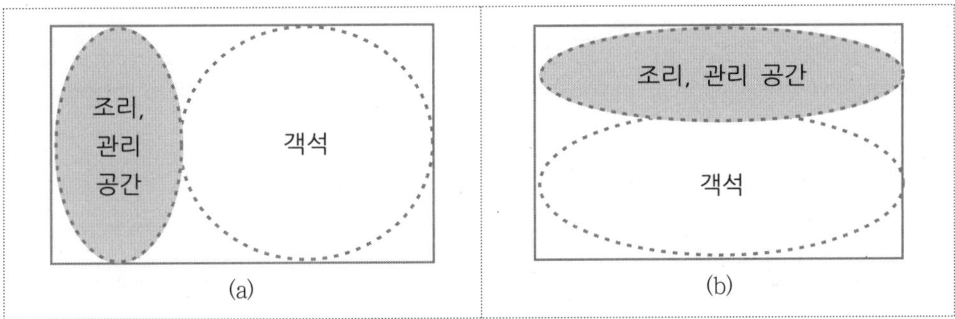

그림 3-24. 객석과 조리공간의 공간구분 유형

그림 3-24는 같은 크기의 업장 공간 조닝 방법의 예이다. 그림에서처럼 공간을 분할하는 방법이 달라지면, 공간의 형태가 차이나기 때문에 당연히 테이블의 배열도 다를 수밖에 없다. 규모에 따라 차이가 있겠지만, (a)와 같은 공간분할 유형은 업장에 테이블을 3열 또는 그 이상으로 배치해야 하기 때문에 고객들이 선호하지 않는 중앙부에 많은 테이블을 배치할 수밖에 없다. 하지만 (b)와 같은 유형은 고객들이 선호하는 외벽의 창가 벽과 내벽에 면하는 좌석을 많이 배치할 수 있다.

물론 객 단가가 낮은 박리다매형 대중음식점에서는 (a)와 같은 공간조닝 유형이 고객 수용인원을 늘릴 수 있고, 종업원의 서비스 동선도 줄일 수 있다. 그러나 객 단가가 높은 업장에서는 설령 종업원 서비스 동선이 길지라도 인접테이블 고객과의 시각적, 심리적 프라이버시를 확보할 수 있는 (b) 유형이 적절한 조닝이다.

표 3-8. 업종별 객석의 밀도(㎡/인)

업종		바, 클럽		양식 레스토랑		중식 레스토랑		일식 레스토랑		커피숍 스넥		소규모 음식점	
수준(A 〉B)		A	B	A	B	A	B	A	B	A	B	A	B
규모	≤ 150㎡	2.0	1.8	1.8	1.5	1.1	1.0	3.5	1.9	1.4	1.2	1.8	1.5
	≥ 300㎡	3.5	3.3	3.3	1.7	2.7	1.2	3.6	2.0	2.0	1.6	3.0	2.1

② 계산대

계산대는 일반적으로 계산뿐만 아니라, 고객의 안내, 업장 내의 냉난방, 조명, 음향 등을 조절하는 다 기능적이며, 중추적 공간이다. 따라서 계산대는 주출입구 근처에 가급적 전체고객의 동향을 잘 살필 수 있는 곳이 적절하다. 또한, 영업장 내의 전기와 설비계통을 종합 컨트롤할 수 있도록 관련 스위치도 집중 설치한다.

아울러 소규모 레스토랑에서는 고객의 코트, 짐, 핸드백 등을 보관하는 클라크룸(cloakroom)의 역할도 겸한다. 또한, 손님이 많아 좌석이 없을 경우나 일행을 기다리는 대기 손님까지도 계산대에서 관리해야 하므로, 계산대 주위는 혼잡하지 않도록 넉넉하게 확보한다.

③ 고객 화장실

레스토랑은 청결과 서비스를 생명으로 하기 때문에, 화장실의 유무나 그 위치는 실내환경을 평가하는 중요한 요소이다. '고객이 열쇠를 들고 업장 밖에 있는 화장실을 찾아가야 하는 경우', '테이블 좌석에서 화장실을 드나드는 다른 고객들이 보이는 경우', '줄을 서서 기다려야 하는 경우' 등은 고객들이 레스토랑을 선택하거나, 재방문에 영향을 미칠 수밖에 없다.

화장실은 업장 내부에 고객들이 사인에 따라 쉽게 찾을 수 있어야 한다. 하지만, 고객 테이블에서 화장실 출구가 보이지 않아야 한다. 그리고 남자 화장실과 여자 화장실은 분리하여 설치한다. 대 · 소변기의 설치기준은 정해져 있지 않지만, 중·대규모(200㎡~260㎡)의 경우, 여자화장실은 변기 2대와 세면기 2대, 남자화장실은 대변기 1대, 소변기 2대, 세면기 1대를 설치한다. 아울러 화장실의 위치는 급·배수 및 배기설비가 용이한지를 검토하고 계획한다.

3) 조리공간

① 주방

레스토랑에서 주방은 눈에 드러나는 공간은 아니지만, 그 기능은 레스토랑을 운영함에 있어서 가장 중요하다. 주방은 식 재료의 반입과 저장, 조리, 배선, 주방기구 및 식기류의 세척 등 고객에서 음식물을 서비스하기까지 매우 복잡하고 다양한 작업이 이루어지는 공간이다. 주방기구 및 기기는 실제 주방을 이끌어가는 요리사의 요리방법에 따라 작업을 효율적으로 수행할 수 있도록 배치한다.

주방의 규모는 레스토랑의 규모, 수준, 좌석 수, 취급메뉴, 요리사의 수, 영업방침, 고객회전율 등에 따라 상당한 차이가 있다. 보통 실의 길이와 너비는 1:1.5 비율의 직사각형 평면이 효율적 공간배치를 가능하게 한다.

주방에서 발생한 소음과 냄새가 영업장으로 들어가지 않도록 환기설비를 갖추어야 한다. 바닥과 벽은 물을 많이 사용하므로 철저한 방수와 더불어 내수 및 미끄럼 방지 재료로 마감한다. 바닥에는 음식물 찌꺼기와 같은 것이 끼어도 바로 배수되도록 적당한 기울기를 두고, 트렌치도 설치한다.

표 3-9. 주방기구 및 기기

식 품 저 장 실	검수실, 어육냉장실, 가루 및 통조림 창고, 고기 및 야채선반
냉 장 고	야채냉장실, 육류냉장실, 기타 냉장실
조리 시설	믹서, 레인지, 브로일러, 식수기, 스팀테이블, 요리대, 스프 솥, 주전자, 토스트 오븐, 보온기대, 증기찜통, 작업대
아이스크림 제조설비	아이스크림 냉동고, 냉장고, 테이블, 싱크
음료·커피·과자 시설	커피 팬, 카운터, 소다 파운틴(soda fountain), 서비스 냉장고, 스탠드, 싱크, 워플 로스트(waffle roast), 레인지
접시·식기세척 시설	싱크, 접시세척기, 식기소독기, 슬라이딩 테이블, 정리선반, 사용한 식기대, 사용하지 않은 식기대, 음식물 쓰레기통

표 3-10. 업종별 주방면적 비

업종	양식 레스토랑		중식 레스토랑		일식 레스토랑		커피숍 스넥		소규모 음식점	
수준(A>B)	A	B	A	B	A	B	A	B	A	B
주방면적 /전체면적(%)	26	22	27	25	25	23	20	12	30	20

② 배선실(Pantry service room)

배선실은 글라스류, 린넨류, 서비스 조미료, 기본적인 반찬류, 나이프, 포크, 스픈, 음료수, 주류 등을 수납하여 고객에게 즉각적으로 서비스할 수 있도록 하는 공간이다. 아울러 주방과 객석 간의 종업원 동선을 단축하는 역할을 한다. 그러므로 배선실은 중규모 이상의 레스토랑에서만 필요한 공간이 아니라, 오히려 종업원 수가 적은 소규모 레스토랑에서 서비스 동선을 단축하기 위해 필요하다.

배선실을 별도로 두고 있지 않은 중소규모의 대중적인 음식점들도 주방과 홀 경계 벽에 기구와 기기들을 일렬로 배치해서 사용하고 있는 모습을 흔히 볼 수 있다. 이런 모습은 고객에게 청결이 결여되고, 수준이 낮은 식당으로 보여 질 수 있다. 따라서 배선실은 업장의 규모와 메뉴의 종류에 따라서, 적절한 규모로 반드시 계획해야할 공간이다.

한편 홀이 넓을 경우, 홀 중간에 배선실 기능을 하는 서비스 스테이션(Service station)을 두는 것이 바람직하다. 이는 종업원 동선을 단축하고, 고객에게 즉각적인 서비스를 제공할 수 있다.

사진 3-14. 주방, 배선실과 포스(POS)를 같은 동선에 배치하여 종업원 동선 단축

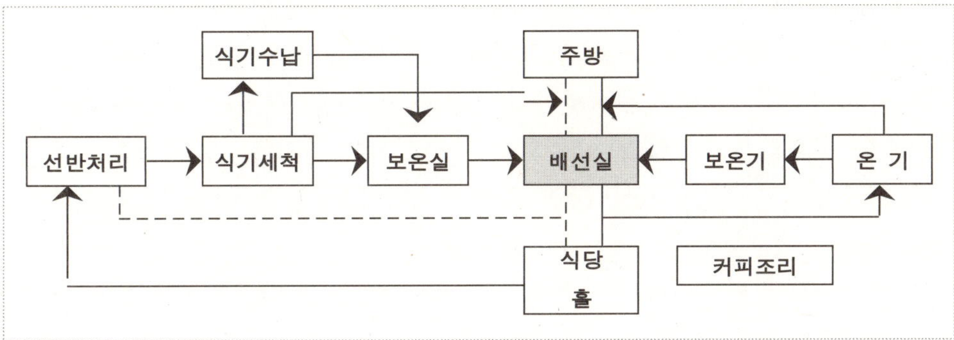

그림 3-25. 배선기능도

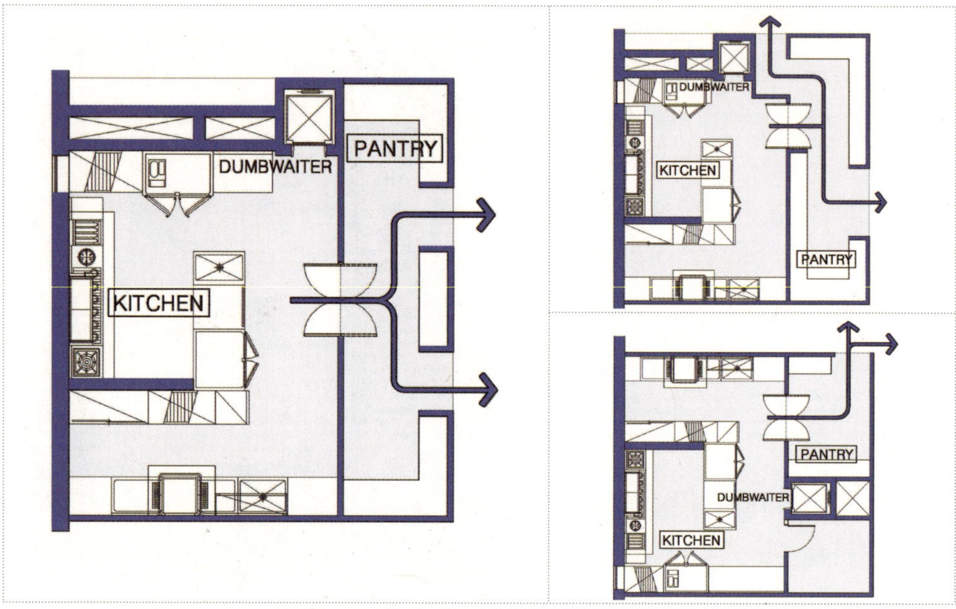

그림 3-26. 배선실의 예

4) 관리공간

레스토랑의 관리공간은 사무실을 비롯하여 라커룸, 휴게실 등의 종업원 복지시설과 각종 수납창고 등과 업장의 전기, 냉난방, 급배기, 급배수 관련 기계실 등이다. 중소규모 레스토랑이라면 관리공간의 위치와 형태는 영업과 조리공간이 우선 결정된 후, 자투리 공간이어도 큰 문제는 없다. 사무실은 업장에서 필요한 식 재료와 식 자재의 구매, 인력관리를 위한 공간이다. 라커룸, 종업원 화장실, 휴게실 등의 종업원 복지공간은 근무환경에 대한 자긍심을 주어서 업무능률을 높일 수 있다.

수납공간에는 음식재료, 집기비품, 공병, 홍보물, 여분의 테이블과 의자, 냅킨 등을 수납한다. 그 규모는 취급상품과 레스토랑 규모에 따라 차이가 있을 수 있으나, 가급적 넉넉한 공간에 수납을 고려하여 선반을 설치한다.

4.5 동선

레스토랑의 동선은 크게 고객동선, 종업원의 서비스 동선, 그리고 음식재료의 반입과 쓰레기 반출을 위한 식품동선으로 구분할 수 있다. 각각의 동선은 시작점에서부터 목적지점까지 원활하고 자연스러운 흐름이 되도록 계획한다. 빈도에 따라 주 동선과 부 동선을 구분할 수 있는데, 주 동선은 가능한 간단하고, 직선적이며, 쉽게 인지할 수 있어야한다. 부 동선은 주 동선에서 분리되어 하나의 구역에서 세분화되어 뻗어간 동선이다. 동선의 빈도와 하중에 따라 통로 폭, 가구배치, 출입구의 위치와 크기를 결정한다.

1) 고객동선

고객동선은 고객이 레스토랑에 입장하여 서비스를 제공받고, 퇴장하기까지 전 과정이다. 고객동선은 식품동선과 구분하며, 종업원의 서비스 동선과도 가급적 교차되지 않도록 계획한다.

2) 서비스 동선

서비스 동선은 종업원이 고객에게 음식을 주문받고, 주문된 음식이 조리되어 고객에게 서비스되기까지의 과정이다. 그러므로 주로 배선실과 고객테이블이나, 룸을 왕래하는 동선이다. 서비스 동선은 가급적 짧고 단순해야 작업 효율을 높일 수 있으며, 주방에서 요리된 최상의 맛도 즉각 서비스할 수 있다. 중규모 이상 업장이라면, 서비스 스테이션(Service station)을 두어서 종업원 동선을 단축하는 것이 효율을 높이는 계획이다.

주 동선의 통로 폭은 업장의 규모와 객 단가에 따라 다르지만, 최소 2인 통로(900~1,200)를 확보하여 왜건(Wagon)도 지나다닐 수 있어야 한다. 부 동선은 600~900이 필요하다.

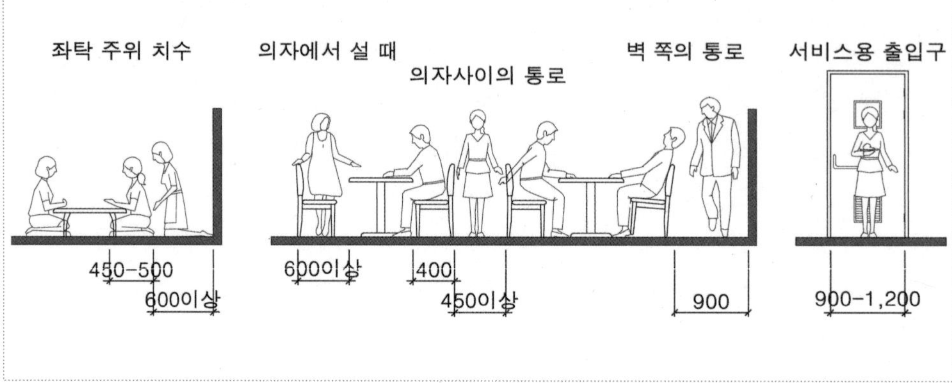

그림 3-27. 레스토랑의 동선을 위한 치수계획

3) 식품동선

재료 반입 입구와 주방, 그리고 식 재료 창고를 인접배치하면, 식품동선이 짧고, 고객동선이나 서비스 동선과 교차되는 부분을 최소화할 수 있다. 한편, 음식물 쓰레기 반출동선은 고객에게 불쾌감을 주어 식욕을 저해할 수 있으므로, 고객동선과 반드시 구분한다.

4.6 가구

가구는 '고급, 대중, 간이음식점 등 레스토랑의 레벨에 따라서', '한식, 중식, 양식, 일식 등의 요리에 따라서', 그리고 '전문요리점, 일품요리점, 패스트푸드점에 따라서' 구분하여 선정한다. 즉, '어느 계층의 고객에게', '어떤 수준의 객 단가로', '어떤 종류의 음식을 서비스할 것인지'에 따라서 가구의 크기, 안락성, 그리고 스타일을 결정한다. 가구계획의 체크 포인트는 다음과 같다.

① 안락성과 테이블 회전율

가구의 크기와 안락성은 업장 내에 배치할 수 있는 테이블의 수와 테이블 회전율에 영향을 미쳐서, 매출과 직결되는 요소로 작용한다. 대중 또는 간이음식점처럼 중저가의 음식을 취급하는 업장일 경우, 의자 크기가 작고, 안락성이 떨어지는 가구를 선정하면, 고객 회전율을 높일 수 있다. 반면에 고가의 메뉴를 취급하는 업장은 의자크기가 넉넉하고 안락해서, 고객이 여유롭게 식사를 즐길 수 있어야 한다.

② 테이블 배치

'고객이 편안히 장시간 앉을 것인지', '단시간 앉을 것인지', '테이블의 고객들 간에 시각적 프라이버시가 필요한지', '시각적으로 개방공간이 필요한지'에 따라서, 테이블 배치에 세심한 주위가 필요하다. 외부전망이 좋은 경우, 고객의 시선이 밖을 향하도록 배치하지만, 벽난로와 같이 시각적 초점요소가 있는 경우는 이를 중심으로 테이블을 배치하면, 색다른 실내공간이미지를 조성할 수 있다.

사진 3-15. 대중음식점의 테이블 & 의자 (더 전, 설계; Han, Hyesun, 시공: (주)디자인 담)

③ 가구의 이미지

테이블과 의자는 레스토랑 실내 공간 이미지에 상당한 영향을 주는 요소이므로, 디자인 스타일과 컬러, 재료, 형태 등은 레스토랑 전체가 추구하는 이미지와 부합되어야 한다.

④ 테이블과 의자의 높이

가구는 인간공학적 측면에서 안정되며, 기능적인 가구이어야 한다. 특히 의자와 테이블은 각각 다른 것이 아니라, 세트로 취급해야 한다. 테이블은 의자에 앉은 고객이 편안한 자세로 음식을 섭취할 수 있도록 테이블 상판과 좌면높이가 적절해야한다. 인체공학적 측면에서 식사, 가벼운 작업, 휴식 등의 경우, 좌위기준점 높이는 400㎜내외여야 하며, 테이블과 좌위 점의 높이 차이는 330㎜이상, 350㎜이하가 되도록 계획한다.

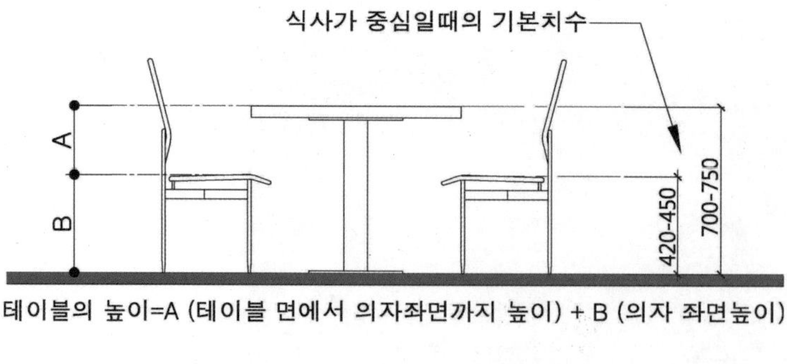

그림 3-28. 테이블과 의자의 높이

⑤ 테이블의 크기

4인용 테이블은 정사각형의 경우 850 × 850, 좀 더 격식을 갖추는 업장은 960 × 960이 필요하다. 직사각형은 1,000~1,200 × 700~800 정도가 적절하다. 2인용 테이블은 4인용의 1/2이 아닌 600~750 × 700~800, 6인용 테이블은 1,350~1,800 × 700~800 정도가 적절하다.

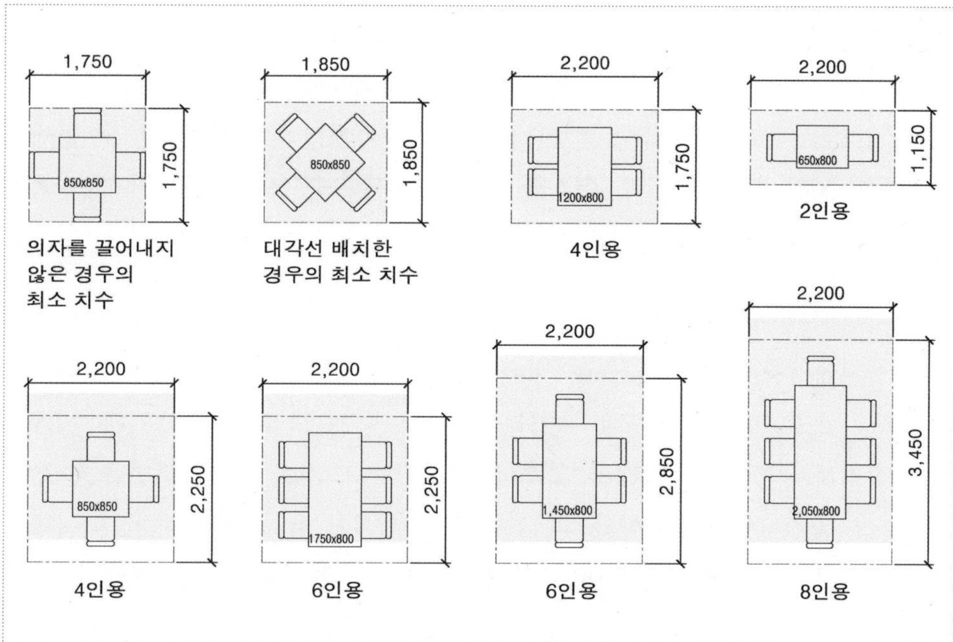

그림 3-29. 레스토랑의 테이블 치수계획

⑥ 환기 시스템

불고기, 갈비요리, 전골, 스테이크 등 테이블위에서 조리하는 레스토랑은 테이블 계획 시 열원기구를 장치하며, 조리할 때 발생하는 열, 냄새, 연기를 배출하는 환기시스템도 테이블마다 설치한다.

4.7 카운터

스낵바나 일식당은 영업 방침에 따라 업장 전체 또는 부분적으로 카운터 서비스 시스템을 채택할 수 있다. 카운터는 고객을 마주보고 기호에 맞게 조리하여 서비스할 수 있어서, 고객의 만족도를 높이고, 이 과정에서 단골고객을 확보할 수도 있다. 하지만 카운터 내측으로 개방된 작업공간은 고객시선 방향이므로 늘 청결한 상태를 유지해야 하고, 고객과도 늘 마주하고 있어서 종업원은 항상 긴장하게 되고, 피곤하다.

카운터의 조리사는 우왕좌왕하지 않고, 조리순서에 따라 작업할 수 있도록 작업대와 장비를 배치한다. 아울러 조리과정에서 발생되는 열과 냄새는 레스토랑 전체 실내 환경에 심각한 영향을 미칠 수 있으므로, 환기와 배기설비시스템도 철저하게 계획한다.

1) 고객과 종업원의 시선레벨 조정

카운터 계획에서 중요하게 고려할 사항은 고객과 종업원 시선의 레벨차이를 해결하는 것이다. 고객은 의자에 앉아서 서비스를 받고, 종업원은 서서 서비스를 하기 때문에 시선의 레벨차이가 생긴다. 즉, 카운터는 일체식이어야 하므로 바닥 레벨이 평평하다면, 선 사람과 앉은 사람의 시선레벨은 350~450㎜정도 차이난다. 시선의 레벨차이는 종업원이 고객을 내려다보기 때문에 불쾌하고, 종업원 역시 부자연스러울 수밖에 없다.

고객이 의자에 앉아 음식을 서비스 받는 테이블의 적정높이는 720전후이다. 한편, 종업원이 작업을 하는 작업대의 적정높이는 850전후이며, 그 위로 작업대를 감추면서 작업공간을 확보하려면, 높이 250전후에 서비스 테이블 상판이 설치되어야 한다. 이때도 400내외의 단 차이가 발생한다. 이 단 차이를 조절하는 기본적인 방법은 다음과 같다.

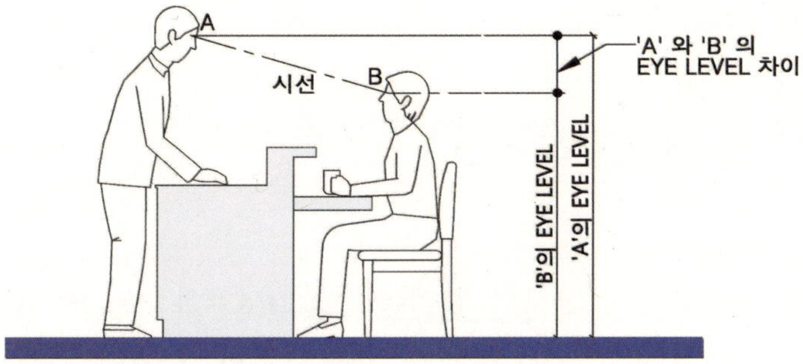

그림 3-30. 단 차이를 둔 카운터로 시선레벨 차이가 생김

① 스탠딩 카운터(Standing counter)

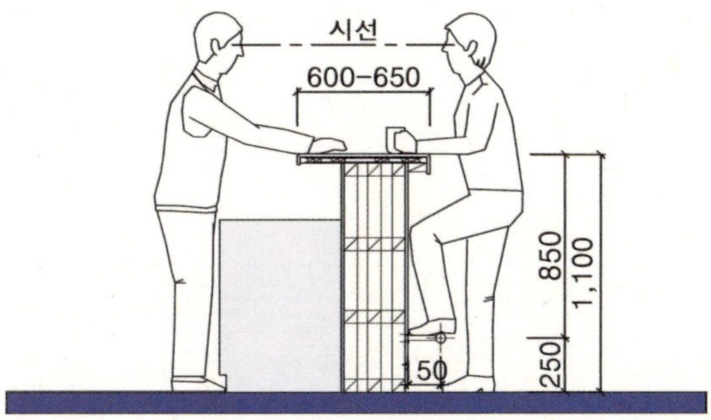

그림 3-31. 스탠딩 카운터

이 방식은 단 차이를 조절하는 것이 아니라, 고객도 앉지 않고 서서 음식을 먹고 마시기 때문에, 고객과 종업원의 시선차이가 없는 카운터시스템이다. 짧은 시간 내에 먹고 마시는 고속도로 휴게소나, 청소년을 고객으로 하

는 소규모 스낵바에서 저가(低價)의 메뉴를 취급하는 곳에서 적용한다.

편안히 서서 음식을 먹고 마시는 적정높이는 1,000~1,100이며, 이 때 발을 얹을 수 있는 발걸이를 바닥으로부터 250~300높이에 설치하면, 고객이 발을 바꾸어 얹어가며 편안히 음식을 즐길 수 있다.

② 로우 카운터(Low counter)

이 방식은 고객의 일반적인 좌면높이 400전후와 카운터 높이 720전후를 고정하고, 종업원 쪽 바닥 레벨을 조절함으로서, 시선의 레벨차이를 해결하는 가장 이상적인 유형이다. 그러나 종업원 쪽 바닥을 낮추는 것은 건축계획 단계에서부터 슬래브(Slab) 바닥을 낮추어 계획해야 한다. 이 유형은 일반적인 테이블 서비스레스토랑에서와 동일한 치수계획이므로 고객의 입장에서는 편안하고, 안정된 카운터에서 식사서비스를 받을 수 있다.

물론, 종업원 쪽 바닥은 그대로 두고, 고객 쪽 바닥을 400내외 높여서 레벨차이를 없앨 수도 있다. 카운터 서비스방식을 고려하지 못한 건축물에서 쉽게 시선레벨차이를 해결할 수 있는 유형이기는 하지만, 고객 측 바닥을 높이려면 실내공간의 높이에 여유가 있어야만 가능하다.

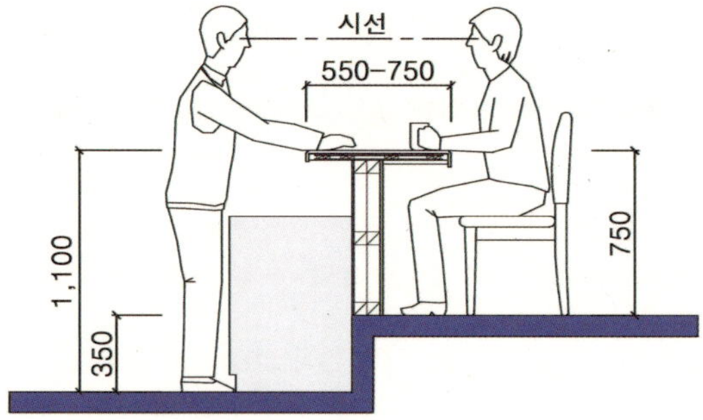

그림 3-32. 종업원측 바닥을 낮춘 경우

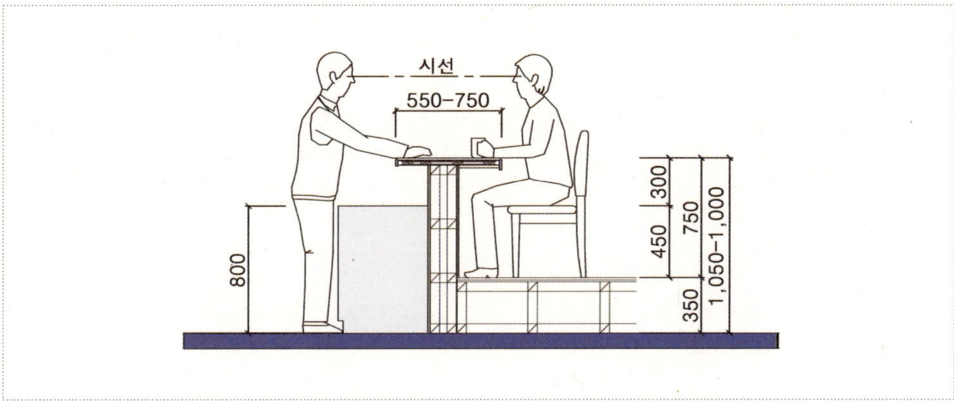

그림 3-33. 고객측 바닥을 높인 경우

③ 하이 카운터(High counter)

이 방식은 서서 작업하는 종업원의 시선 높이만큼 고객의 의자높이를 높여서 레벨차이를 해결하는 유형이다. 실내공간의 높이나 건축물 구조 조건과 관계없이 가능한 간편한 방법이어서, 중·저가의 대중적 식음료 카운터에서 많이 채택한다.

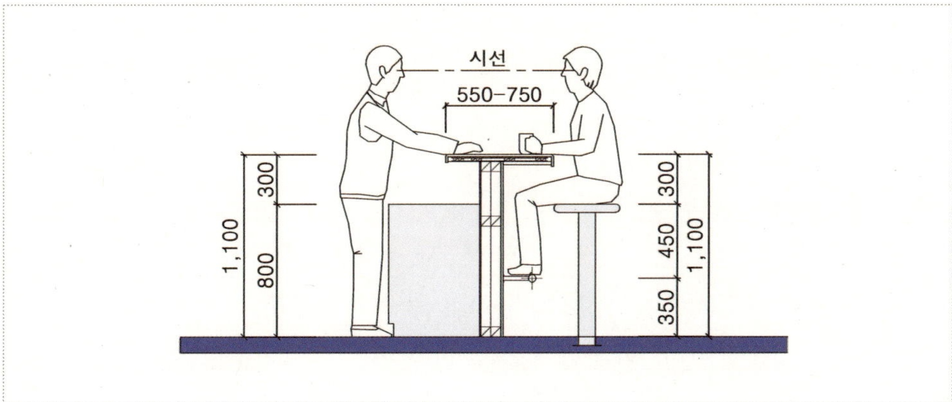

그림 3-34. 하이 카운터

의자가 높으므로 좌면에서 400정도 낮춘 위치에 발걸이를 부착하고, 카운터 상판에는 팔걸이를 계획한다. 발걸이는 의자와 일체형으로 하거나, 카운터와 일체형으로 할 수 있다. 아울러 의자는 넘어지기 않도록 하부가 안정된 구조여야 한다.

2) 카운터의 세부계획

① 카운터의 작업동선

카운터 작업대 내부는 취급메뉴에 따라 가공, 조리 작업을 능률적으로 할 수 있어야 한다. 음식 조리과정인 준비, 개수, 조리, 가열, 배선작업에 적합한 계획이 필요하다. 작업공간은 물을 사용하는 존, 열을 사용하는 존, 냉장, 냉동, 음료, 주류 등을 보관하는 존으로 구분하여 계획한다.

② 카운터의 부속기능

카운터는 고객이 편하게 식사하는 곳, 종업원이 능률적인 작업과 원활한 서비스를 제공하는 곳이다. 그리고 이 기능 외에 소규모 레스토랑에서는 계산대와 배선대 기능을 겸하여서 동선의 단축, 공간의 효율적 사용, 인건비 최소화 등을 꾀하기도 한다.

③ 백 바(Back bar)

카운터 배면의 선반 가구를 백 바(Back bar)라고 한다. 백 바는 카운터 작업동선에 따라 그때그때 필요한 식기, 잔, 주류 등을 수납하는 기능을 한다. 백 바는 카운터에 앉은 고객이나 테이블에 앉은 고객의 시야에도 가장 많이 들어오는 부분이다. 때문에 레스토랑의 시각적 초점으로서 실내이미지를 주도하는 장식적 기능도 겸한다고 볼 수 있다.

카운터와 백 바 사이가 넓으면 동선이 길어져서 작업능률이 떨어질 뿐만 아니라, 카운터에 앉은 고객 시야에 물기가 있는 지저분한 작업자 발밑이 보일 수 있으므로 주의해야 하는데, 그 간격은 1,000정도가 적당하다.

④ 카운터의 디테일(Detail)

표 3-11. 카운터 발걸이 디테일

구분	내용	그림
발걸이	• 편안함, 착지감, 안정감이 필요함 • 재료의 유지관리성이 우수해야 함	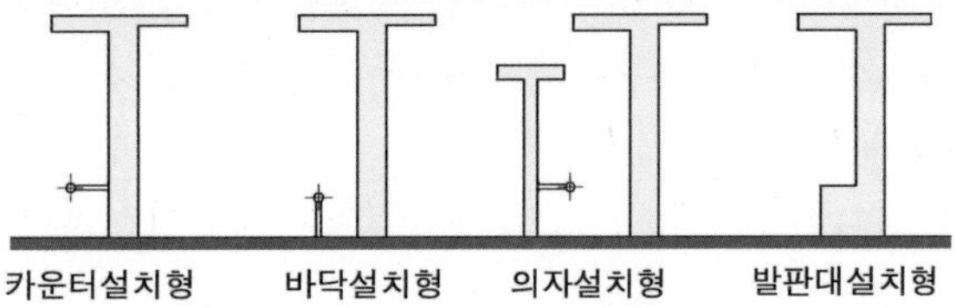

표 3-12. 카운터 팔걸이 및 팔꿈치 받침 디테일

구분	내용	그림
팔걸이 및 팔꿈치 받침	• 내수성, 내구성, 유지관리성이 우수해야 함 • 닿는 면의 느낌이 부드럽고, 따뜻해야 함 • 흘린 물이 고객 옷을 적시지 않도록 물홈을 둠	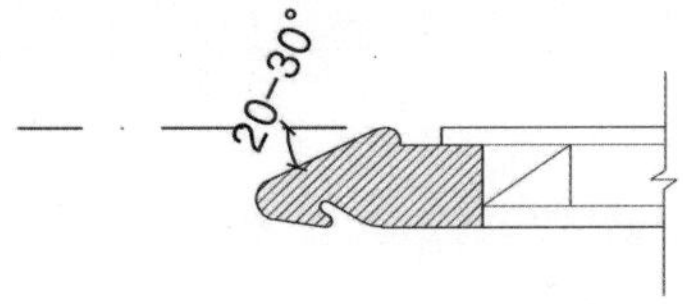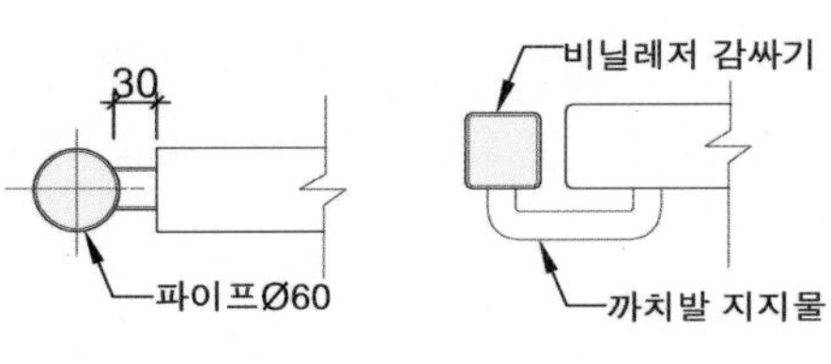
의자	• 고객 간의 원활한 대화를 위해 회전이 되는 것이 편리함 • 하이백 의자는 안정성 확보를 위해 고정이 필요함	

4.8 세부계획

1) 색채

사람이 눈으로 보고 느끼는 공간에 대한 이미지는 형태보다 색채를 통해 정보를 빨리 전달한다. 즉, 색채는 가장 강하고 빠르게 정보를 전달하는 조형언어이다. 공간에서 색채언어는 사람에게 심리적으로 안정감을 주기도 하지만, 불안감을 조성하기도 한다. 특히, 실내 전체분위기를 지배하는 마무리 요소이므로, 경영과 마케팅전략, 주요 고객의 유형과 그들의 취향, 공간의 규모와 형태 등을 고려해서 계획한다. 레스토랑 색채계획의 체크 포인트는 다음과 같다.

① 주조색, 보조색, 강조색의 순서로 결정

실내공간의 색채계획은 먼저 주조색을 선정하고, 보조색과 악센트색을 계획한다. 주조색은 전체 실내 채색면적의 40~100%의 면적 비를 갖는 색이며, 보조색보다 큰 면적의 색이다. 보조색은 채색면적의 10%이상의 면적 비를 갖는 색이며, 주조색보다 좁은 면적의 색이다. 악센트색은 채색면적의 1~10%미만의 면적 비를 갖는 색이다. 즉, 배색계획은 바닥, 벽, 천장 등의 넓은 면적의 주조색, 가구나 커튼의 보조색, 장식품의 악센트색 순으로 선정한다.

② 난색계열은 식욕을 촉진

레스토랑의 실내 색채는 식욕에 영향을 미친다. 빨강, 주황, 노랑 등의 중간 채도 난색계통은 식욕을 돋우는 경향이 있다. 만약 악센트 색을 난색계열로 배색하면, 고객의 식욕을 돋고 생기있는 실내 분위기를 조성하는데 유리하다.

③ 저명도의 빨강, 자주, 노랑, 연두색 배색은 유의

저명도 빨강이나 자주색은 부패된 고기류가 연상될 수 있으며, 저명도 노랑과 연두색은 시들은 야채 이미지가 연상될 수 있기 때문에 이들 색채 배색은 유의한다.

④ 박리다매 형은 난색계열로 배색

사람이 고채도 난색계열로 배색한 실내공간에 있으면, 지루함을 느끼는 특성이 있다. 이러한 색채심리특성을 적용하면 박리다매 형 레스토랑에서 고객의 회전율을 높일 수 있다. 반대로 한색계열은 시간의 흐름을 짧게 느끼게 하는 특성이 있기 때문에 편안하고 여유로운 느낌의 레스토랑 색채계획으로 적합하다.

⑤ 좁은 실내는 한색계열로 배색하여 확장감 부여

한색계통의 색은 후퇴하는 색채지각 특성이 있으며, 난색계통의 색은 진출하는 경향이 있다. 만일 공간이 좁고, 천장이 낮아서 답답하다면, 한색계통으로 배색해서 실제보다 넓고 높은 이미지로 조성할 수 있다. 반면에 공간이 너무 넓고, 천장이 지나치게 높아서 허전하다면, 난색계통으로 배색하는 것이 안락한 실내공간 조성에 도움이 된다.

⑥ 좁은 실내는 단순한 배색이 유리함

좁은 실내공간에 여러 색으로 배색하면, 복잡하고 더욱 좁아 보이는 반면에, 단색 배색은 좁은 실내공간을 넓어보이게 한다. 아울러 가구를 비롯하여 모든 디자인 요소들도 단순한 것이 좁은 실내공간을 넓어보이게 하는데 효과적이다.

2) 조명

실내조명은 색채, 마감 재료와 함께 레스토랑 분위기를 좌우하는 중요한 환경요소이다. 식사를 위주로 하는 곳은 음식이 돋보이게 하고, 미각을 자극하는 조명, 음료나 주류를 위주로 하는 곳은 분위기 위주의 조명이 바람직하다. 레스토랑 조명계획의 주요 포인트는 다음과 같다.

① 조광기(Dimmer)로 조도 조절

조광기를 설치하면 주간과 야간, 피크타임과 그 외의 시간, 그리고 외부 기후 조건 등에 따라 조도를 조절할 수 있고, 전기를 절약할 수 있다.

② 연색성이 우수한 기구 선정

형광등이 업장의 조도를 높이는데 효율적이지만, 연색성이 떨어지기 때문에 음식의 선선도가 떨어져 보인다. 그러므로 음식물을 직접 조명하는 테이블 위의 광원은 연색성이 좋은 할로겐 등 계열이 적합하다.

③ 조명과 실내디자인의 조화

업장의 조명방식은 매입 형과 펜던트 형이 주로 사용된다. 이들 조명기구들은 의장, 배광방식, 실내분위기, 디자인 스타일 면에서 조화되어야 한다.

④ 펜던트 조명

펜던트 조명은 테이블을 중심으로 영역을 한정하여 아늑한 분위기를 조성한다. 테이블에 앉은 고객의 눈에 빛이 들어가지 않아야 하며, 테이블에 앉고 일어설 때 머리가 부딪치지 않아야 한다. 보통 테이블 위로 600 전후가 바람직하다.

3) 재료

재료 역시 상업공간의 독창성을 창조하는 중요한 조형언어이면서, 전체 공사예산이나 공사소요기간에도 상당한 영향을 미치는 요소이다. 따라서 마감 재료의 선정은 공사 진행 중이나, 실시설계 단계에서 결정하는 것이 아니라, 기본설계 단계에서 디자인 컨셉과 함께 결정한다.

주방은 물과 기기를 많이 사용하는 공간으로서 청결과 위생을 유지해야 한다. 바닥과 벽의 재료는 내수성, 내구성, 내오성, 내유성, 내열성 등이 우수한 타일이 바람직하며, 천장은 증기와 열에 견딜 수 있는 비닐계 마감 재료로 마무리하는 것이 좋다. 주방의 각종 기물들은 스테인리스 스틸처럼 내구성, 내수성, 내열성, 내오성이 우수한 재료로 계획해야 한다.

4) 간판과 외부

외부사인은 파사드 디자인과 함께 상점을 지나가는 고객의 발길을 멈추어 내부로 유도하는 역할을 한다. 아울러 고객에게 취급하는 음식의 종류와 가격에 대한 정보도 제공할 수 있어야 한다. 레스토랑 사인계획의 체크 포인트는 다음과 같다.

① 사인은 하나하나가 단독적으로 역할을 하지만, 사인 전체가 통합되어 종합적인 기능을 발휘할 수 있도록 사인전체의 일관성이 필요하다.

② 고객은 사인을 통해서 업장의 성격을 파악하기 때문에, 사인은 단순히 시각적으로 강렬하게 드러나는 것만이 전부가 아니다. 업장 내에서 판매하는 상품, 상품의 가격, 그리고 성격을 암시하면서 시각적으로도 드러나는 계획이 필요하다.

③ 사인의 문구, 형태, 재료, 시공방법 등은 레스토랑의 개성을 표현할 수 있어야 한다.

④ 개발된 디자인과 시공방법은 일정한 기준과 규칙에 따라 표준화하는 것이 바람직하다. 이것은 시공과 유지관리의 효율을 꾀하는 동시에, 비용절감 효과도 추구할 수 있다.

5) 음악

음악도 레스토랑의 실내분위기 조성에 큰 역할을 한다. 선행연구자들의 동물실험에 의하면 '음악이 없는 상태로 몇 시간이 흐르면, 정신적 파탄이 온다.'고 한다. 즉, 실내공간은 '어느 정도 기분 좋을 정도의 소리가 필요하다'는 것이다.

음악이 만드는 실내환경은 시간과 상황에 따라 달라야 한다. 아침에는 상쾌한 음악, 점심은 피곤한 기분을 전환시키는 음악, 저녁은 여유로운 기분으로 휴식을 취할 수 있는 음악이 필요하다. 아울러 고객수준, 음식의 종류와 가격에 따라서도 차이가 있어야 하며, 실내 손님 수에 따라 발생하는 소음 정도가 다르기 때문에, 이에 맞추어 음량도 조절할 필요가 있다.

객 단가가 높은 품격 있는 레스토랑이라면, 질 좋은 음향시스템으로 음 환경을 조성해야 한다. 가급적 음악외의 잡음이 나지 않고, 발생된 소음도 흡음될 수 있도록 마감재 선정에 세심한 노력을 기울여야 한다. 바닥에 카펫을 깔면, 발자국 소리를 최소화하고 발생된 소음도 흡수한다.

사진 3-16. The Zign Hotel Pattaya Naklua

제5장. 호텔(Hotel)

5.1 개요

호텔의 어원은 라틴어 호스피탈레(Hospitale)로서, '순례 또는 참배자를 위한 숙소'라는 뜻이다. 이후, 여행자의 휴식과 숙소라는 의미의 호스피탈(Hospital)과 고아나 노인의 치료공간으로서 호스텔(Hostel)이 합쳐진 의미로 사용되었고, 18세기 중엽이후 지금의 뜻으로 바뀌었다.

유럽에서는 산업혁명을 계기로 교통수단이 발달하고 여행자가가 증가하면서 현대식 기업형태의 호텔이 등장하였는데, 1950년 프랑스의 그랜드호텔이 호화호텔의 효시로 꼽힌다. 그 후 유럽의 호화호텔은 편리성과 쾌적성이 강조된 새로운 개념의 미국형 호텔이 등장해 대중화 되었다.

호텔은 여행자를 보호하는 가운데 피로를 풀고, 휴식을 취할 수 있는 편의시설을 제공한다는 점에서 일부 봉사정신을 강조하고 있지만, 궁극으로는 영리를 추구하는 기업이다. 따라서 호텔개념이 나라마다 약간씩 차이가 있지만, 숙소와 식음료를 제공하는 시설을 갖추어 서비스하고, 이에 대한 대가를 받는 기업을 가리킨다. 우리나라는 관광진흥법에서 '관광객의 숙박에 적합한 구조 및 설비를 갖춘 시설에서 고객의 숙박과 음식을 제공하는 업'이라고 규정하고 있다.

한국 최초의 호텔은 1889년(고종26) 인천에 세운 대불호텔이며, 1902년 서울 정동에 세운 손탁호텔은 최초의 서구식 호텔이다. 이후 1914년 조선호텔, 1936년 반도호텔, 1963년 워커힐호텔, 1966년 세종호텔, 1973년 롯데호텔 등 현대식 대규모 호텔이 잇따라 문을 열었다.

호텔의 규모는 보통 객실 수 300개 이상을 대규모 호텔, 100~300개를 중규모 호텔, 100개 이하를 소규모 호텔이라고 한다. 등급은 현관 및 로비, 객실, 식당 및 주방, 부대시설 관리 및 운영, 종업원 복지 및 관광사업에 대한 기여도, 주차시설, 건축 및 설비, 전기 및 통신, 소방 및 안전 등 9개 부문의 평가를 통해 결정된다. 유럽에서는 별(Star)로 표시하며, 우리나라는 무궁화로 표시한다. 특 1등급과 특 2등급은 무궁화 5개, 1등급은 무궁화 4개, 2등급은 무궁화 3개, 3등급은 무궁화 2개로 표시한다.

5.2 호텔의 분류

1) 이용목적에 의한 분류

① 커머셜 호텔(Commercial hotel)

교통 및 상업의 중심지에 위치하여 상업, 사무 등 각종 비즈니스 여행자에게 편의를 제공하는 비즈니스 호텔(Business hotel)이다. 도시 중심지에 위치한 대부분의 호텔이 여기에 속한다. 세일즈맨, 엔지니어, 연구원 등 업무를 위해 방문한 사업상의 고객을 대상으로, 방문한 나라와 도시 중심에 입지해서, 숙박과 업무관련 서비스를 지원한다.

객실에는 컴퓨터와 인터넷을 사용할 수 있고, 회의를 위한 테이블, 문구류 등을 갖추며, 고속세탁 서비스(Express laundry-valet service)도 지원한다. 공항과 호텔 간의 정기버스(Shuttle bus) 운행, 식사와 회의를 겸하는 다이닝 룸(Dining room), 칵테일 라운지(Cocktail lounge) 등 사업상의 업무활동과 수영장, 헬스클럽, 사우나 등의 건강관리시설을 서비스한다.

② 컨벤션호텔(Convention hotel)

대도시에 많은 객실과 컨벤션홀(Convention hall)을 갖춘 대형호텔이다. 사회, 경제, 문화, 예술 등 각 분야의 국제회의, 대규모 연회, 문화행사, 전시 및 박람회를 개최하는 장소로 이용되며, 이 행사를 위해 대규모 회의장 및 연회장, 통역시설, 영상시설, 전시시설 등과 참가하는 투숙고객을 수용할 수 있는 객실을 확보한다.

고객단위별로 한꺼번에 식사를 제공하는 주방과 식당 제반시설을 갖추고, 서비스를 위한 충분한 인력을 확보한다. 아울러 대규모 주차장을 확보하고 주차대행 서비스(Valet service)도 제공한다.

③ 리조트 호텔(Resort Hotel)

휴양지, 온천지, 그리고 역사문화관광지 등 소위 관광자원이 있는 지역에 가까이 입지하여, 휴양과 레저, 그리고 관람의 편의를 제공하는 호텔이다. 리조트 시설의 주 매력은 아름다운 경관, 적절한 기후, 유쾌한 프로그램 등이며, 이와 같은 조건을 갖춘 호텔의 입지는 도시를 벗어난 한적한 곳이다. 커머셜 호텔이나 컨벤션 호텔의 고객은 회의와 집회가 목적이라면, 리조트 호텔의 고객은 대부분 관광과 휴식이 목적이라고 할 수 있다.

리조트 호텔은 이용계절에 따라 윈터 리조트(Winter resort)와 썸머 리조트(Summer resort), 입지에 따라 컨트리 호텔(Country hotel), 클럽하우스(Club house), 레이크 사이드 호텔(Lake side hotel), 그리고 온천호텔 등이 있다.

④ 아파트먼트 호텔(Apartment hotel)

장기간 체류하는 호텔로서, 호텔과 아파트 기능이 복합된 것이다. 다른 호텔과는 달리 각각의 객실마다 주방을 비롯한 자취설비를 갖추어 주거기능이 가능하다. 그러나 아파트와는 달리 가구와 집기를 설비하지 않고, 그대로 객실을 대여하기도 한다. 일반적으로 퇴직한 노인을 전문으로 수용하여서, 리타이어먼트 호텔(Retirement hotel)이라고 하며, 사회복지시설로도 이용된다.

⑤ 거주용 호텔(Residential hotel)

거주용 호텔은 주로 장기 체류고객을 대상으로 하는 주택용 호텔이다. 장·단기 체류 객을 동시에 수용할 수 있는 세미 거주용 호텔(Semi-residential hotel)이 있고, 보다 장기 투숙객이 머무는 퍼머넌트 호텔(Permanent hotel)이 있다. 침실, 거실, 응접실, 부엌, 욕실, 화장실 등 주거생활을 영위할 수 있는 모든 기능의 공간이 갖추어져 있다. 이 호텔의 투숙객은 일반호텔과 마찬가지로 청소 서비스(Maid service)와 식사·음료 서비스를 룸에서 받거나, 호텔 내의 시설을 이용할 수 있다.

객실의 사용료는 대개 1개월(Monthly rate)이나, 1주(Weekly rate) 단위로 요금을 지불한다. 서울의 스위스 그랜드 호텔(Swiss Grand Hotel)이 이

형식을 띠고 있다. 이 호텔은 단기 체류 객을 대상으로 하는 일반호텔 건물과 장기 체류 객을 대상으로 하는 거주용 호텔 건물을 구분하여 운영하고 있다.

⑥ 카지노 호텔(Casino hotel)

호텔의 부대시설로 일종의 갬블링(Gambling)시설을 대규모로 갖춘 호텔이다. 다른 유형의 호텔보다 이 부문 수입이 월등히 큰 비율을 차지한다. 카지노 호텔은 1950년대 라스베가스에 처음 그 모습을 나타냈다.

2) 특별 목적에 의한 분류

① 모텔(Motel)

본래 자동차 여행객들이 여행 중에 숙박과 휴식 서비스를 받는 곳이라고 해서 모터호텔(Motor hotel)이라고 하며, 이를 줄여서 모텔이라고 한다. 자동차도로를 따라 도시근교에 입지하며, 주차장을 비롯하여 제반시설들이 운전자가 이용하기 편하게 계획된 숙박시설이다. 보통 객실 10~20개 정도의 소규모 형태이며, 객실, 관리실, 식당, 주차장 등으로 구성된다.

② 유스호스텔(Youth hostel)

청소년이 자연과 친숙해지고 건전한 야외활동을 갖게 하기 위하여 운영하는 숙박시설이다. 1909년 독일의 R.시그만이 하우스 '유겐트헤르베르게'(Haus der Jugendherberge; 도보여행 청년에게 싼 값으로 잠자리를 제공하는 숙박소)의 건설운동을 시작한데서 세계로 전파되었다.

민영 또는 공영으로 운영한다. 값싼 숙박시설의 제공과 더불어 호스텔 내에는 페어런트(Parent)의 지휘책임아래 규칙적인 생활을 한다. 유스호스텔 회원은 세계 모든 국가의 시설을 이용할 수 있다.

③ 보텔(Botel), 요텔(Yotel)

모터 보트(Motor boat)나, 요트(Yacht) 등 수상레저를 즐기는 특수 목적 고객들을 위해서 강이나, 바다에 인접해 위치한 호텔이다.

5.3 호텔의 공간구성과 동선계획

1) 호텔의 공간구성

(1) 수익공간

① 객실부; 호텔의 전체공간 가운데 핵심적인 공간이다. 객실의 유형 및 운영방향에 따라서 호텔 유형이 결정된다.

② 식음료부; 레스토랑(Restaurant), 커피숍(Coffee shop), 다이닝 룸(Dinning room), 바(Bar), 클럽(Club), 칵테일라운지(Cocktail lounge), 연회장 및 집회장의 식음료 지원 공간 등이다. 호텔수익에 상당한 영향을 미치며, 숙박고객은 물론, 일반고객도 이용한다.

③ 기타 영업부; 회의관련시설, 쇼핑센터, 스포츠센터, 결혼식관련시설, 여행관련시설, 게임 룸 등으로 호텔 숙박고객은 물론, 일반고객도 이용한다.

(2) 비수익 공간

① 공용 존; 현관홀, 로비(Lobby), 엘리베이터 홀, 복도, 계단, 화장실 등 투숙고객 또는 일반 고객들이 수익공간으로 가기위한 동선 및 대기공간을 지원하는 영역이다.

② 서비스 존; 식음서비스를 지원하는 주방관련시설, 프런트 데스크(Front desk) 및 오피스(Office), 크라크룸(Cloak room), 경비실, 세탁서비스시설 등 관리 관련시설, 종업원 갱의실, 휴게실, 식당, 의무실 등 종업원 관련시설, 보일러실, 전기실, 기계실 등 기계설비 관련시설 등 수익공간을 지원하는 영역이다.

2) 동선계획

호텔의 동선은 고객과 종업원, 그리고 물품으로 나눌 수 있다. 고객은 당황하지 않고, 호텔 전체공간을 쉽게 파악해서 가고자하는 목적지까지 편안하게 갈 수 있는 동선계획이 필요하다. 종업원동선은 고객에게 서비스를 용이하고 능률적으로 제공하며, 물품동선은 고객동선과의 분리와 업무의 능률을 중요하게 고려하여 계획한다.

(1) 고객동선

고객동선은 숙박고객, 식·음료부를 방문한 고객, 회의 및 연회에 참석한 고객으로 구분할 수 있다.

① 숙박고객동선; 주출입구에서 도어맨(Doorman)[7]과 벨보이(Bellboy)[8]의 안내를 받아 프런트 데스크(Front desk)에서 숙박절차를 받고, 객실까지 다른 공간을 경유하지 않고 곧바로 올라갈 수 있어야 한다. 반면에 프런트 데스크에서는 항상 숙박고객의 동향을 파악할 수 있어야 하므로, 숙박고객의 외출동선은 반드시 프런트 데스크를 지나가도록 한다. 특히, 프런트를 거치지 않고 주차장으로 갈 수 없어야 한다.

② 식음료부 고객동선; 레스토랑, 커피숍, 바, 라운지, 클럽 등을 방문한 고객의 동선이다. 식음료 고객의 동선은 로비를 자유롭게 지나다니되, 일반적으로 프런트 데스크를 지나 목적 공간에 갈 수 있도록 하는 것이 원칙이다. 그러나 클럽은 주로 야간에 이용하기 때문에 투숙고객과 식음료 고객

7) 도어맨(Doorman)은 호텔 입구에서 가장 먼저 고객을 맞는 종업원으로서 호텔입구의 주정차관리업무를 담당한다. 손님이 타고 온 자동차에서 하차할 수 있도록 자동차문을 열어주고, 벨보이(Bellboy)에게 손님 짐을 운반하도록 지시한다. 고객이 외출할 때는 자가용이나 택시를 호텔입구에 대기시키고, 고객의 승차를 지원한다.

8) 벨보이(Bellboy)는 고객의 짐을 운반하고 프런트 데스크로 안내한다. 고객이 체크인을 마치면, 객실열쇠를 받아 객실까지 안내하고, 객실의 텔레비전, 에어콘, BEG BOX(침대 사이드 테이블)조작법, 비상구 위치, 긴급 상황 시 대처법 등을 안내한다. 퇴실 때에도 짐을 호텔입구까지 운반한다.

동선을 분리하는 것이 바람직하다. 즉, 특별한 외래고객동선은 로비를 거치지 않고 외부에서 바로 목적 공간에 진입할 수 있도록 입구동선을 분리하는 것이 좋다.

③ 회의· 연회 및 기타 고객동선; 회의, 연회, 집회, 쇼핑, 스포츠, 결혼식, 여행예약, 게임 등을 목적으로 방문한 고객의 동선이다. 이들 동선은 투숙고객과 분리하는 것이 바람직하다. 투숙고객은 로비를 거쳐 접근하지만, 이 외래고객은 군집 특성이 있어서 혼잡을 초래할 수 있으므로, 프런트 데스크를 거치지 않고 외부에서 바로 목적 공간에 진입할 수 있도록 동선을 분리한다.

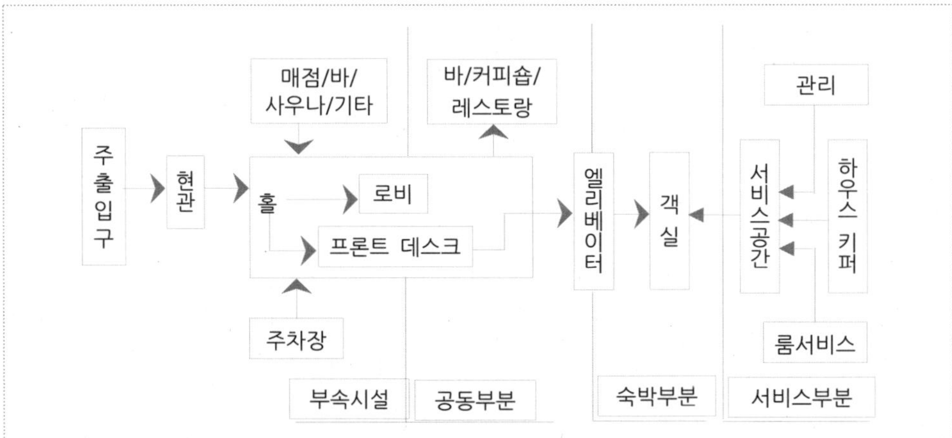

그림 3-35. 숙박고객 및 외래고객의 동선체계

(2) 종업원동선

투숙고객 및 외래고객에 대한 서비스를 지원하는 동선과 시설을 관리하는 동선이다. 고객 출입구와 구분하고, 수의실과 타임키퍼(Time keeper)앞을 지나, 각 부서로 가도록 계획한다. 종업원 동선은 고객에 대한 서비스의 용이함과 능률을 우선한다.

(3) 물품동선

객실에서 필요한 각종 집기 및 용품, 레스토랑을 비롯한 식음료부에서 사용하는 재료 및 그 부산물의 처리, 그리고 회의 및 연회에서 필요한 집기 및 용품 등의 동선이다. 물품의 동선은 고객동선과 분리하며, 종업원의 능률을 중요하게 고려하여 계획한다.

5.4 공간별 실내계획

1) 주 출입구(Main entrance)

사진 3-17. 호텔의 출입구

내부와 외부의 접점(接點)이면서, 고객이 주출입구를 통해 처음 접하게 되므로, 호텔의 첫인상을 주는 곳이다. 캐노피 공간은 승용차 2대가 정차할 수 있도록 길이 10m, 폭 6m, 천장고 2.5m~3.5m이상을 확보한다. 주 출입구는 잦은 출입으로 외기(外氣)가 실내로 들어오고, 내기(內氣)가 실외로 빠져나가는 것을 방지하기 위해 방풍실 구조로 계획한다.

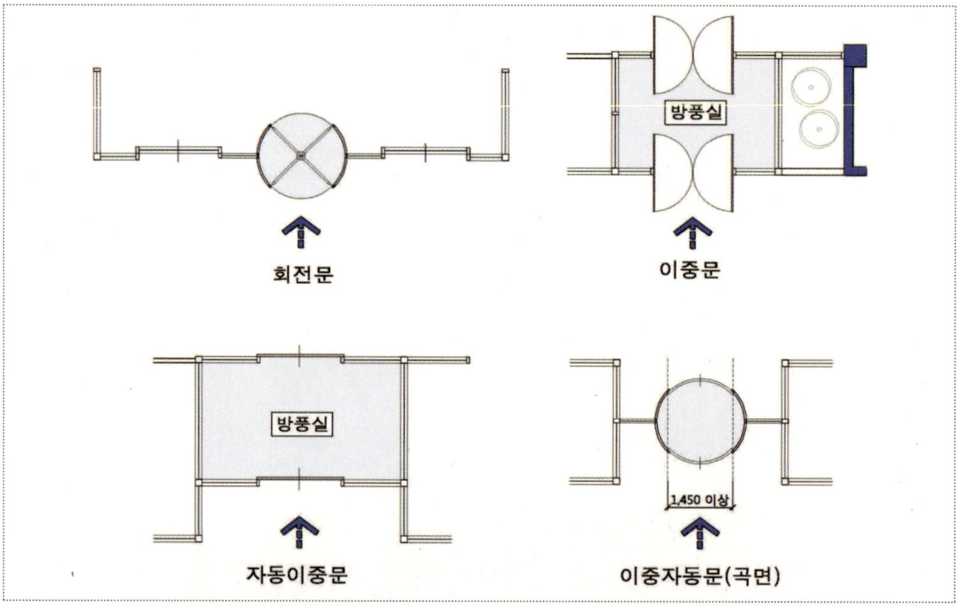

그림 3-36. 호텔의 주출입구

방풍실 구조의 출입문은 이중문, 회전문, 이중 자동문 등이 있다. 이중여닫이문 구조는 개방한 문과 수화물이 걸리지 않도록 최소 2.4m깊이를 확보한다. 회전문을 사용하면 방풍효과가 뛰어나기는 하지만, 화물통행이 어려우므로 자동문이나 미닫이문 설비를 병행한다. 이때 회전문의 내부 지름은 2.0m이상이어야 하며, 미닫이문은 화물이나 짐이 통행할 수 있도록 1.0m~1.2m의 넓이를 확보하고, 안과 밖의 공기흐름을 차단하기 위해 에어커튼(Air curtain)설비를 한다.

두 조의 자동문 사이에 방풍공간을 두는 이중자동문은 사용이 편리하고,

수하물의 출입도 자유롭다. 또한, 방풍효과도 우수하나 앞의 다른 유형에 비해 설치비가 많이 든다. 자동문의 폭은 일반적으로 1,200~1,800정도로 한다.

2) 로비(Lobby)

로비는 객실과 함께 호텔운영의 중추적 기능을 담당하는 공간이다. 호텔의 모든 기능은 로비부터 시작해서 로비에서 끝난다. 즉, 투숙고객이나 외래고객은 로비에서 시작하여 각 공간으로 퍼져나가고, 다시 모이는 곳이 로비이다. 즉, 로비는 주출입구에서 진입한 고객을 프런트 데스크로 인도하고, 프런트 데스크에서 객실을 비롯한 각 목적 공간으로 분배하는 안내 기능을 담당하고 있어서, 호텔 공간구조의 중심에 위치한다.

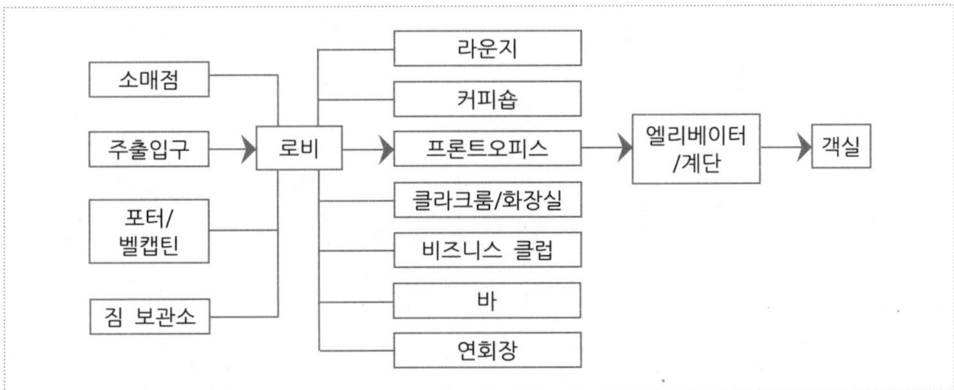

그림 3-37. 로비의 공간구조

로비 실내디자인이 연출하는 이미지는 호텔의 수준과 성격을 결정하기 때문에, 설립취지와 목적에 따라 독창적인 실내 공간을 조성할 수 있도록 계획한다. 자연광선을 실내로 적극적으로 끌어들이고, 수목과 물 등 실내조경을 적극 도입하는 아트리움으로 조성하면, 공간의 중심성을 강조하고 감성적 매력도 한층 높일 수 있다.

체크인과 체크아웃 시 잠깐의 기다림, 투숙고객 또는 외래고객의 휴식과 만남의 장소 등, 비수익성 공간으로서 공적 성격이 강한 공간이다. 하지만, 로비(Reception Lobby)가 최근에는 수익성 공간으로 바뀌고 있다. 즉, 티 라운지(Tea lounge), 바 라운지 (Bar lounge), 커피숍(Coffee shop) 등 수익성이 강조된 로비 라운지(Lobby lounge)로 운영하는 호텔이 늘어나고 있다. 그 밖에 우편, 전화, 은행, 여행, 쇼핑 등의 기능도 담당한다.

표 3-13. 로비의 소요면적

구분	㎡	200 객실의 도시호텔기준
프런트 데스크	15	길이 7.5m
통로	100	출입통로 12㎡, E.V.로비 12㎡
라운지	20	라운지 좌석 10석
상점	10	신문, 잡지, 토산품 등
클라크 룸/화장실	45	장애인용 화장실 설치
벨맨/컨서지/전화	10	

로비의 마감 재료와 색채는 디자인 컨셉에 의해 신중히 계획하며, 재료는 지역 기후조건도 고려한다. 바닥재는 내구성이 우수하고, 미끄러지지 않아야 하는데, 대리석이나 타일, 화강석 등은 내구성이 뛰어나며, 여기에 부분적으로 카펫을 깔면 소음의 흡수와 미끄럼 방지, 발의 착지감을 높일 수 있다. 천장은 냉난방 및 환기 디퓨저, 조명, 스프링클러, 화재감지기, 스피커 등 설비 시스템이 설치되므로, 이를 반영하여 디자인을 전개한다.

3) 프런트 데스크(Front desk)

(1) 기능

프런트 데스크는 고객의 체크인과 체크아웃, 출납과 회계, 안내 등의 업무를 복합적으로 담당하는 장소로서, 프런트 카운터(Front counter)라고도 한다.

사진 3-18. 로비의 프런트 데스크 (The Zign Hotel Pattaya Naklua)

① 체크인(Check-in)과 체크아웃(Check-out)

체크인은 호텔에 도착해서 예약된 객실을 안내받는 절차이고, 체크아웃은 투숙을 끝내고 호텔을 나오는 절차이다. 체크인은 대개 오후 2시부터 오후 10시까지이며, 체크아웃은 오전 7시부터 11시까지이다.

② 출납과 회계

호텔을 퇴실하는 고객이 키를 반납하고, 숙박요금을 비롯한 기타 호텔이용에 대한 계산과 지불절차가 이루어진다. 아울러 환전 카운터나 창구를 함께 두거나, 별도로 두어 관리한다.

③ 안내

외출하는 고객의 키와 귀중품을 보관하고, 호텔 내부에 대한 안내는 물론, 호텔이 위치하고 있는 지역의 관광, 쇼핑, 명소 등의 각종 정보를 제공한다.

(2) 설비

① 룸 인디케이터(Room indicator) 및 호텔머신(Hotel machine) 기능을 수행하는 컴퓨터; 투숙고객의 체크인과 체크아웃, 객실의 청소상황 그리고, 객실별 숙박요금, 식사요금, 시설 및 전화 이용요금 등 호텔 이용료를 계산하는 컴퓨터와 모니터를 설치한다.

② 키 랙(Key rack), 메시지보드(Message board); 일회용 카드 키가 설치되지 않은 호텔에서 각 객실의 키를 보관하는 랙과 고객의 메모를 위한 보드를 설치한다.

③ 기타 각종 시설물 운영시간표, 지역지도 및 교통안내, 행사 일정표, 우편물 함 등도 설치한다.

(3) 배치

프런트 데스크의 배치는 로비와 주출입구, 그리고 엘리베이터의 위치에 의해서 신중히 계획한다. 물론 출입구로 들어온 고객이 프런트의 위치를 바로 알아보고, 자연스런 동선이 이어질 수 있어야 한다. 하지만, 주출입구를 들어선 고객과 프런트 직원이 정면으로 마주치는 배치는 서로 간의 시선처리가 어색해질 수 있다.

표 3-14. 프런트 데스크의 배치유형

배치 유형	특성
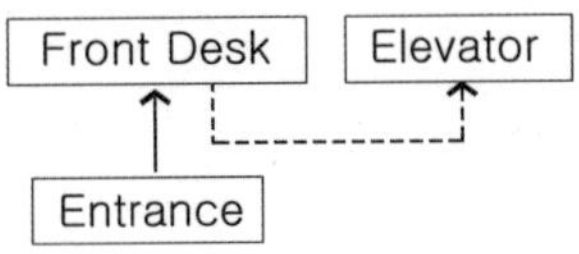	• 주출입구 정면에 배치한 유형 • 고객의 동향을 살피는데 유효하지만, 고객과의 시선처리가 어색함 • 방풍실을 통해 들어온 외기가 프런트에 영향을 미칠 수 있음
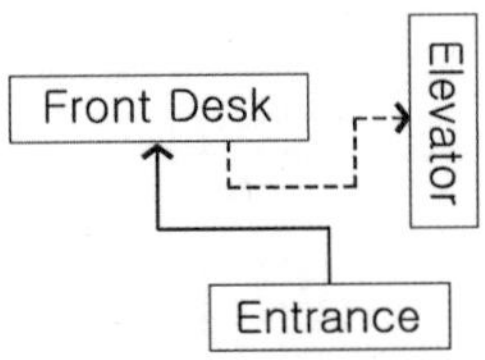	• 주출입구와 축을 엇갈려(틀어서) 배치한 유형 • 일반적인 유형임
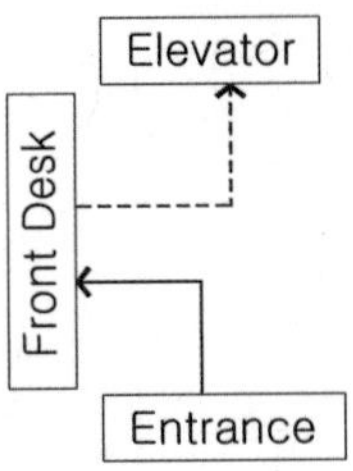	• 주출입구와 직각으로 배치한 유형 • 고객과의 시선처리가 자연스러움 • 투숙고객과 외래고객의 동선이 겹칠 수 있음
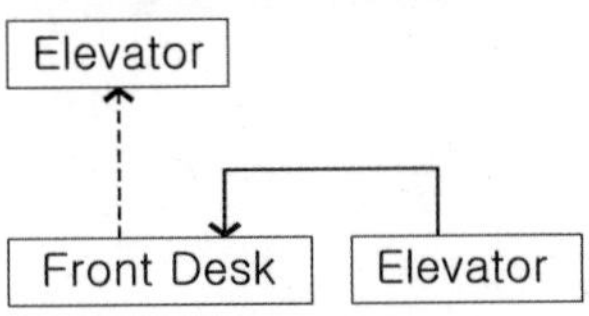	• 주출입구와 나란히 배치한 유형 • 주출입구를 들어온 고객이 데스크를 한 눈에 알아볼 수 없음 • 고객의 동향을 살피는데 유효함

(4) 디자인

체크인과 체크아웃의 업무는 통합운영하기도 하고 분리하기도 하나, 데스크의 길이는 충분히 확보해서 기능을 분리하는 것이 효율을 높일 수 있다. 그 길이는 객실 수에 따라 조정되며, 최소 3,000㎜은 확보한다. 고객측은 작은 가방을 올려놓을 수 있는 선반이 필요하며, 서서 서명할 수 있는 1,000~1,100㎜ 높이가 적절하다. 종업원측은 제 설비를 충분히 설치하고, 앉아서 업무를 볼 수 있는 깊이 500~600㎜, 높이 700~750㎜의 책상 면이 필요하다.

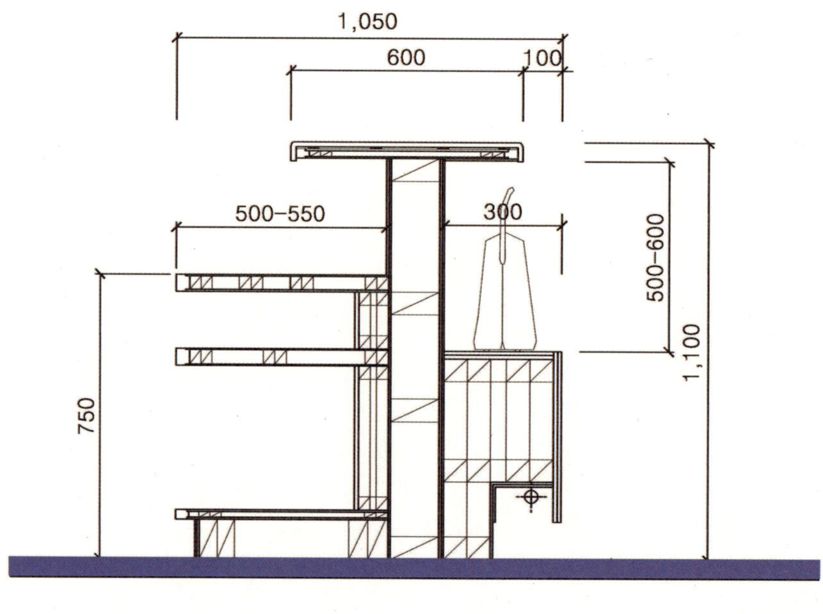

그림 3-38. 프런트 데스크의 단면

표 3-15. 프런트 데스크의 크기

객실 수	데스크 길이(m)	스테이션(Station) 의 수(개소)	넓이(㎡)
50	3	1~2	9.3
50~150	4.5	2~3	14
200~250	7.5	3~4	23.2
300~400	10.5	4~5	32.5

4) 프런트 오피스(Front Office)

프런트 오피스는 전화, 이메일(email), 편지 등에 의한 예약접수, 예약확인 및 조정, 전화교환, 회계업무 등 프런트 데스크 업무와 밀접하게 연관된다. 일반적으로 프런트 데스크 배면에 배치되므로, 이를 백오피스(Back office)라고도 한다.

5) 라운지(Lounge)

라운지는 호텔을 이용하는 모든 사람들의 만남과 휴식, 사교의 장소이다. 로비와의 차이는 다소 상업적 성격이 강하다. 보통 로비면적의 약 10%를 로비 내에 계획하거나, 분리하여 배치한다. 로비 안에 라운지를 배치할 경우, 투숙객과 외래객, 그리고 종업원의 서비스 동선이 겹쳐서 혼잡해 질 수 있으므로 동선계획에 신중을 기해야 한다. 아울러 라운지에 머물렀던 고객들이 다시 로비, 회의장, 연회장, 식당, 엘리베이터 홀 등으로 움직이기 때문에, 이들과 원활한 동선 흐름이 되도록 한다.

사진 3-19.
호텔 라운지
(The Zign Hotel
Pattaya Naklua)

6) 클로크 룸(Cloakroom)

주로 연회장이나 회의장을 방문한 고객의 외투나 휴대품 을 보관하는 장소이다. 클로크 룸의 위치는 프런트 데스크, 연회장, 회의장 등과 가까이 배치하는 것이 유리하다. 규모는 고객 1인당 0.1㎡정도로 하여 100~150석의 방문객을 대비한다면, 10㎡의 면적을 확보한다.

7) 연회장(Banquet)

'대규모 국제회의(Congress convention), 중규모회의(Conference), 주제발표 회의(Seminar), 강연회(Institution), 청중 앞에서 하는 회의(Symposium), 주제별 분과 토의(Workshop) 등의 회의장', '각종 축하회, 기념회, 조찬회 등의 연회장', '미술품 전시, 신상품 소개, 홍보전시, 패션쇼, 연극· 영화 발표회 등의 전시 및 공연장' 등의 다양한 목적을 위해 많은 사람들이 모여 교류하는 장소이다.

연회장의 실내계획은 영업방침에 따라 차이가 있으나, 다음사항을 반영한다.

ⓐ 연회장의 실내디자인은 다목적 사용이 가능해야 한다. 따라서 성격을 정하지 않고 빛, 음, 그리고 디스플레이 조절에 의해서 특정 성격의 실내공간으로 연출할 수 있도록 한다.

ⓑ 벽, 가구, 스테이지 등은 사용목적에 따라 구획·변경이 자유롭게 이동할 수 있도록 계획한다.

ⓒ 진입동선은 물론, 퇴실동선도 투숙고객의 동선과는 구분하는 것이 안전과 원활한 동선흐름을 위해 바람직하다.

ⓓ 클로크룸, 화장실, 그리고 창고를 인접 배치하며, 등록·접수, 간단한 음료테이블을 배치할 수 있는 공간을 확보한다.

ⓔ 인터넷을 비롯한 통신, 음향조절, 냉난방 및 급배기 설비 등도 중요하게 다루어야 한다.

8) 객실

호텔의 주 기능은 잠자리를 제공하는 장소이므로, 객실은 어느 공간보다 중요한 부분이다. 경영목표와 전체 규모에 따라 차이가 있기는 하지만, 면적으로도 호텔 총 면적의 50~80%를 차지하는 것이 일반적이다.

객실은 고객이 머무는 동안 취침, 휴식, 입욕, 배설, 단란, 독서, 그리고 때로는 응접, 식사 등의 활동을 지원한다. 일반적인 주거공간보다 규모는 작지만, 기능은 유사하다고 할 수 있다. 실내 환경은 조용하고, 온·습도 조절이 가능해야 하며, 프라이버시(Privacy), 청결, 안전 등이 확보되어야 한다.

사진 3-20. 트윈 베드룸 객실 사례(Italia Orange Hotel)

(1) 객실의 유형

① 일반 객실

a. 싱글 베드룸(Single bedroom): 1인의 숙박을 위해 1인용 침대가 배치된 침실이다.

b. 더블 베드룸(Double bedroom): 2인의 숙박을 위해 2인용 침대가 배치된 침실이다.

c. 트윈 베드룸(Twin bedroom): 2인의 숙박을 위해 싱글 침대 2개가 배치된 침실이다.

d. 스튜디오(Studio): 트윈 베드룸에 싱글베드를 하나 더 배치한 침실이다.

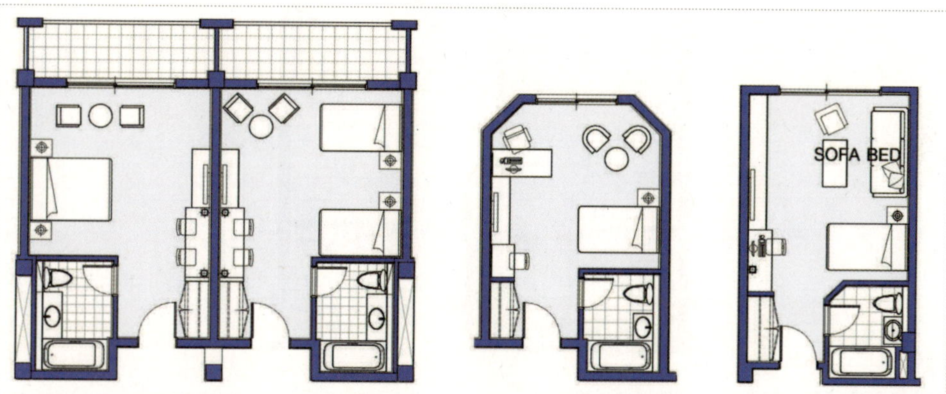

그림 3-39. 일반 객실의 유형

② 특별 객실

a. 특실: 일반적으로 스위트룸(Suite room) 또는 프레지덴셜 스위트 룸(Presidential suite room)으로 불린다. 일반객실과 달리 침실과 거실을 구분하고, 식사공간을 두며, 키친네트(Kitchenette)를 부속하기도 한다. 전체 객실 가운데 5%정도 비율로 계획한다.

b. 스페셜 스위트룸(Special suite room): 일반고객에게 공개되지 않은 국가의 귀빈이나, 특수층 고객에게 숙박서비스를 제공하는 객실이다. 여러 개의 침실과 거실, 식당, 주방으로 구성된다.

c. 컨버터블 스위트 룸(Convertible suite room): 두 객실 사이의 벽에 커넥팅도어(Connecting door)를 설치하여, 필요에 따라 하나의 스위트룸으로

사용할 수 있는 객실이다.

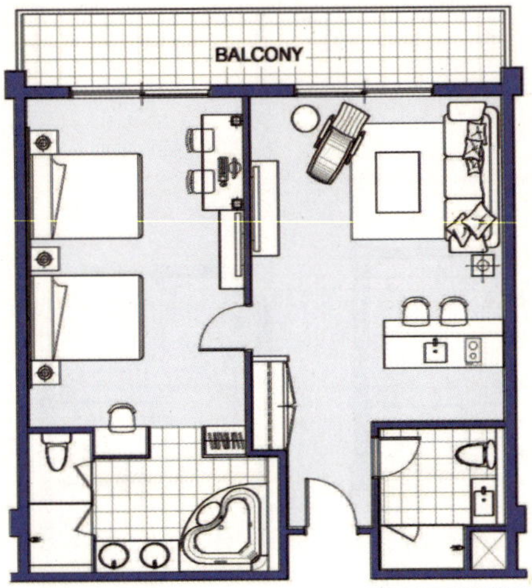

그림 3-40. 프레지덴셜 스위트룸의 예

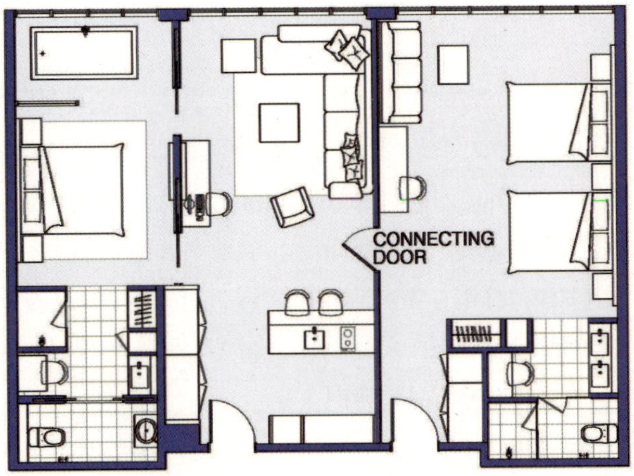

그림 3-41. 컨버터블 스위트룸의 예

(2) 객실의 면적

최소 객실 면적으로 최대 효율을 올리기 위해서는 합리적인 평면계획이 필요하다. 규모는 객실 유형별 소요 공간, 침대의 크기, 가구류, 욕실의 위치 등을 고려하여 계획한다. 객실의 유형별 표준면적은 다음 표와 같다.

표 3-16. 호텔의 유형별 표준 객실면적(단위: ㎡)

호텔의 유형 / 객실의 유형	시티호텔	리조트호텔	비즈니스호텔
싱글 베드룸	9~16	17.5~22	9~10.5
더블 베드룸	12~17.5	17.5~23.5	
트윈 베드룸	17.5~39	22~33.5	13.5
스튜디오	11	22~34	

9) 식음공간

호텔의 식음공간은 라운지, 커피숍, 다이닝 룸, 바 등이 있으며, 규모가 큰 호텔은 취급 요리별 레스토랑, 카지노, 나이트클럽까지 갖춘다. 이들의 성격과 규모는 호텔의 입지, 고객유형, 규모, 객실 수, 연회장의 수와 면적 등에 의해서 결정한다. 식음공간은 호텔의 주요 수입원이므로 경영 측면에서 성격과 규모를 결정하고, 공간디자인 방향도 신중하게 설정한다.

식음공간의 실내디자인은 호텔전체 디자인 컨셉을 바탕으로, 각 공간 별 특성과 목적을 반영하여 전개한다. 도시의 일반적인 레스토랑과는 구별된 호텔의 아이덴티티를 바탕으로 격조가 느껴져야 한다. 테이블 배치는 넉넉한 공간을 확보하고, 안락하고 편안한 식사와 대화, 휴식을 제공할 수 있어야 한다. 고객이나 종업원의 동선이 다른 고객의 식사와 대화에 영향을 주지 않도록 충분한 통로를 확보한다. 발자국 소리가 발생하지 않고, 발생된 소음도 잘 흡수될 수 있도록 재료를 계획한다.

5.5 세부계획

1) 조명

조명은 색채와 함께 실내분위기에 상당한 영향을 미치는 환경요소이다. 특히, 다양한 기능의 공간들로 구성된 호텔의 조명은 각 공간마다 요구조건에서 차이가 있다. 적정조도이상의 조명계획이 필요한 공간이 있는가하면, 분위기위주의 조명계획을 요구하는 공간이 있어서, 디자이너의 감각에 의존하기 보다는 공간의 성격에 따라 기능과 분위기가 부합되어야 한다. 호텔 내 식음공간이나 상점 조명은 상업공간과 같은 관점으로 계획해도 무관하다.

(1) 객실

객실의 조도는 주거공간에 비해 높은 조도가 필요한 활동이 아닌, 분위기 위주의 기능이 강하다. 따라서 전체조명의 조도는 낮게 계획한다. 하지만, 일부 고 조도를 필요로 하는 화장대나 소파, 수하물 벤치(Baggage bench), 독서테이블 등에는 플로어 스탠드, 테이블 스탠드, 브라켓 등 국부조명방식으로 조도를 확보한다. 객실 입구는 문을 열고 들어왔을 때, 자동으로 점등되는 것이 바람직하다. 조명기기의 배선은 나이트 테이블에 설치된 메카닉 패널과 벽에 부착된 스위치로 조작할 수 있도록 3로 스위치로 계획한다.

(2) 로비

로비는 주간과 야간을 막론하고 이용도가 높기 때문에 이에 대응한 조명계획이 필요하다. 특히 다른 공간보다 넓고, 천장고가 높아서, 기구자체 디자인이 강조되는 노출형보다는 매입형이나 건축화 조명으로 계획하는 것이 바람직하다. 샹들리에를 로비 실내디자인의 초점으로 계획하기도 한다. 매입하는 램프는 효율이 높고, 오랜 시간 조명해야 하므로 수명이 긴 제품으로 계획하되, 조광기로 조도를 조절할 수 있어야 한다.

(3) 프런트 데스크

프런트 데스크의 조도는 종업원은 물론, 숙박고객이나 외래고객의 표정을 충분히 알 수 있으며, 체크인과 체크아웃 시에 필요한 서류와 문서를 분명히 판독할 수 있어야 한다. 이를 위해 보통 500lux이상의 밝기를 확보해야 한다. 아울러 로비에 있는 고객이 프런트 데스크를 바로 인지할 수 있고, 데스크의 조형적 아이덴티티 특성을 효과적으로 표현할 수 있는 조명계획이어야 한다.

(4) 복도

객실 층의 복도, 연회장이나 라운지로 가는 복도 조명은 50~100lux정도의 차분한 분위기 조도도 괜찮다. 매입형 조명을 규칙적으로 배치하여 종업원의 안내 없이도 고객을 목적하는 장소로 유도할 수도 있다. 그러나 엘리베이터 홀은 조도를 높여 고객 동선을 자연스럽게 유도할 수 있다.

계절과 시간별 기후 조건에 따라 복도의 자연채광이 다르고, 고객의 복도 이용률도 차이가 있으므로 밝기를 조절할 수 있는 시스템을 갖추는 것이 바람직하다.

(5) 연회장

다양한 성격과 규모의 회의, 연회 그리고 전시 및 공연이 열리는 장소이므로 목적에 맞는 적정조도를 조절할 수 있어야함은 물론, 다양한 성격의 분위기도 연출할 수 있어야 한다. 아울러 행사 규모에 따라 벽의 구획이 바뀌어도 전등·전열·통신·설비의 배선, 조명기구의 배치, 그리고 천장 디자인도 이에 대응할 수 있어야 한다.

보통 연회장의 조도는 200~500lux정도로, 행사성격에 따라 밝기를 조절할 수 있으며, 스위치 조작만으로 다양한 분위기를 연출할 수 있도록 여러 회로로 분리 배선한다. 광원은 연색성이 우수하며, 무대 위를 보는데 눈부심이 없어야 한다.

2) 색채

색채계획은 호텔의 성격과 입지, 기본계획 단계에서 설정한 실내디자인 컨셉에 따라 배색 방향을 결정하며, 각각의 실들도 각 공간마다 추구하는 실내이미지에 따라 색채계획을 진행한다.

(1) 객실

다양한 성향을 가진, 다양한 계층의 고객이 숙박하는 곳이므로 이에 대응하는 색채계획이 필요하다. 즉, 모든 고객이 기대하는 객실분위기를 만족시키기는 쉽지 않으므로 독창성보다는 보편적 색채계획이 바람직하다. 주조색과 보조색은 단일 색상이지만 명도나 채도단계를 조절하여 색채이미지를 단순화하되, 악센트 색만 다소 고채도로 배색하여 호텔객실의 품위와 성격, 그리고 이미지를 조절할 수 있다.

(2) 로비

로비는 호텔의 성격과 수준을 결정하는 곳으로서, 다른 공간에 비해 높고, 넓기 때문에 이를 고려하여 색채계획도 이루어져야 한다. 특히 고객이 호텔에 들어와서 처음 접하는 공간이기에 심리적 안정감과 친근함을 주면서도, 이곳만의 독창성과 품격을 나타낼 수 있어야 한다.

다양한 색상보다는 하나나, 두 종류 색상에 명도와 채도를 조절하여 배색하고, 초점이 되는 곳에 고채도의 악센트 색으로 계획하면 통일과 변화의 배색효과를 얻을 수 있다. 악센트 색은 반드시 벽, 천장, 바닥이어야만 하는 것은 아니다. 가구, 장식물, 소품, 조각품, 그림, 그리고 식물 등의 색채도 로비 전체공간과 함께 고객의 시각을 자극하는 요소로 작용한다. 이런 가변적 요소로 강조색을 계획하면, 시즌과 특별행사의 성격에 따라 색채계획의 변화를 꾀할 수 있다.

(3) 프런트 데스크

주출입구를 통해 들어온 숙박고객이나, 외래고객은 프런트 데스크로 자연스럽게 유도되어야 하므로, 조명이나 색채도 이에 대응하는 계획이 필요하다. 만일, 색채계획으로 프런트 데스크의 유목성을 높인다면, 로비전체와 대비되는 배색이 좋다. 색상, 명도, 채도 등 어떤 대비적 수법으로도 유목성을 높이는데 효과적이다. 이러한 대비 배색은 프런트 데스크를 강조하고, 로비의 초점역할이 가능하다.

(4) 복도

호텔을 이용하는 고객은 늘 이용하는 곳이 아니어서 낯선 환경이면서, 워낙 넓은 공간이기 때문에 외출 후 객실을 다시 찾아오거나, 특정 공간을 찾아가기가 쉽지 않다. 따라서 공간을 연결하는 복도의 색채계획은 길 찾기에 도움을 줄 수 있는 것이 좋다. 층 또는 공간별 아이덴티티 컬러는 고객이 공간을 인지하고, 길을 찾는데 도움을 준다. 특히, 객실 층의 길고 좁은 복도를 지나는 고객은 지루함을 느낄 수밖에 없는데, 벽이나 바닥의 색채 변화는 공간 인지능력을 향상시키면서 긴 동선의 지루함도 덜 수 있다.

(5) 연회장

다양한 성격의 회의, 연회, 전시, 공연 등의 행사가 열리는 장소이므로, 개성있는 배색보다는 어떤 행사도 무난히 소화할 수 있는 색채계획이 좋다. 주조색, 보조색, 강조색 배색 모두, 색상과 채도 대비조화보다는 동일 또는 유사조화 배색이 행사성격에 따라 가변적으로 대응하기가 용이하다. 다만, 명도대비 배색은 분위기를 침착하고 중후한 이미지를 연출한다.

3) 설비

호텔은 24시간 쾌적한 환경 서비스를 제공하는 곳이므로 완벽한 설비시스템 구축이 필요하다. 또한, 고객마다 각 공간의 규모와 이용하는 시간의 차이가 있기 때문에, 이에 대응한 설비설계가 이루어져야 한다. 가변적 설비 운영시스템은 효율을 높여서, 호텔수익 증대에도 기여할 수 있다.

호텔의 설비는 기획 및 건축계획 단계에서 부하(負荷)를 계산하여 전체 설비기기(機器) 운영시스템을 결정한다. 그러므로 실내디자인단계에서 수행하는 설비계획과 시공은 건축계획의 후속작업이 아닌, 초기 기획단계에서부터 동시에 협동하여 계획되어야 한다. 특히, 설비의 최종사용자는 실내 고객이므로, 이들 사용특성에 따라 적정 설비환경 운영방침을 결정하고, 그 목표를 달성하기 위한 기기의 출력, 설비배관, 단말기의 수량과 위치를 치밀하게 계획한다.

호텔 이용자는 남녀노소, 내국인, 외국인, 외래고객의 단위 등 다양하다. 더구나 이들은 공간구조를 잘 이해하지 못한 상태이기 때문에 피난과 안전에 직결되는 소방관련 설비도 철저해야 한다. 건축허가부터 시작해서 준공에 이른 경우는 관련법규내에서 소방시설의 안전성을 입증할 수 있다. 하지만 부분적으로 리노베이션을 하는 실내디자인단계에서는 간혹 간과하기 쉬운 부분이므로 디자이너 및 시공자의 책임의식이 요구된다.

스프링클러, 열감지기, 연기감지기, 비상등, 소화전, 화재경보기 등의 소방관련 설비물에 영향을 주는 계획 및 공사는 관련법규를 반드시 준수함은 물론, 시설물 내의 설비담당부서와 긴밀한 협의가 필수적이다. 소화전이나 화재경보기, 비상등이 실내디자인과 어울리지 않는다고 해서 매입하거나, 제거해서는 절대 안 된다.

사진 3-21. Cafe' Obscura (Designer: Park HyoChul)

WORK SPACE

4부
업무 공간

사진 4-1. 오피스 엔터런스(수렵협회; Designer Han, Hyesun)

제1장. 업무공간의 개념

1.1 개요

19세기 중엽부터 영국에서 발생된 산업혁명은 공업뿐 만아니라 교통, 통신, 상업 등의 산업도 발달하면서, 전문성을 띈 사무공간에 대한 요구도 증가하게 되었다. 한편, 20세기 초 철골구조의 발달로 공장 개념의 사무실은 개방형 사무공간으로, 그리고 공간 구성에 새로운 변화를 가져왔다. 20세기 중엽부터는 사무공간에서도 작업환경을 고려하기 시작하였다. 즉, 오피스 랜드스케이프(Office landscape)와 사무자동화(Office automation)와 같이 사회적 변화에 따라 사무환경도 적극적으로 대응하기에 이르렀다.

20세기 후반에는 컴퓨터를 이용한 정보사회로 빠르게 발전하고 변화했다. 사회적 변화와 정보통신의 혁신은 곧 사무환경에 직 간접적인 영향을 주었다. 업무는 보다 고도의 기술력과 창의력을 요구하고, 이에 대응하는 새로운 사무공간이 필요하게 되었다.

21세기에 들어서면서 오늘에 이르기까지 이전의 사무환경은 또 다른 진화를 하였다. 그 첫 번째는 현대인들이 각자 자기만의 라이프스타일을 가지고 개성 있게 살아가고 있는 것처럼, 사무공간을 표현하는데 있어서도 틀에 박힌 기존 통념을 깨고 자유로워지고 있다. 즉, 자신이 근무하는 사무환경만의 독창성을 강조하고 있다.

둘째는 현대인의 업무가 때와 장소를 가리지 않고 발생하고, 이에 대응할 수 있어야하기 때문에, 이를 지원하기위한 네트워크 시스템은 괄목할 만큼 발전하였다. 이로써 오늘날 사무환경은 시간과 공간의 경계가 허물어지고 있다고 볼 수 있다. 하지만, 이러한 시대적 변화에도 불구하고 업무공간계획의 기본개념은 인간중심이어야 한다. 더불어 기업의 개성을 강조하면서도 기업의 업무체계에 따라 종합적인 계획이 이루어져야 한다.

1) 사무환경의 변화

오늘날 사무공간은 단순히 반복하는 업무가 감소하고, 지적업무를 중시하며, 정보통신기기를 이용한 새로운 타입으로 변하였다. 한편, 사무공간 사용자는 삶의 질에 관심이 높아서 육체적· 정신적으로 건강한 업무환경을 요구하게 되었다.

과거 사무환경은 생산과정과 판매업무의 정보기능을 지원하는 정도였다.

즉, 수직적인 피라미드 구조조직 유형이었다. 반면에 지금은 수평적 조직으로 위계가 간소화되었고, 적임자를 모아 일시적으로 편성하는 프로젝트팀과 같은 새로운 형태의 조직구조도 등장하였다. 또한 업무공간과 시간의 구분 없이 네트워크에 의한 업무가 도입되면서, 그룹 또는 개인 간의 융통성과 커뮤니케이션이 활발한 사무환경을 구축한다.

표 4-1. 업무환경의 변화

구분	과거 업무환경	오늘날 업무환경
조직 유형	• 수직구조로 위계적	• 수평구조
업무 형태	• 일반사무, 관리직 중심의 개별 업무수직구조로 위계적	• 창의적, 지식형 팀 위주
공간 구성 및 배치	• 개인 위주의 공간구성 • 지위에 따라 공간, 가구배치	• 개인 업무공간 축소 • 공유공간의 확대 • 업무의 특성에 따라 팀 별로 공간, 가구배치
근무 유형	• 고정 근무형식	• 유연성 있는 근무
정보 활용	• 정보 처리	• 무선네트워크, 지식경영 소프트

2) 새로운 업무 형태

오늘날 업무환경은 광대한 통신환경과 스마트폰이 일상화되면서 시간과 공간의 제약을 받지 않고 유연성 있는 근무를 보장받는 새로운 형태의 업무방식이 등장하였다. 이러한 새로운 업무형태는 효율적인 공간 활용으로 공간 점유비용과 관리비용 절감 등의 효율을 올리고, 업무자에게는 이동 시간 단축과 좀 더 자유로운 삶을 설계할 수 있는 효과를 얻을 수 있다.

① 모빌 오피스(mobile office)

업무시간이 고정되어있지 않고, 개인적으로 편리한 시간에 탄력적으로 업무를 수행한다. 업무 공간 역시, 사무실에 국한되지 않고 장소를 초월하여 업무를 수행하는 업무형태이다.

② 오피스 호텔링(office hotelling)

직원들이 지정된 데스크 없이 선착순으로 업무공간을 공유하거나, 예약에 의해서 한시적으로 공간을 배정하는 방식의 업무형태이다. 호텔의 체크인 방식과 같이 입구에서 근무자의 고유번호를 입력하고 자리를 배정받아 근무자의 전화번호를 연결하는 방식으로 운영된다.

③ 코워킹 공간(coworking space)

글로벌 경기침체로 인한 기업의 고용 위축은 많은 프리랜서, 1인 창조기업과 소기업이 증가하였는데, 이들을 한 곳에 모으는 새로운 업무형태이다. 코워킹 공간은 공유와 공동의 소비라는 새로운 트렌드를 핵심으로 하여, 홈오피스의 유연성, 카페의 분위기, 그리고 전형적인 업무공간의 시설이 복합된 공간이며, 커뮤니티와 협업을 위하여 서로 다른 백그라운드를 가진 사람들과 지식, 정보를 공유하고 상호 협력함으로서 일의 생산성을 높이고 경제적인 문제를 해결할 수 있다.

사진 4-2. 개실형 싱글오피스의 예

제2장. 업무공간의 실내계획

2.1 업무공간의 계획과정

기업의 조직변화와 컴퓨터 기술의 발달은 업무공간의 실내디자인에도 많은 변화를 가져왔다. 이에 따라 실내디자이너는 기업에 대한 철저한 분석을 바탕으로 실내계획에 임해야 한다. 즉, 업무공간에서 발생되는 모든 행위와 업무의 흐름, 업무에 필요한 기기와 이들의 배치, 경제적 타당성, 업무 수행자 및 경영자의 요구사항, 기업이념 등을 조사, 분석, 검토하여 종합적인 계획을 세워야 한다.

업무공간계획은 기획단계인 요구사항 분석, 업무관련 현황 파악, 건축물의 제약사항 파악과 기본설계를 거쳐서 실시설계단계로 이어진다. 기본 설계에 들어가기에 앞서 디자이너가 고려해야할 전반적인 계획조건, 기업의 조직체계, 물리적 한계 등을 조사 분석하고, 디자인계획의 방향을 설정한다.

① 요구사항의 분석

디자이너는 기업의 경영 방침, 사업방향과 기업의 이미지를 잘 파악하여 공간계획에 반영한다. 또한 기업의 여건에 맞는 예산을 산출하고 업무공간에 대한 사용자들의 요구사항을 수집하여 타당성 검토, 분석을 통하여 고용주와 고용인에게 부합하는 요구조건을 결정하는 단계이다. 요구사항 수집과 분석은 일반적으로 부서, 개인별 설문조사와 인터뷰를 통하여 상세히 조사한다.

② 업무관련 현황 파악

기업의 조직체계, 부서의 수, 부서별 업무내용, 각 부서 인원을 파악하고, 부서나 개인 간의 업무 연계성, 상관관계 및 빈도 등을 조사, 분석한다. 이는 부서 조닝과 동선의 흐름을 결정하는 중요한 작업이다. 현장조사를 통하여 공간구성, 각 부서별 업무공간의 유형, 레이아웃 유형 현황을 파악한다. 또한, 부서 별 필요한 가구와 OA기기의 수, 재활용 여부 등을 파악하여, 업무 수행에 지장이 없도록 계획에 반영한다.

③ 건축물의 제약

실내공간계획에 영향을 미치는 건축물의 제약사항은 건물의 평면형태, 출입구 및 창의 위치, 기둥, 구조 벽, 전기, 소방 설비 등이 있다. 이들의 변경 가능성 체크와 변경 시 수반되는 법적 조치 검토, 공사비용과 기간 등을 파악할 필요가 있다. 제약사항들은 기본 계획 이전에 면밀히 검토하여, 공사가 시작된 후에 문제가 발생하지 않도록 치밀한 준비와 계획이 필요하다.

④ 기본계획

층별 또는 부서별 레이아웃을 확정하기 위하여 상관관계에 따른 공간구획(zoning)과 수직, 수평동선(circulation)을 계획한다. 이를 바탕으로 각 부서의 업무공간과 공용공간의 유효면적을 결정하고 부서별로 적합한 워크스테이션과 집기 등을 설정한다. 또한 색채, 조명, 음, 공기 등의 주변 환경에 대한 면밀한 계획을 한다.

2.2 업무공간의 유형

기획의 단계에서 파악한 경영방침, 조직체계, 부서의 수, 업무의 흐름, 업무 커뮤니케이션의 빈도, 건축물의 제약사항, 공사 예산 등을 바탕으로 적합한 업무공간의 유형을 결정한다. 개실(個室)의 유무에 따라 개실형, 개방형, 혼합형으로 분류할 수 있다.

① 개실 형-싱글오피스(Single office)

작은 단위의 업무공간을 확보하기 위해서, 긴 복도의 양쪽 또는 한쪽에 개실을 구획하는 유형으로 복도형 오피스(Corridor office) 라고도 한다. 1~2인의 소수인원이 부서별 또는 개별 사무공간을 사용하는 세포형 오피스(Cellular office)와 7-8인의 그룹이 실을 사용하는 그룹형 오피스(Group space office)로 나눌 수 있다. 복도를 중심으로 한쪽 측면에만 사무공간을 구획한 경우 편복도식, 양쪽으로 구획할 경우는 중복도식, 삼면에 구획할 경우 삼중 복도식이다.

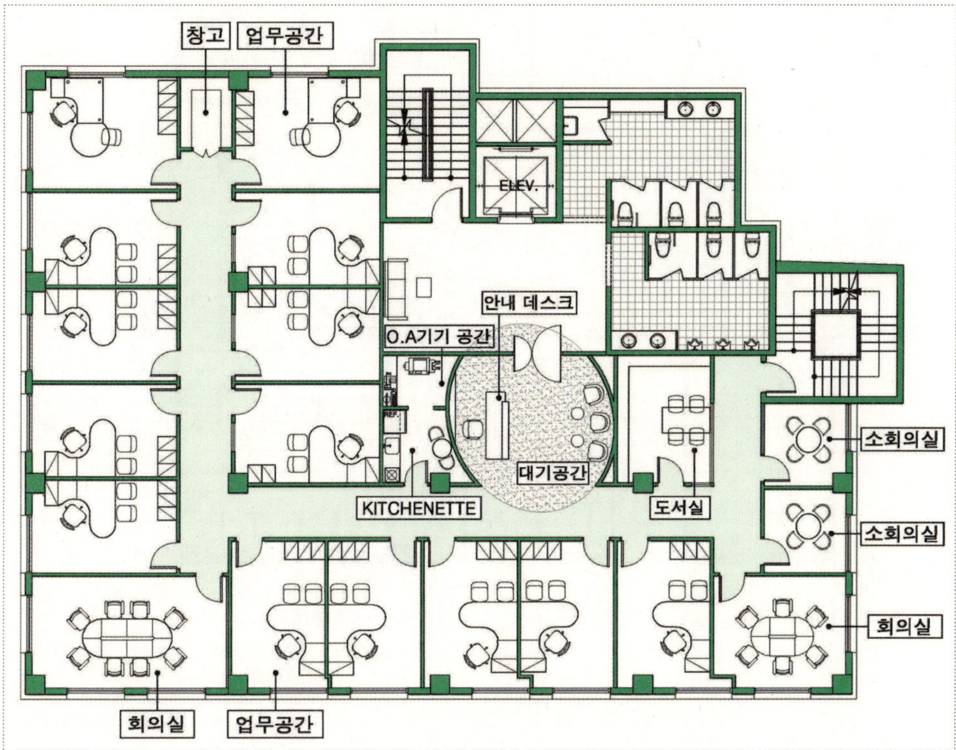

그림 4-1. 개실형-싱글 오피스; 세포형 오피스(Cellular office)

개실 형은 소음과 시선으로부터 독립되어 시각적, 청각적 프라이버시가 확보되는 장점이 있다. 그러나 경제적인 면에서 공사비와 관리비가 증가됨은 물론, 실 간의 업무 커뮤니케이션에도 좋지 않다. 또한, 향후 업무의 변화에 따른 부서 근무인원의 증감에 가변적으로 대응하기 어려운 단점이 있다.

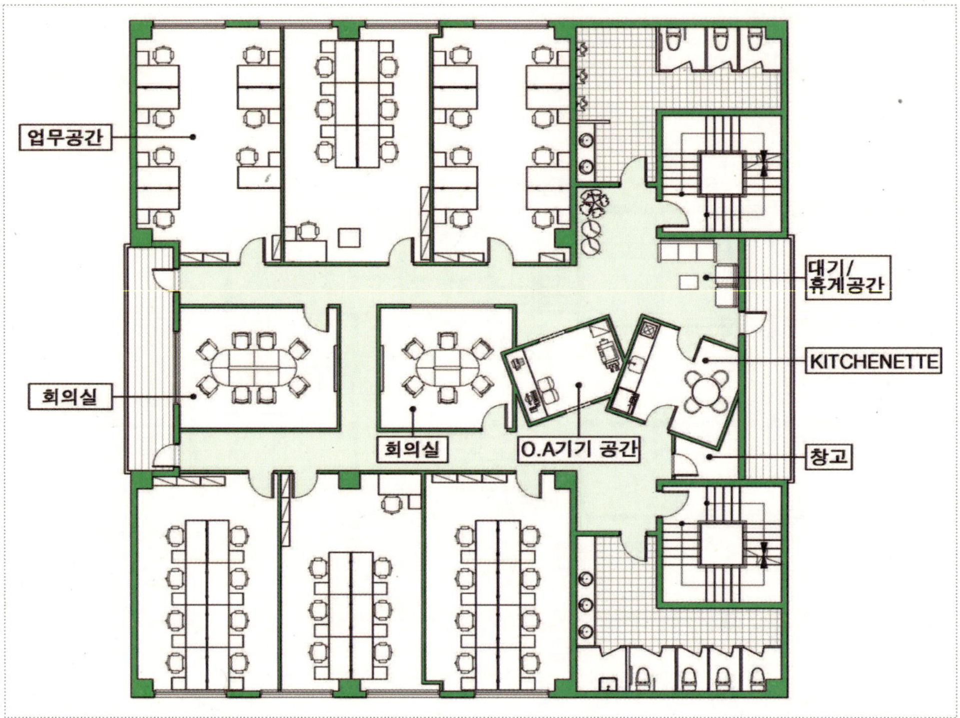

그림 4-2. 개실형-싱글 오피스; 그룹형 오피스(Group space office)

② 개방형-오픈오피스 (Open office)

직급에 따라 업무별로 분할하여 오픈된 개인 사무공간과 부서를 배치하는 형식이다. 복도 또는 통로면적의 최소화로 공간이 절약되고, 동선이 자유로우며, 커뮤니케이션과 관리측면에서도 용이하다. 그러나 소음과 프라이버시 확보에 불리하며, 지나친 개방감은 집중도를 떨어뜨려서 업무능률을 저하시킬 수 있다. 오픈 오피스에서는 낮은 칸막이와 가구, 수목의 배치, 데스크 간의 거리조절 등으로 프라이버시를 확보할 수 있다. 그리고 소음 발생의 원인이 되는 기기들은 흡음재로 마감한 별도의 공간에 배치한다.

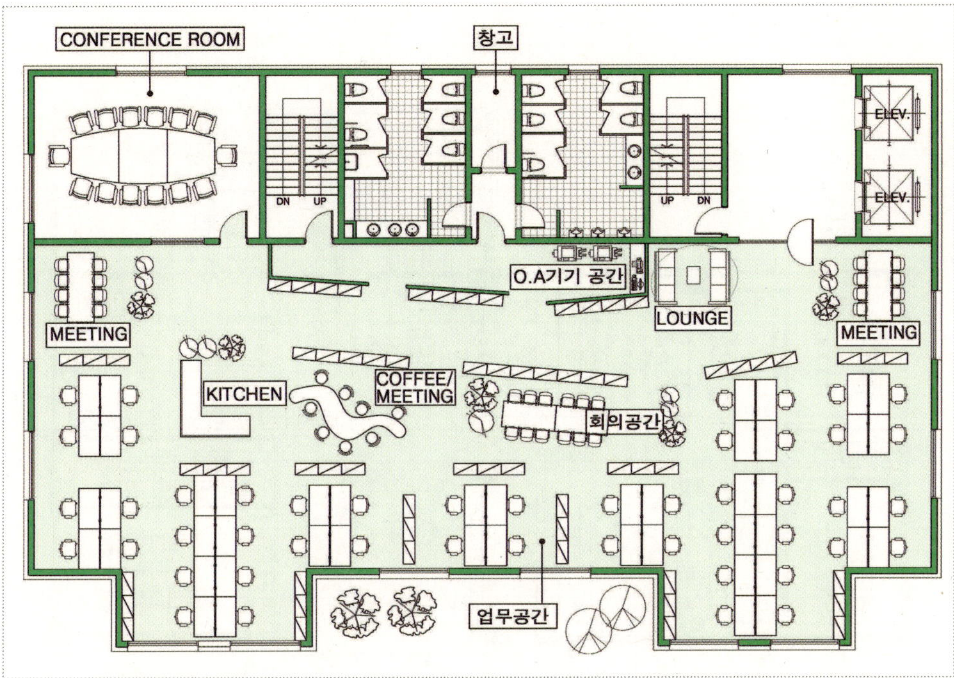

그림 4-3. 개방형-오픈 오피스(Open office)

오피스 랜드스케이프(Office landscape)는 사무공간을 개방형으로 계획하는 점에서 오픈 오피스와 유사하지만, 개방공간에서 작업자들의 프라이버시를 비롯한 심리상태와 팀 플래닝(Team planning)의 문제점을 보완한 유형이다. 개실의 구분이 없이 모든 지위의 직원이 오픈된 하나의 존에 배치되는 수평구조 환경이다. 작업공간의 공간 유니트를 그리드 플래닝이나 모듈러 시스템에 따르기 보다는, 팀원 간의 커뮤니케이션과 업무의 흐름에 따라 공간을 계획하는 오피스 유형이다.

오피스 랜드스케이프의 전형적인 디자인은 일반 데스크, 의자, 파일박스, 곡선의 칸막이, 화분 등을 이용하여 공간을 구분한다. 또한 개실이 없이 불규칙적인 기하학적 구조와 유기적인 동선 패턴으로 계획한다.

③ 혼합형

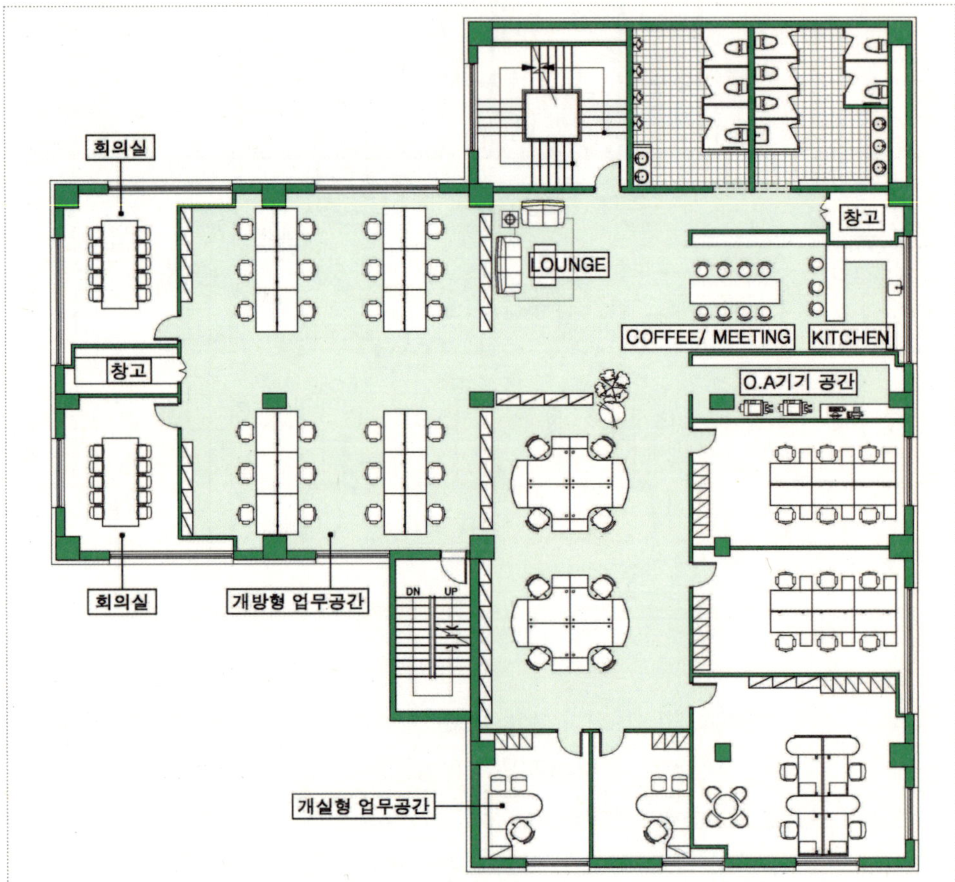

그림 4-4. 혼합형 오피스

오피스의 용도와 성격에 따라 개실 형과 개방형을 혼합한 유형이다. 시청각적 프라이버시를 확보하고 정신집중을 필요로 하는 연구직 및 관리직 사무실, 그리고 회의실 등은 개실로 하고, 업무 커뮤니케이션을 요하는 부서는 개방형으로 하여 각각의 장점을 수용한 유형이다.

2.3 업무공간의 구성

오피스의 공간구성은 업무공간과 공용공간으로 이루어진다. 기업의 주 업무에 따라서 고객공간을 따로 분류하기도 한다. 합리적이고 능률적인 업무효율을 위한 공간구성은 다음과 같다.

(1) 업무공간

업무공간은 근무자가 직접 업무를 보는 주 업무공간과 그와 연관된 회의실, OA기기실, 창고 등을 들 수 있다.

① 주 업무공간

주 업무공간은 기업의 이익을 창출하거나, 이를 지원하기 위해 정해진 장소에서 사무업무가 이루어지는 곳이다. 업무의 성격에 따라 오픈 업무공간이나 개인 업무공간으로 계획한다. 일반적으로 업무와 관련한 외부 손님과의 미팅 빈도나 지위에 따라서 오픈공간과 개인 공간의 면적을 정한다. 특히, 업무의 성격과 업무자의 행동 특성, 업무흐름 등을 분석하여 커뮤니케이션 또는 프라이버시 영역으로 구분한다.

커뮤니케이션(Communication)이라 함은 부서 내 근무자 상호간의 연락, 지시, 보고, 회의, 일상적인 대화를 비롯하여, 서류 교환, 전화 또는 컴퓨터를 매개로 한 이메일이나, 데이터 교환 등의 의사소통을 의미한다. 반면에 업무공간에서 프라이버시(Privacy)는 대인과의 상호작용에 대한 통제를 의미한다. 시각적, 청각적 프라이버시 확보는 업무집중에 중요한 요소이다.

커뮤니케이션과 프라이버시 영역은 업무의 유형에 따라 벽이나 칸막이의 높이, 벽의 투명 정도 등의 업무환경요소들 의해 조정하여 확보할 수 있다.

② 회의실

업무와 관련된 모임을 갖는 공간으로 회의 규모에 따라 그 면적을 결정한다. 소규모 회의실은 팀원 간의 회의용으로 많이 사용하며, 마이크 없이도 시각과 청각적으로 의사를 전달하는 규모이다. 소회의실은 오픈 오피스 공간을 이용하는 직원들이 집중업무를 위하여 종종 사용되기도 하고 통화 공간이 되기도 한다.

사진 4-3. 소회의실 (Postvisual; 설계, 시공;(주) 디자인 담)

중역회의나 프리젠테이션(Presentation)을 위한 공식적인 회의가 이루어지는 회의실은 다소 중후한 분위기로 디자인한다. 천장이나 벽체에 디자인 요소가 비교적 많고, 테이블과 의자도 중후한 것을 선택한다. 회의실 전면에는 화이트보드, 스크린, 빔 프로젝터, 마이크 시설 등 회의를 보조하는 기기들을 설치한다.

사진 4-4. 소파타입의 중역회의실(Designer; Park, HyoChul)

일반적으로 회의실의 규모는 1인당 1.5-2m^{2}이므로 인원수와 그 용도에 따라 다음 표4-2와 같이 분류할 수 있다.

표 4-2. 회의실의 분류

구분	인원	용도	평면사례	사례면적
팀회의	2-4인	· 짧은 회의 · 개인면담	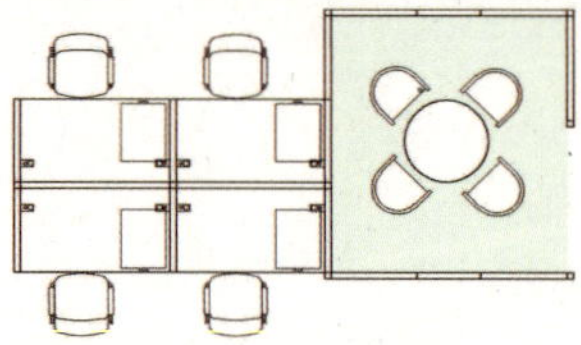	$2.2*2.5=5.5m^2$
소회의실	6-15인	· 방문객 면담 · 부서간 회의	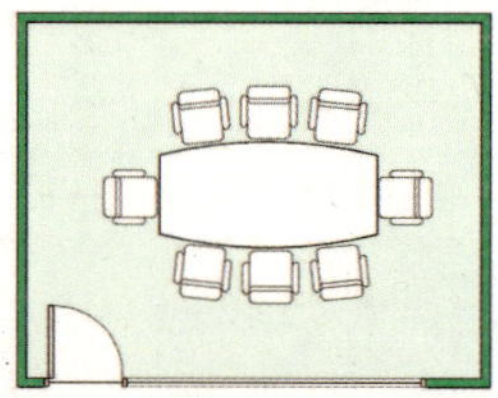	$3*4.5=13.5m^2$
중회의실	15-20인	· 중역회의 · 정책결정	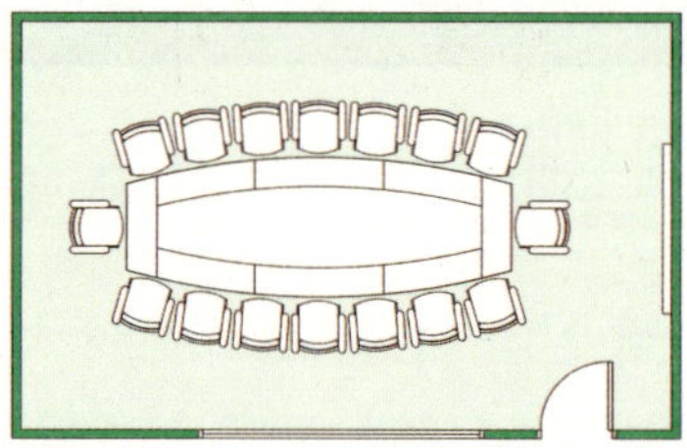	$8.5*5.5=46.75m^2$
대회의실	30인 이상	· 전직원 회의 · 총회 · 설명회 · 강연회	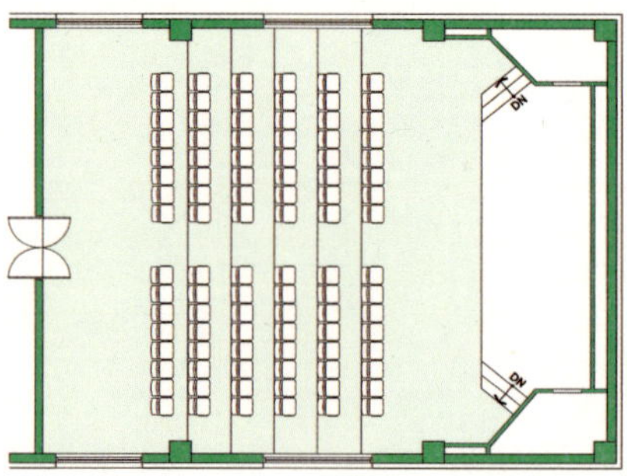	$16*12=192m^2$

③ O.A기기공간

업무 지원공간으로 프린터, 복사기, 팩시밀리(Facsimile) 등을 모아놓은 공간이다. O.A기기실은 기계로부터 발생하는 소음을 차단하고, 토너 등에서 나오는 유해공기를 배출하는 환기설비가 필요하다. O.A기기는 보통 공동으로 사용하므로 업무의 원활한 흐름을 위해서 각 부서나 직원으로부터 접근성이 좋아야한다. O.A기기공간은 오늘날 업무를 수행함에 있어서 없어서는 안 되는 공간이므로, 사무실 조닝계획 단계에서, 자투리 공간이 아닌, 소요기기의 종류와 수, 사용 빈도를 파악하여 그 규모와 위치선정 면에서 적극적으로 배치하여야 한다. 소규모 업무공간에서는 파티션으로 구획하여 부분적으로 차단하기도 하지만, 가급적 완전히 실을 구획하는 것이 바람직하다.

사진 4-5. Office lounge (바이널; 설계, 시공;(주)디자인 담)

(2) 공용 공간

업무공간을 지원하거나 직원들이 업무이외에 공동으로 사용하는 공간이다. 리셉션, 식당, 강당, 화장실, 휴게실, 키친네트(Kitchenette), 탈의실, 숙직실 등의 공간이 이에 속한다. 만일 공용공간이 부족하여 업무공간에서 위의 공간들을 배치할 경우, 소음, 냄새 등으로 업무 집중도를 잃을 수 있다. 그러므로 계획단계에서 지원 서비스의 종류와 사용자의 수에 따라 공간의 소요면적을 결정하고, 각각 공간의 위치는 업무공간과의 연결 및 접근성을 고려하여 계획한다.

① 안내 공간(Reception area)

방문객의 안내와 대기를 위한 공간이면서, 기업의 이미지를 전달하는 공간이다. 사인 월(Sign wall)에 회사 로고를 부착하고, 판매 또는 생산제품을 디스플레이하거나 회사관련 소식과 홍보물 등 다양한 볼거리를 디스플레이하여 홍보공간(Show room)을 겸하기도 한다. 방문객의 빈도가 높은 기업은 안내데스크를 두어서 직원이 안내를 돕지만, 방문객 빈도가 낮은 소규모 기업의 안내공간은 대기공간만을 두고 직원을 호출하는 방식을 적용할 수 있다.

안내공간 주변에는 라운지(Lounge)를 두어 비공식적인 미팅장소나 미니 워크숍 장소나 형식에 얽매이지 않는 사적 공간으로도 사용할 수 있다. 이를 위해 편안한 소파와 원형 테이블까지 다양한 가구 배치를 할 수 있다.

② 휴게실

휴게실은 업무 중에 잠깐 동안 피로를 푸는 직원의 휴식공간이다. 워크스테이션 주변의 창가나 키친네트 주변에 배치하여 가벼운 스낵, 차와 함께 비공식적 커뮤니케이션을 유도하고 직원들과의 친화적 장소이기도 하다. 이보다 적극적으로 업무공간에서 떨어진 코어공간이나 회의실 주변에 자동판매기나 키친네트 등을 설치하여 쉴 수 있는 공간을 제공하기도 한다.

대형건물을 주도적으로 사용하는 기업이라면 건물 외부 또는 옥상 조경을 이용하여, 산책과 대화의 휴게공간으로 계획할 수 있다. 또한 직원들이 누워서 쉬거나 책을 볼 수 있는 공간을 둘 수도 있고 탁구대, 당구대를 두어 레크리에이션 활동을 통한 친화적 공간을 조성할 수 있다.

③ 키친네트(kitchenette)

직원과 방문객에게 커피나 음료, 차를 제공할 수 있는 재료와 기기가 준비된 간이주방이다. 급수와 배수가 지원되는 작은 작업대(sink)와 냉장고, 정수기와 기타 필요한 가전기기를 배치한다. 공간의 여유가 있다면, 간단한 테이블과 의자를 배치하며 업무에 방해되지 않는 거리에 배치하는 것이 좋다. 키친네트는 계획에 앞서서, 급수와 배수 배관을 연결하는데 문제가 없는지를 반드시 현장에서 확인하고 실내계획이 진행되어야 한다.

그 외에 업종에 따라 근무 중 유니폼을 착용하는 직원들을 위한 라커룸, 직원들의 식당, 숙직실 등을 둘 수 있고, 법률 사무소나 연구소 등에는 도서실을 구성하기도 한다. 또한 홈 쇼핑과 같은 유통회사는 업무상 업체 방문이 많으므로 출입구 주변에 다수의 미팅룸을 구성한다.

2.4 업무공간의 동선계획

업무공간의 동선계획은 공간을 효율적으로 이용하고, 업무공간과 공용공간의 상호흐름이 원활하여, 업무 능률을 향상시키고 쾌적한 사무환경을 조성할 수 있어야 한다.

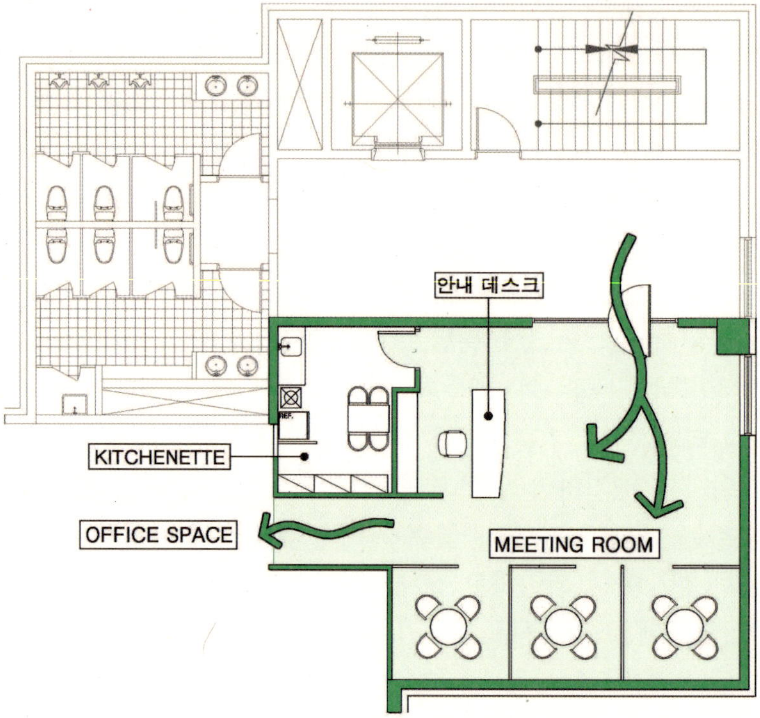

• 출입구에서 업무공간은 노출되지 않고, 방문객을 위한 미팅 룸은 입구에 배치

그림 4-5. 로비영역의 동선계획 사례

업무공간 동선계획의 주요 포인트를 정리하면 다음과 같다.

ⓐ 주 업무공간은 입구에서 직접적으로 노출되지 않도록 배치하고, 필요한 가구와 사무기기만을 구성한다.

ⓑ 순환동선은 기하학적형태가 아닌, 자연스러운 흐름이 좋다.

ⓒ 팀 간의 모임을 목적으로 하는 회의실은 동선이 교차하는 주 통로에 위치하지만, 방문객과의 미팅이나 회의 장소는 안내데스크 또는 입구와 가

까이 배치하여 업무공간을 거치지 않도록 한다.

ⓓ 대회의실은 모든 부서에서 접근이 용이하도록 배치한다.

ⓔ O.A기기공간은 출입동선이나 통행동선에 배치할 경우, 동선 혼잡의 원인이 될 수 있으므로 독립공간으로 계획하여 소음 원과 업무방해 요인을 최소화해야 한다.

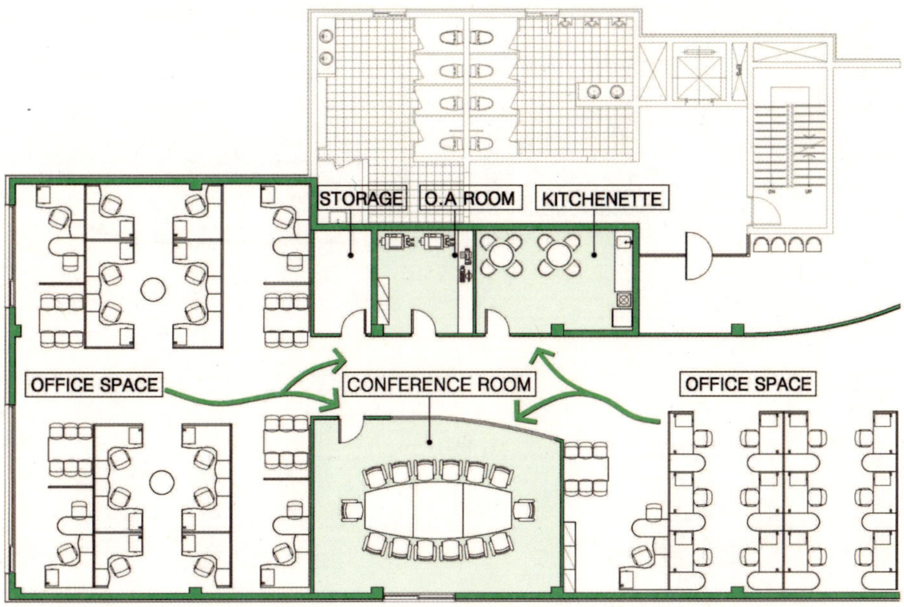

• 회의실, 키친네트, O.A 기기실 등 공용공간은 각 부서에서 접근이 용이하게 배치

그림 4-6. 공용공간 영역의 동선계획 사례

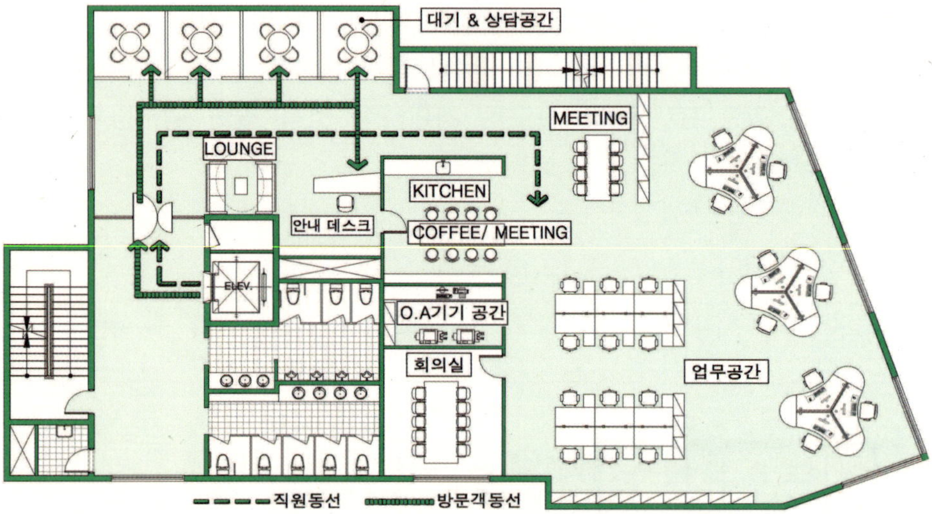

- 방문객이 많은 사무실의 경우임
- 안내데스크가 있는 주출입구 외에 부출입구를 두어서 직원과 임원이 때에 따라 사용하도록 함
- 임원실과 주 업무공간을 시각적으로 분리함
- 부속공간인 O.A기기실 등의 동선을 최소화함

그림 4-7. 오피스 동선계획 사례

2.5 업무공간의 레이아웃 유형 결정

사무공간의 업무영역과 공동영역을 먼저 결정하고, 전체 레이아웃을 진행한다. 레이아웃은 주어진 공간의 형태, 업무와 조직체계, 업무흐름, 경영방침 등을 고려한다. 책상 배치는 다음과 같은 유형이 있다.

(1) 병렬식

같은 방향으로 데스크를 배치하는 형식이다. 직원들 간에 시선이 부딪치지 않아서 프라이버시 확보에 유리하며, 동선이 명확히 구분된다. 하지만, 대향식에 비해 공간효율이 떨어진다.

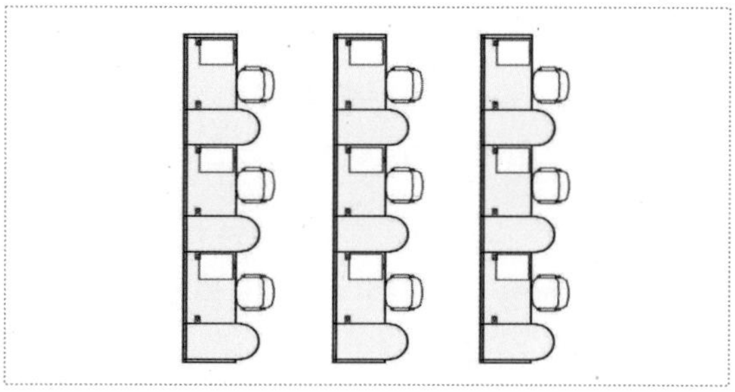

그림 4-8. 병렬식

(2) 대향식

데스크를 서로 마주보도록 배치하는 유형으로, 가장 많이 사용되는 레이아웃이다. 공간효율이 좋고, 커뮤니케이션이 원활하지만, 통행동선을 위한 복도공간이 불투명하기 쉽다. 주로 관리부서 레이아웃에 많이 채택한다.

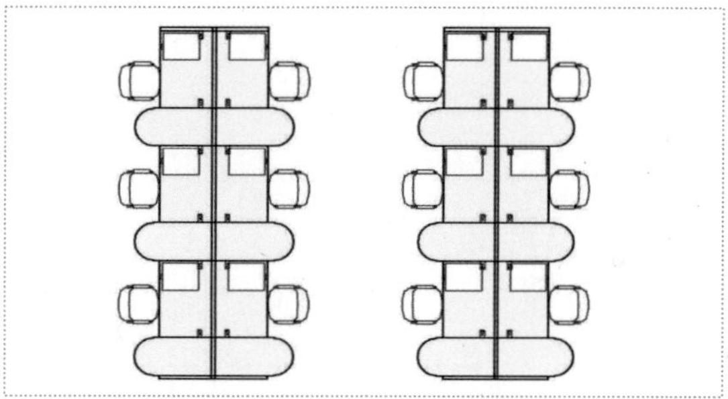

그림 4-9. 대향식

(3) 배면식

서로 등을 지고 근무하는 배치하는 유형이다. 프라이버시가 확보되고, 팀 간 또는 부서간의 회의가 용이하다. 팀의 상호 유기적 업무에 적합한 배치법이다.

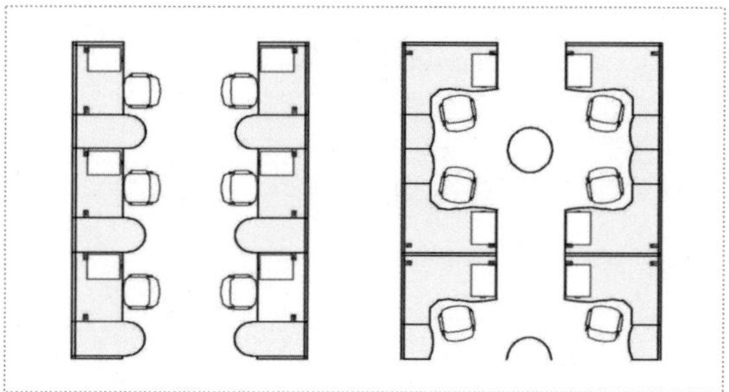

그림 4-10. 배면식

2.6 업무공간의 가구계획

변화하고 있는 업무환경에서 빼놓을 수 없는 것이 오피스 가구이다. 시스템가구와 일반 가구로 분류되며, 소재로는 금속가구와 목재가구가 있다. 시스템 가구는 오픈오피스의 음향, 수납공간, 프라이버시 등을 해결하고, 규격화된 가구들을 조합하여 가변성을 강화한 것이다. 업무공간에서 가구계획은 업무흐름과 인체 조건을 고려하여 인체공학적으로 디자인해야 한다.

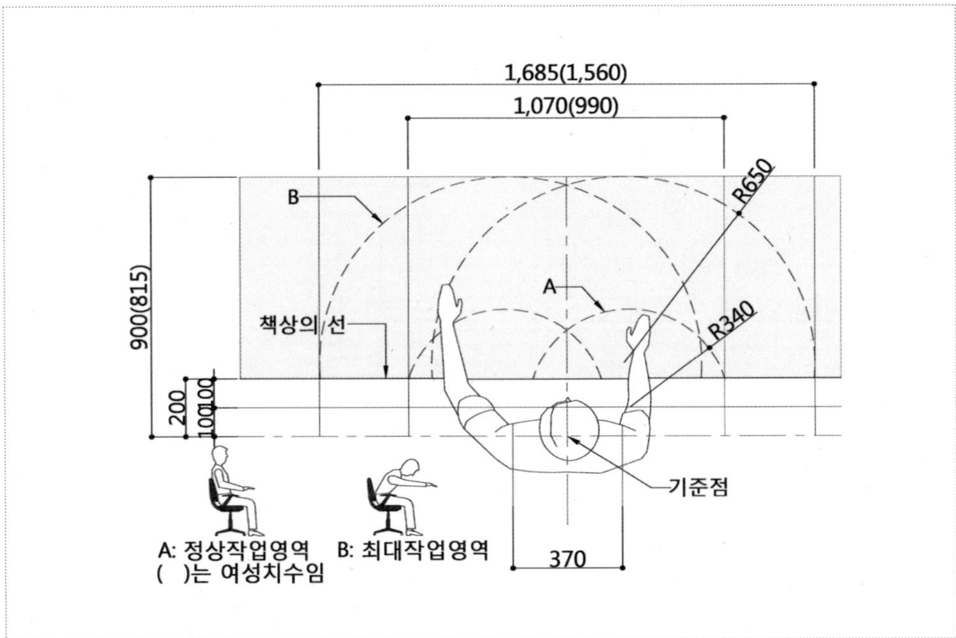

그림 4-11. 수평작업 영역 치수

(1) 업무공간의 영역치수

능률적인 작업을 위한 가구의 크기선정에 있어서, 인간공학 치수는 필수

조건이다. 작업영역은 신체의 각 부위를 움직여서 동작할 때 만들어내는 평면적 또는 입체적 영역이다. 의자에 앉은 자세에서 동작의 범위로, 정상작업영역은 양팔을 자연스럽게 수직으로 늘어뜨려 옆구리에 붙이고, 팔만을 편하게 뻗었을 때의 영역이다. 최대작업영역은 허리를 움직여서, 양팔을 곧게 폈을 때 손이 닿는 범위를 말한다. 작업할 때 자주 사용하지 않는 도구는 최대작업영역 내에 둔다.

앉은 자세의 입면 영역 설정 즉, 눈과 모니터의 간격은 400mm정도가 적당하고, 시선은 수평방향보다 30°하향방향이 되도록 한다. 아울러, 업무흐름과 업무 동작을 고려한 책상, 수납공간, 그리고 파티션의 적절한 배치와 공간의 확보는 업무의 효율성을 증대한다.

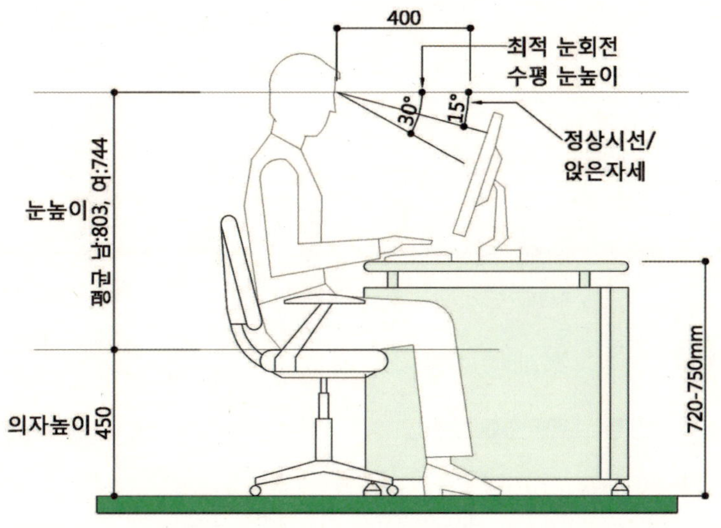

그림 4-12. 입면작업 영역 치수

표 4-3. 업무공간의 소요 치수

공간	• 복도	• 책상 뒤에 수납장이 있는 경우 책상과 수납장 사이 공간
치수	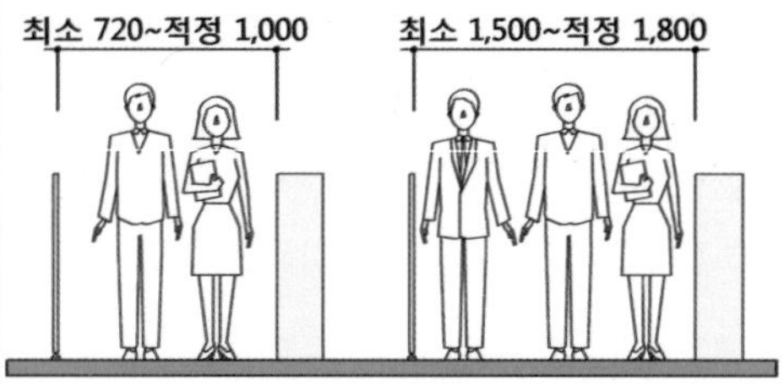	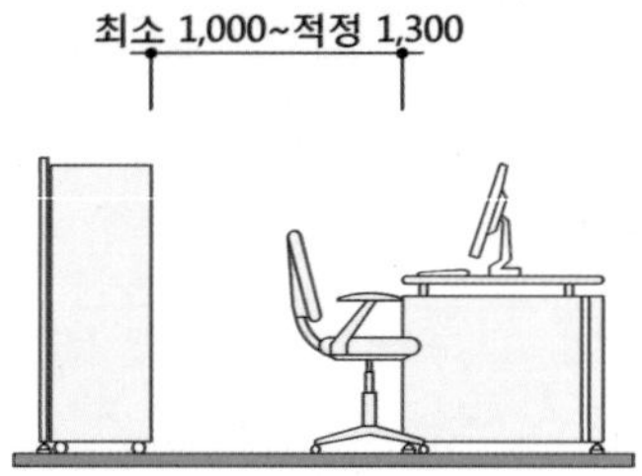
공간	• 서랍장이 있는 복도 • 복도와 업무공간을 겸하는 복도	• 임원용 의자 사용 시 책상과 벽 또는 파티션 사이 공간
치수	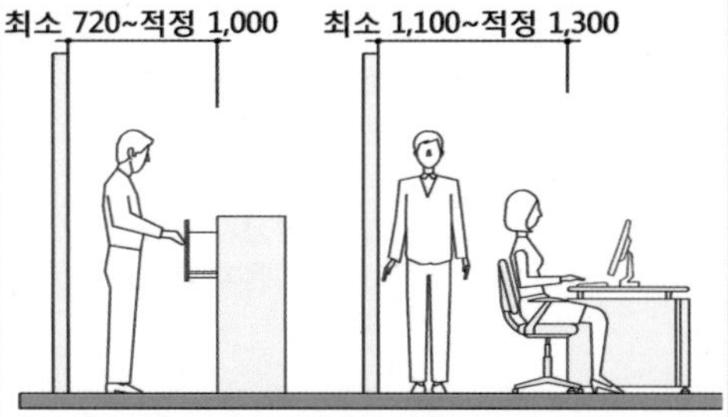	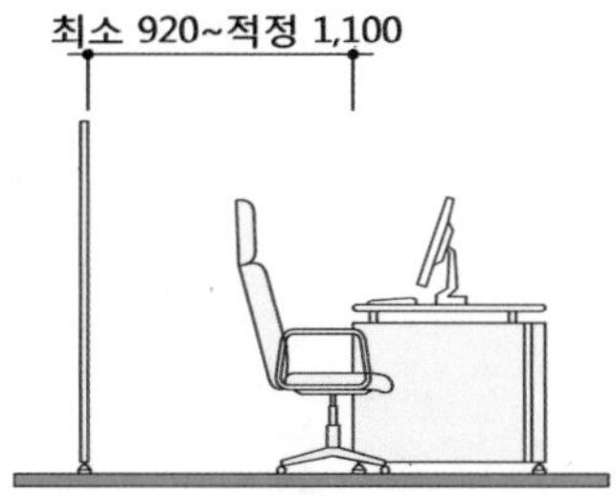
공간	• 배면 배치 시, 책상과 책상사이 공간 (사원용 의자 사용)	• 병렬 배치 시, 책상과 책상 사이 공간 (사원용 의자 사용)
치수	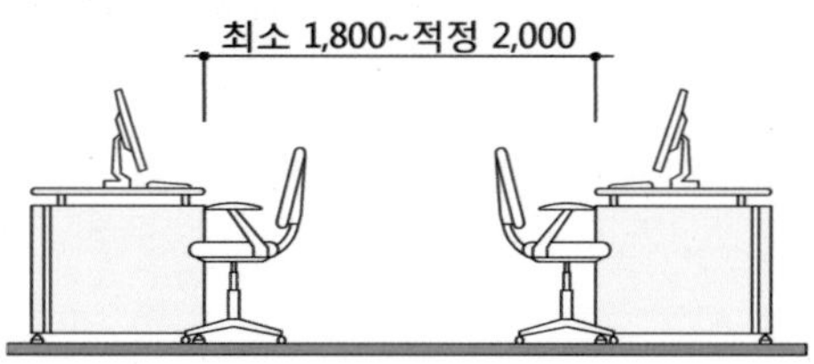	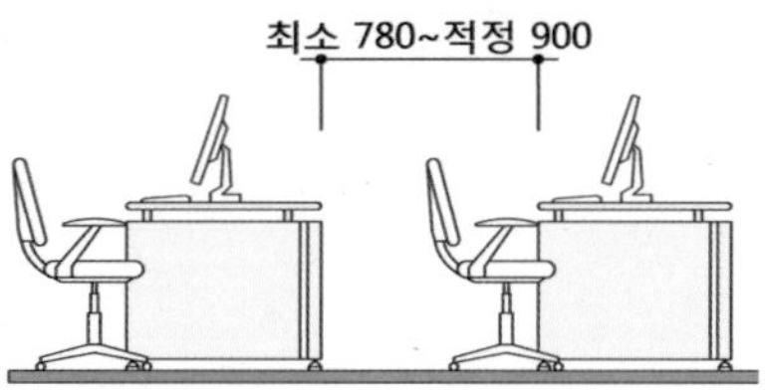

(2) 워크스테이션(workstation)

워크스테이션(workstation)이란, 한사람이 업무를 수행하기 위해 필요한 단위공간이다. 데스크, 의자, 컴퓨터, 통신관련 기기, 파티션, 개인 파일함, 조명 등으로 구성되며, 회의공간을 포함하기도 한다. 오픈 오피스에서의 워크스테이션은 전원 케이블, 랜 케이블, 전화선 등의 배선 매입을 위하여 O.A 플로어(Office Automation Floor)나 액세스 플로어(Access Floor)와 같은 이중바닥재를 설치한다. 워크스테이션은 업무자에게 업무의 효율성과 심리적인 쾌적성을 제공하여, 업무능률을 극대화시키는 중요한 공간요소이다.

업무의 성격, 내용, 업무량에 따라 가구의 크기와 수량을 결정한다. 작업공간과 워크스테이션의 배치는 동선을 고려하되, 모니터는 창과 직교하도록 레이아웃 한다.

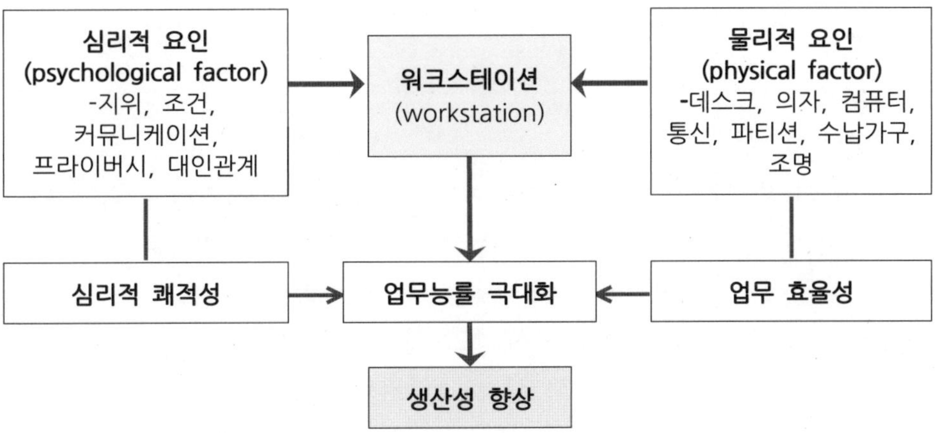

그림 4-13. 워크스테이션의 개념

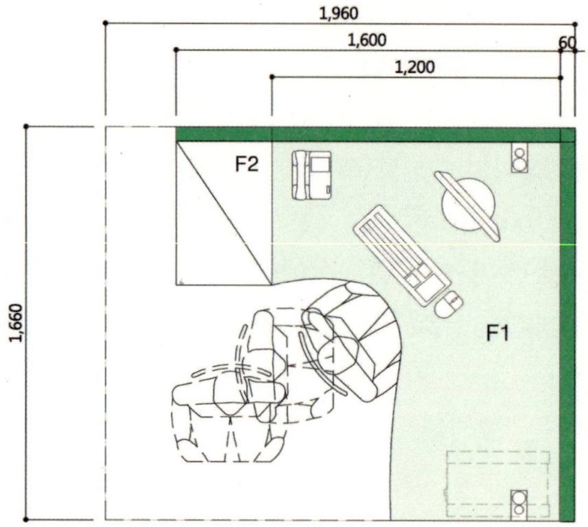

- **면적:** 1.96*1.66=3.25m²
- **F1:** L자형 오피스 가구 1600*1200*720mm
- **F2:** 파일박스 400*575*665mm
- **파티션 두께:** 60mm

그림 4-14. 워크스테이션의 구성

(3) 사무용 가구

① 책상 & 테이블

책상은 업무자의 작업공간에 의자와 연계하여 최적의 자세를 취할 수 있는 높이여야 한다. 책상의 표준높이는 720mm이지만, 작업자의 신체조건에 따라 조절할 수 있으며, 책상 하부에는 데스크 탑과 다리를 넣을 수 있는 충분한 공간이 확보되어야 한다. 책상의 형태와 조합은 업무자의 동선과 움직임을 고려하여, 공간의 효율적 사용과 업무능률을 전제로 선정한다.

테이블은 두 개 이상을 조합할 수 있도록 선정하면, 업무와 작업, 그리고 회의용도 등 가변적으로 사용할 수 있다. 회의실 테이블은 20명 미만용으로는 원형, 타원형, 사각형이 적합하고, 그 이상의 인원을 위한 테이블은 보트형이나 말굽형(U)의 형태로 선택한다.

② 의자

인체공학적으로 디자인이 잘된 의자는 피로를 감소시켜서, 업무의 능률과 생산성 향상에 도움을 준다. 따라서 신체의 차이나 업무의 내용에 따라, 좌면의 높이와 각도를 간단히 조절할 수 있어야 한다. 일반적으로 업무용 의자와 소규모 회의용은 이동이 편리하도록 바퀴(Caster)가 달린 것으로 하되, 회의용 의자가 크면, 산만해 보이므로 너무 크지 않은 것으로 선정한다. 배석자를 위하여 양쪽 벽에 붙여 배치하는 보조의자는 바퀴가 없고 등받이가 낮은 형태가 적합하다.

③ 수납가구

업무 특성에 맞는 수납가구의 선택이 중요하다. 이동형, 벽면형, 선반식, 서랍식 등 다양한 기능을 갖는 유형이 있다. 벽면형은 정돈된 느낌을 주고, 부서와 부서를 구분하는 칸막이용으로도 이용할 수 있다.

효율과 기능을 고려해 계획된 수납가구는 업무동선을 짧게 하고, 작은 공간에서도 공간효율을 높일 수 있다. 따라서 수납가구를 선정할 때에는 공간을 효율적으로 활용할 수 있고, 수납과 정리가 손쉬우며, 사무실 전체 실내디자인 이미지와 부합되는지 고려한다.

④ 파티션

파티션은 물리적으로는 개방된 공간의 분할 역할 뿐만 아니라, 파티션 내부에 천을 마감하여 흡음효과를 높이고, 각종 통신, 전기의 배선들을 매입한다. 미관상으로는 사무실 실내분위기에 영향을 미치고, 심리적으로는 프라이버시와 커뮤니케이션을 조절한다. 기업에서 생산하는 표준형 파티션의 높이는 업체에 따라 다소 차이는 있지만 1,050, 1,200, 1,500, 1,800㎜ 정도가 일반적이다.

표 4-4. 파티션의 높이별 기능 및 특성

크기	내용
H1,050	• 오픈공간을 유지하면서 구성원간의 비공식적인 커뮤니케이션이 원할 • 안내데스크 높이로 적당함
H1,200	• 앉은 자리에서 시각적 프라이버시 확보 • 일반적으로 가장 많이 사용됨
H1,500	• 앉은 자리에서 시계차단 • 독립된 부서별 공간 확보 • 밀폐된 느낌을 주어서, 좁은 공간에 설치하기 어려움
H1,800	• 서있는 상태에서도 외부와 완전 차단하여서 프라이버시 보장 • 상담, 회의, 창고 등의 공간을 만들 때 적용

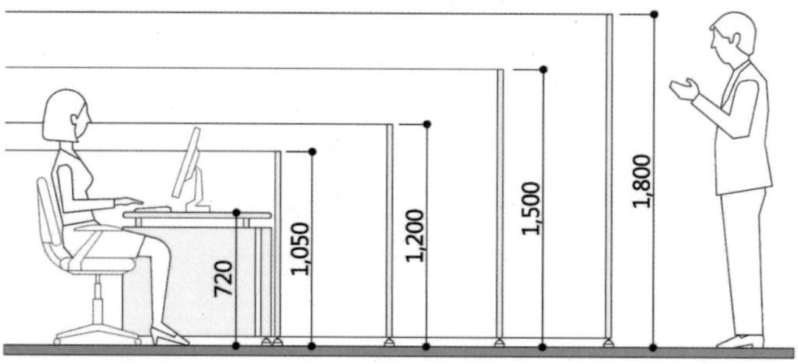

2.7 업무공간의 조명계획

업무환경의 조명은 명시성과 업무능률 향상을 목적으로 계획하되, 공간의 기능과 역할에 따라 차이가 있다. 최근 업무환경은 컴퓨터와 VDT(Video display terminals, 영상표시단말기)기기의 도입이 많아져서, 작업능률을 대단히 높이고 있다. 디지털 업무환경은 과거 아날로그 업무환경에서 요구하는 조명환경과는 차이가 있다. 과거와 동일한 조건으로 계획한 조명환경은 작업자의 생리적·심리적 피로를 가중시킨다. 따라서 각 공간마다의 주 업무 내용을 파악하고, 그에 적합한 광원과 조명기구, 그리고 배치가 필요하다.

표 4-5. KS 권장조도 기준에 따른 사무실의 공간별 권장조도

장소/ 활동	권장 조도 범위 (lux)		
	최저	표준	최고
로비, 응접실, 휴게실	60	100	150
VDT가 있는 사무실	150	200	300
회의실	150	200	300
키보드 식별	300	400	600
복사실	150	200	300
계단, 복도, 엘리베이터	60	100	150

출처: 지식경제부 기술표준원 www.standard.go.kr.

빛의 양을 나타내는 조도는 업무능률에도 큰 영향을 미치므로, 공간의 목적과 그 기능에 적합한 조도기준이 얼마인지를 조사한 후에 조명계획에 임하여야 한다. 업무공간의 조도는 세밀한 작업이 필요한 경우, 면적이 넓고 밀도가 높은 경우, 노인 또는 시력 장애가 있는 사용자가 있는 공간인 경우에는 높은 조도가 필요하다.

(1) 업무공간의 조명방식

① 전반조명(General lighting)

조명기구를 일정한 높이와 간격으로 배치하여 공간 전체를 균일하게 조명하는 방식으로 직접조명방식과 간접조명 방식이 있다. 직접조명방식은 컴

퓨터 화면에 반사를 일으킬 수 있으므로 파라보릭 조명(Parabolic louvered luminaries)기구를 설치한다. 간접조명 방식은 광원이 천장이나 벽면을 비추기 때문에 글레어를 감소시킬 수 있다.

② 작업조명(Task lighting)

전체조명으로 빛이 충분하지 못할 경우나, 파티션과 상부 장으로 인하여 데스크에 그림자가 생길 경우, 데스크 주변에 배치하는 조명 방식이다. 컴퓨터를 사용하지 않거나, 업무종류에 따라 사용자는 조도조절이 가능하다.

③ 악센트조명(Accent lighting)

업무공간 조명에서 악센트조명은 특정구역을 표시하거나, 주위를 끌 필요가 있는 경우에 계획하는 조명방식이다.

(2) 광원의 선택

업무공간의 광원은 형광전구가 가장 적합하며, 전반조명의 90%이상을 형광전구를 사용하고 있다. 형광전구는 효율이 높고, 수명이 긴 전구로 광색(색온도)이 우수하다. 광원의 색온도는 빛의 색조를 수치로 표시하는 것이다. 색온도는 공간의 분위기에 영향을 주는데, 일반적으로 색온도가 낮으면 따뜻한 느낌의 붉은 빛이 되고, 색온도가 높아질수록 태양광과 같은 백색빛을 띠며, 더 높아지면 시원한 느낌의 푸른빛이 된다. 업무공간의 조명 색온도는 4000~5000°K가 좋다.

표 4-6. KS 형광전구의 색온도

색온도	6500(K)	5000(K)	4100(K)	3000(K)	2100(K)
KS 표기	주광색	주백색	백색	온백색	전구색
영문표기	Cooldaylight	Daylight	Coolwhite	Warmwhite	Incandilight

업무공간에 주광(Daylight)을 적극 도입하면, 인간의 감성을 자극할 수 있으며, 에너지 절감에도 효과적이다. 하지만, 외기상황에 따라 상당한 차이가 있으므로, 강한 주광은 블라인드(Blind)로 조절할 수 있도록 하고, 흐린 정도와 시간에 따라 인공조명을 조절할 수 있도록 계획한다. 안내공간이나 이미지 월, 장식 벽 등은 할로겐전구로 시선을 모으는 효과를 줄 수 있다.

(3) 조명기구의 선택과 배치

조명기구는 매입형, 직부형, 펜던트 등이 있으며, 공간의 용도에 따라 광천장, 코브(cove)조명과 같은 건축화 조명을 함께 계획할 수 있다. 펜던트 등은 일정 천장높이가 확보된 실내에서만 가능하다.

사진 4-6. 업무공간의 펜던트 설치
(Postvisual; 설계, 시공;(주) 디자인 담)

주 업무공간의 조명은 눈부심이 일어나지 않아야 하며, 보통 시선을 중심으로 30° 범위 안에 광원이 설치되지 않아야 한다. 아울러 눈부심 조절용 루버, 확산판, 플라스틱 커버 등을 조명기구에 부착시켜 눈부심을 방지한다.

조명기구의 배치는 소요조도, 책상의 배치, 업무공간의 면적과 형태, 설비의 위치 등을 고려하여 계획한다. 주업무공간의 조명은 데스크와 파티션 위치를 따라 배열하되, 머리 위쪽으로 직접조명이 배치될 경우, 모니터에 빛이 반사되고, 작업 면에 그림자가 생기지 않으려면 파티션 위가 적절하다.

회의실은 회의의 특성에 따라 융통성 있게 대응할 수 있는 배선계획이 필요하다. 대회의실인 경우는 다양한 종류의 조명기구와 건축화 조명에 의해서 디자인을 부각시키고, 조광기를 설치하여 회의내용에 따라 조도를 조절할 수 있어야 한다.

안내공간(Reception area)은 전체 업무공간 중에 심미적 측면과 기업 이미지를 표현하는 중요한 실내공간이다. 안내와 대기, 그리고 기업만의 독창성을 표현하기에 적합한 조명계획이어야 한다. 사인 보드(Sign board), 이미지 월(Image wall), 인포메이션 데스크(Information desk), 쇼 룸(Show room) 등에는 스포트라이트(Spot light)와 건축화 조명에 의해서 조도를 높여 계획한다. 반면, 대기와 휴식을 위한 존은 너무 밝지 않은 편안한 조명계획이 좋다.

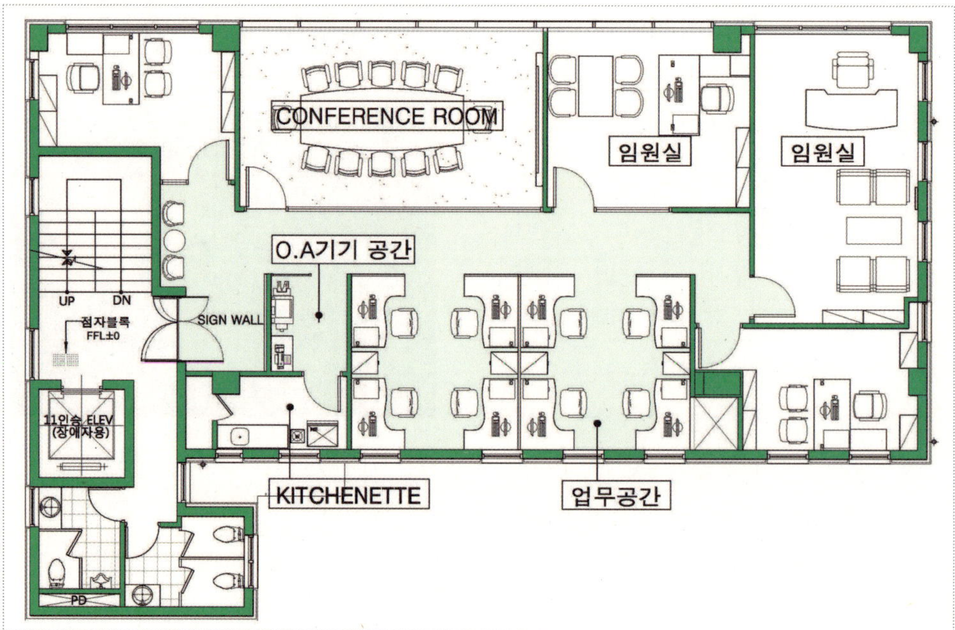

그림 4-15. 오피스 평면계획 사례

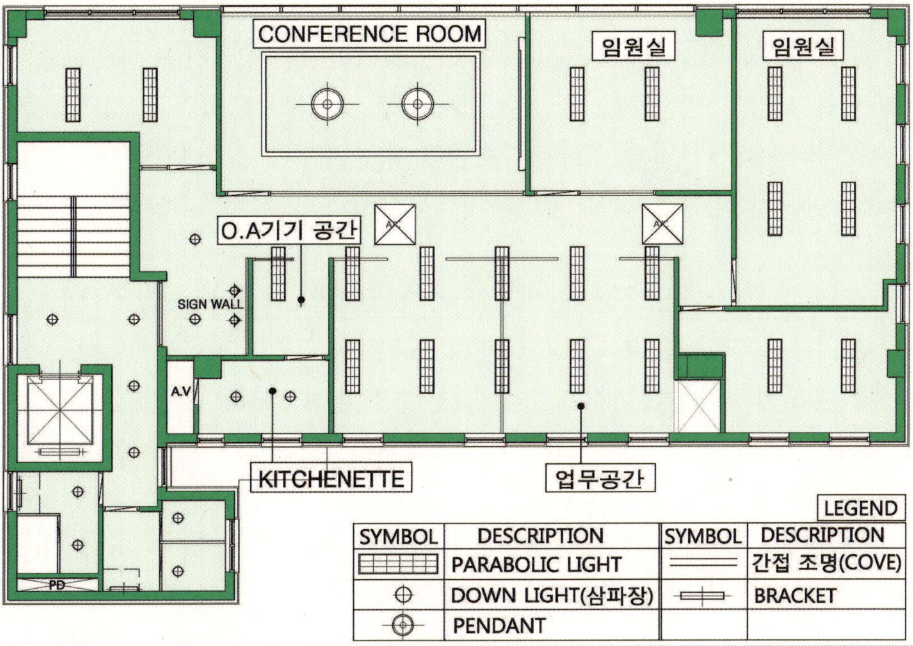

- 입구 Sign wall은 스포트라이트로 기업이미지 강조
- 주 업무공간은 파라보릭 조명 배치/ 회의실은 간접조명과 중앙에 펜던트 조명 배치

그림 4-16. 오피스 천장계획 사례

2.8 업무공간의 색채계획

업무공간의 색채는 모든 실내구성요소의 조화를 바탕으로 심리적으로 안정감을 주고, 생동감 있는 분위기를 조성하는 것이 바람직하다. 특히, 바닥, 벽, 천장과 가구와 소품 등을 하나하나 아름다운 것으로 계획하기 보다는, 각각의 요소들에 의해서 업무공간전체가 조화로운 배색이 되어야 한다.

천장은 일반적으로 무채색 계열의 저채도·고명도의 색으로 계획하면, 반사율을 올릴 수 있어서, 조명효율도 높일 수 있다. 또한 천장, 벽, 바닥의 밝기를 상부에서 하부로 내려갈수록 어둡게 명도를 조절하면, 색의 중량감에 의해서 시각적 안정감을 줄 수 있다. 만일 시각적 생동감과 경쾌함을 주려면 벽이나 바닥의 일부, 그리고 소품을 악센트 색으로 계획할 수 있으며, 안내공간이나 회의실은 기업 이미지를 부각시키는 색채계획으로 할 수 있다.

대체적으로 한색계보다는 난색계에서, 낮은 명도 보다는 높은 명도에서 눈의 피로를 쉽게 느낀다. 그리고 재료 표면의 광택이 높을수록, 채도가 높을수록, 명도와 채도 차이가 큰 배색은 눈의 피로 도를 높이는 경향이 있다. 따라서 별생각 없이 순 백색(Pure white) 페인트로 벽에 칠하는 것은 눈의 피로를 높이므로 피하는 것이 좋다.

실내공간의 조도는 마감재나 색채에 의해서 영향을 받는다. 같은 밝기의 조명기구라도 마감재가 광택이 있고 밝은 색채일수록 반사율이 높고, 광택이 없고 어두운 색채일수록 반사율이 낮다. 반사율은 마감재의 표면에 빛을 받았을 때, 반사되는 입사광의 백분율로 표시한다.

표 4-7. 업무공간의 표면 반사율 가이드라인

표면 (Matte finish)	작업대	창문장식	바닥	천장	벽	오픈 오피스 칸막이
권장반사율(%)	20 ~ 40	30 ~ 50	10 ~ 20	70이상	30 ~ 50	20 ~ 50

표 4-8. 마감재료 별 반사율

재료	반사율(%)	재료	반사율(%)
알루미늄(polished)	60~70	대리석	30~70
stainless steel	50~60	화강암	20~25
투명유리 & 플라스틱	8~10	시멘트	20~30
white 페인트	70~90	밝은 자작나무	35~50
white plaster	90~92	밝은 오크	25~35
white terra-cotta	65~80	어두운 오크	10~15
붉은 벽돌	10~20	마호가니	6~12
밝은 벽돌	40~45	호두나무	5~10

PUBLIC CUITURAL SPACE

5부
공공문화 공간

제1장 문화공간의 개념
제2장 전시공간
제3장 교육공간
제4장 공연공간

사진 5-1. Tri-bowl(유걸 건축연구소, Designer Yoo Kerl)

제1장. 문화공간의 개념

문화는 라틴어의 cultura에서 파생한 culture를 번역한 것이다. 본래의 뜻은 경작(耕作)이나 재배(栽培)의 의미를 가졌으나, 후에 교양·예술의 뜻을 갖게 되었다. 영국의 인류학자 타일러(E.B Tylor)는 원시문화(Primitive culture, 1871)에서 '지식, 신앙, 예술, 도덕, 법률, 관습 등 인간이 사회구성원으로서 획득한 능력 또는 습관의 총체'라고 정의하기도 하였다.

일반적으로 문화의 의미로 현대적인 편리성을 들 수 있다. 가전기기를 바탕으로 가사노동을 최소화한 현대주택이나, 자동화 산업을 통한 대량생산, 첨단장비를 이용한 사회운영 시스템의 정착 등, 기기와 체계에 의한 효율향상을 현대사회의 문화라고 일컫는다. 둘째는 높은 교양과 깊은 지식, 세련된 생활, 우아함, 그리고 예술적 가치를 문화라고 한다. 많은 사람들 특히, 현대인들은 이 무형의 정신적 풍요를 누리고 싶어 한다. 셋째는 인류의 가치적 소산으로서 철학, 종교, 예술, 과학 등을 가리키며, 여기에서 의미하는 문화를 통해서, 앞에서 설명한 두 문화가 생성되고 가치를 높일 수 있다.

문화는 과거에도 존재하였고, 현재에도 존재하고 있다. 오늘의 사회과학, 특히 문화인류학[1]에서는 미개(未開)와 문명(文明;高文化)을 가리지 않고, 모든 인류가 문화를 소유하며 인류만이 문화를 가진다고 생각한다. 여기에서 문화는 인류에서만 볼 수 있는 사유(思惟), 생활양식 중에서 유전에 의한 것이 아닌, 학습에 의해 습득·전달받은 모든 것을 총칭한다.

그렇다면, 문화공간은 앞에서 설명한 유형적, 무형적 문화를 이해하고, 그 가치를 배가시키기 위한 삼차원, 나아가 사차원의 장소이다. 하지만 문화적 가치는 장소마다 추구하는 바가 같을 수는 없으며, 같은 용도일지라도 상반될 수 도 있다. 따라서 문화공간의 실내디자인은 장소가 추구하는 문화적 가치를 올바르게 이해하고, 계획에 임해야 한다. 사용자는 공간이 갖고 있는 유·무형의 문화적 가치를 누릴 수 있어야하므로, 기능적 해결과 더불어 디자이너의 탁월한 감수성을 통한 실내공간의 창조도 함께 요구되는 공간이다.

---

1) 문화인류학(文化人類學, Cultural anthropology); 인류가 걸어온 역사와 현존의 인류에 의한 각종 소산을 대상으로 문화를 관찰·분석하고, 그것을 종합하여 문화의 법칙성 또는 규칙성과 변이(變異)를 탐구하는 학문이다.

사진 5-2. 여주도자기 박람회(Designer: Park SungChel)

제2장 전시공간

2.1 개요

전시라는 용어는 영어의 Exhibition으로 제시, 전시, 진열, 열람 등 '펼쳐 보인다.', '남의 눈을 끈다.' 등의 의미이며, 불어는 Exposition으로 '설명한다'는 의미에 가깝다. 이 두 가지 말은 모두 회화(繪畵) 전람회에서 비롯되었다. 미국에서는 농산물이나 가축의 정기품평회를 가리키는 '페어(Fair)'라는 말에서 전시의 의미로 쓰이기 시작했다. 동양권에서 전시(展示)는 '펼쳐서 보여준다.'는 적극적 의지와 불어의 '설명한다'는 의미가 동시에 들어있다.

현대사회에서도 전시라는 의미가 지역마다 약간의 차이가 있기는 하지만, 특정한 장소에서 전시의 주최자가 관람자에게 유·무형 작품의 내용과 가치를 효과적으로 보여주어서, 이해와 감동, 더 나아가 거래의 효과도 얻게 하는 일련의 커뮤니케이션이다. 거시적 측면에서 전시는 목적대상의 이미지를 부각시키고자 하는 개인, 혹은 국가 차원에서 이루어지는 적극적인 문화 활동이다. 사람과 사람, 그리고 사람과 대상물 간의 만남의 장소인 전시공간은 전시의 내용 즉, 대상과 관련된 그 사회의 문화적 정보와 가치를 공유하고, 교류하게 하는 문화적인 커뮤니케이션 기능을 갖는다.

구체적으로 설명하면, 전시는 감상, 계몽, 교육, 홍보, 광고, 판매, 서비스 등의 정보 전달을 목적으로 한다. 대개 미술관, 박물관, 과학관 등은 일반 대중의 문화적 사고 증진, 지식의 전달, 교육에 그 목적이 있으며, 박람회, 기업의 쇼룸, 백화점의 쇼룸, 모델하우스(주택문화관, 견본주택) 등은 홍보, 광고, 서비스를 통하여 상품의 판매 촉진을 목적으로 한다.

사진 5-3. 여주도자기 박람회(Designer; Park SungChel)

2.2 전시의 유형

오늘날의 전시는 전시물을 수집, 전시하는 기능만이 아니라, 구성과 연출로 시각적 효과를 더해서 관람객과 전시물 간의 커뮤니케이션을 극대화한다. 커뮤니케이션의 전달은 전시의 핵심적인 부분이다. 즉, 전시물의 종류, 성격, 상태에 맞는 절절한 전시 장치와 매체, 전시 공간 등 전시와 관련한 일련의 계획을 통하여, 관람객에게 단지 보여주는 것만이 아닌 강렬한 이미지나 의미를 전달하는 것이다. 전시는 전시장소, 기간, 기법, 배치방법 등에 의해서 구분한다.

표 5-1. 전시의 유형

구분	전시장소	기간	기법	배치방법
유형	• 실내전시 • 외부전시 • 이동전시 • 순회전시 • 가상전시	• 상설전시 • 단기(특별, 기획) 전시	• 정지전시 • 영상전시 • 실연(實演)전시 • 체험전시 • 사육·재배전시	• 시간축 전시 • 공간축 전시

1) 전시 장소에 의한 분류

전시하는 장소에 따라서 실내와 실외, 이동, 그리고 순회전시로 구분하며, 이 전시는 관람객이 직접 보고 감상하는 것이다. 반면에 가상전시는 실물전시가 불가능하거나, 보다 효과적인 전시를 위해서 디지털로 구축된 가상공간에서 하는 것이다.

실내 전시는 박물관에서 가장 보편적으로 사용하고 있는 유형으로, 전시물을 관내에 전시한다. 전시물의 보관과 관리가 어려운 것은 실내 전시 위주로 이루어진다면, 외기에 영향을 받지 않고, 자연을 배경으로 할 때 그 효과가 높아지는 것은 실외에서 전시한다. 또한 체험을 하거나 규모가 큰 전시물은 실외에서 전시한다. 이동 전시는 여러 지역으로 전시물을 가져가 관람 기회를 갖게 하며, 일정한 경로를 따라 장소와 기간을 정해놓고 전시하는 것을 순회전시라고 한다.

사진 5-4.
옥외, 영구 전시장
(명화의 정원;
Tadao Ando)

2) 전시의 기간에 의한 분류

장기간 지속적으로 전시하는 상설 전시와 짧은 기간에 전시하는 단기 전시로 분류할 수 있다.

① 상설전시

상설 전시는 전시실간의 유기적 관계, 내용과 전시물은 항구성(恒久性)이 필요하다. 즉, 주제별 또는 전시물의 보존적 특성을 고려한 실내 환경을 조성하며, 전시물을 정기적으로 교체해서, 전시하는 내용이 정체된 느낌이 들지 않도록 한다.

② 단기전시

단기전시는 학술세미나나 특별행사와 함께 특별한 목적과 주제로 특별한 공간에서 전시되므로, 실내 환경은 가변성에 대응할 수 있어야 한다.

사진 5-5. 실내, 단기전시 사례(Tri-bowl, Designer Yoo Kerl / 2010년 백남준 비디오아트 전시)

3) 전시 기법에 의한 분류

전시의 기법에 의해서는 정지, 영상, 실연(實演), 체험, 사육·재배 전시로 분류할 수 있다.

① 정지전시

정지 전시는 실물이나 모형, 모조품을 전시하는 가장 전통적인 전시로서, 전시물의 형태나 색채를 정확하고 세밀하게 관찰할 수 있다. 하지만, 시간의 흐름을 표현할 수 없기 때문에 생태 행동 및 형성과정 등을 표현하는 전시에는 부적합하다.

② 영상전시

영상 전시는 평면에 이차원 동영상을 투영하는 기법이다. 실물을 직접 보여주지 못하지만, 시간의 흐름을 의도적으로 계획하여 표현할 수 있으며, 문자나 언어만으로는 이해시키기 어려운 전시에서 채택한다.

③ 실연전시

실연 전시는 사람이 행하는 조작이나 동작이 전시대상이 되는 것으로, 학예전문가가 일정한 시간에 몸소 구현하는 것이다.

④ 체험전시

체험전시는 수동적으로 관람하는 것이 아니라, 관람객이 능동적으로 체험에 참여하여 정보를 이해하는 전시이다. 시각만으로 정보를 습득하는 다른 종류의 전시와는 달리, 체험전시는 시각, 촉각, 미각, 청각, 후각 등 오감으로 정보를 습득한다.

⑤ 사육 · 재배전시

사육 · 재배전시는 전시공간에 살아 있는 생물을 사육하거나 재배하여, 동식물의 형태와 행태 관찰을 목적으로 하는 전시이다.

4) 자료배치에 의한 분류

전시물의 배치순서에 따라 시간 축(時間 軸)전시와 공간 축(空間 軸)로 구분할 수 있다. 시간 축 전시는 입구부터 출구까지 전시물을 시대 순, 발달사, 생산과정 등의 순서로 배열하여, 관람동선이 자연스런 흐름이 되도록 전시하는 것이다. 공간 축 전시는 국가나 지역의 공간적 연관성에 따라, 순서대로 전시물을 전시하는 것이다.

2.3 전시공간의 실내계획

효과적인 전시를 위해서는 실내의 물리적 환경 조건이 만족되어야 한다. 전시실의 단위, 전시동선의 순회계획, 조명환경 등은 전시공간에 대한 기획단계부터 체계적인 검토가 필요하다. 전시실 실내계획의 체크포인트는 다음과 같다.

① 전시공간의 규모는 전시의 성격, 목적, 전시자료의 크기와 수량, 전시방법 등에 의해 결정된다. 또 하나는 관람자가 관람하는 동안에 오는 육체적· 정신적 피로를 고려하여 규모를 결정한다. 어느 정도 관람시간이 흐르면, 집중도가 떨어지므로, 대규모 전시공간에서 전시벽면의 전체 길이는 보통 400m이하로 한다.

② 단위 전시실의 면적이 지나치게 넓으면, 관람객은 전시관 전체를 관람하는데 시간적 여유가 없을 것이라고 생각한다. 때문에, 차분히 전시물을 관람하지 않고 순회동선의 흐름이 빠르게 진행된다. 따라서 단위 전시실의 면적은 300~350㎡ 이내로 하여서 관람객의 이와 같은 심리를 제어할 수 있어야 한다.

③ 단위 전시실의 면적이 지나치게 좁으면 관람객에게 심리적 압박감을 줄 수 있으며, 폭이 좁으면 전시물 감상에도 지장을 초래할 수 있다. 전시실로서 기능을 수행하기 위한 최소 면적은 50㎡ 이상이 필요하며, 폭은 최

소 5.5m 이상이 요구된다.

④ 전시실의 폭과 길이의 비는 1:1.2~1.7이 바람직하며, 면적이 넓어질수록 적정비례수치는 커진다.

⑤ 마주보는 모든 벽을 전시하는 경우, 두 벽간의 거리는 7.5~10m가 적절하며, 한 벽만을 전시하는 경우 5.5~6m가 적절하다.

⑥ 천장높이는 조명, 음향, 공조방법 등과 관람객이 느끼는 공간지각 조건, 전시물의 크기에 의해 결정하는데, 3.5m~4.5m가 일반적이다. 천장높이가 6~7m에 달하게 되면, 인공조명만으로 적정조도를 얻기 어려우므로, 자연채광과의 병행을 고려해야 한다.

⑦ 평면 형태는 동선계획을 비롯하여 단위전시실의 전시계획에 막대한 영향을 미치는 요소이다. 평면 형태에 따라 관람자의 동선유도 방향, 관람적정거리, 관람시간 등이 달라진다.

표 5-2. 전시공간의 평면형태

구분	형태	특성
직사각형	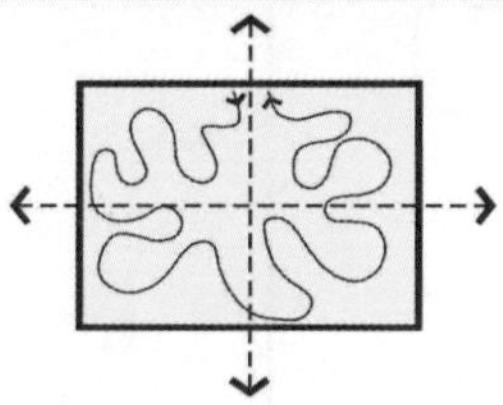	• 일반적인 전시실 형태로 채택됨 • 공간의 형태가 분명하여 공간 지각이 쉽고 분명함
원형	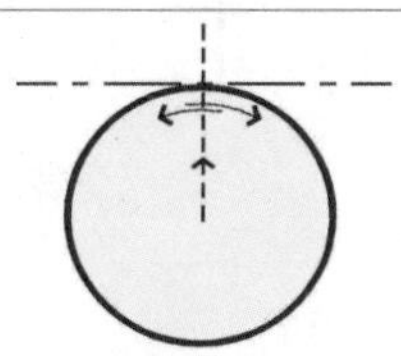	• 공간에 대한 고정축이 없으면, 공간지각이 어려워 방향감각을 잃기 쉬움 • 원의 지름이 작으면, 대형 전시물의 전시가 어려움 • 공간의 중심을 강조하는데 용이함
자유로운 형	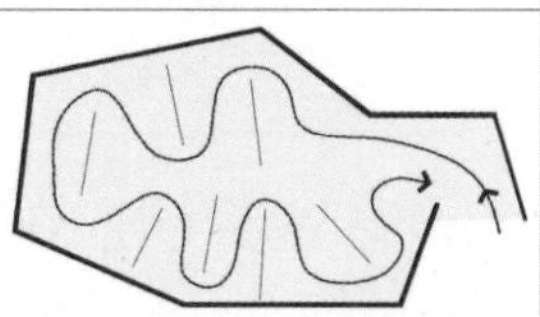	• 형태가 복잡하면, 공간 전체를 파악하기 어려움 • 특히, 규모가 큰 전시공간에서는 관람동선의 혼란을 초래할 수 있음 • 예각으로 평면이 형성되지 않아야 함

⑧ 관람객 동선은 한 방향으로 자연스럽게 유도되어야 한다. 연구에 의하면, '관람객은 무의식적인 습관이 왼손을 축으로 좌측으로 순회하며 오른쪽 벽을 보려고 한다.'고 한다. 즉, '시계반대방향으로 돌면서 오른편 전시물을 보는 습관이 있다.'는 의미이며, 이러한 인간의 행동심리특성은 실내계획의 중요한 객관적 근거로 적용할 수 있다.

⑨ 불특정 다수의 관람객이 이용하는 전시공간은 활동장애가 있거나, 노인과 아동들도 같은 조건에서 감상할 수 있도록 세심한 계획이 필요하다.

2.4 전시실의 순회형식

전시실의 순회(巡廻)는 관람자가 입구에서 시작해서 출구로 나갈 때까지 의도된 전시경로를 따라 관람하는 동선계획이다. 순회형식은 연속순회형, 갤러리 및 복도형, 중앙홀형으로 구분할 수 있다.

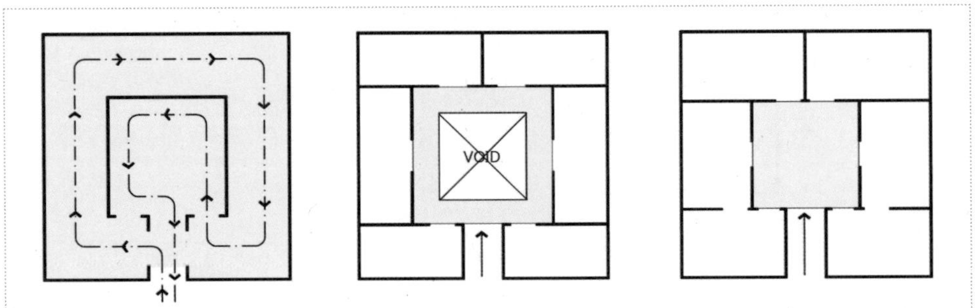

그림 5-1. 전시실의 순회형식

1) 연속순회형

한 변이 짧은 긴 직사각형 또는 다각형 평면의 전시실이 연속으로 연결된 유형으로서, 관람자는 연속적으로 연결된 공간을 따라 관람한다. 동선이 간단명료한 장점이 있지만, 관람자의 선택의지와 관계없이 정해진 동선을 따라 처음부터 끝까지 관람해야 하므로 규모가 클 경우, 지루하고 피곤할 수 있다. 또한 전시공간이 연속적으로 연결되어 있어서, 일부공간을 폐쇄하게 되면 순회동선이 끊기는 단점도 있다.

2) 갤러리 및 복도형

연속된 복도 한 편에 전시실을 배치하는 유형으로서, 시간·공간 축, 또는 테마 별로 공간을 기획하기 용이하다. 또한 독립된 각 전시실이 복도에 의해 연결되어 있어서 전시공간을 부분적으로 폐쇄하기 쉬우며, 관람자의 선택의지에 의해서 일부 전시실은 관람하지 않아도 순회동선은 자연스럽게 연결된다.

3) 중앙홀형

중앙에 큰 홀을 중심으로 그 주위에 전시실을 배치하는 유형으로 복도형과 유사한 동선이지만, 중앙홀의 면적이 좁으면 동선의 혼란이 올 수 있다. 또한 장래 확장도 쉽지 않은 단점을 갖는다.

2.5 전시공간의 조명 및 색채계획

1) 조명계획

전시공간은 전시물을 관람자에게 보여주기 위한 공간이므로, 전시물의 형태, 색채, 질감 등을 분명히 지각하게 하는 빛 환경 조절이 중요하다. 즉, 전시실은 일정한 조도와 광색(光色)을 유지하며, 전시물에 관람객의 그림자가 생기지 않아야 한다. 또한 화면 또는 유리케이스에 관람객이나 다른 전시물의 영상이 생기지 않아야 한다.

전시공간의 빛 환경은 자연채광, 인공조명, 자연채광과 인공조명을 병용하는 방식이 있다.

① 자연채광

19세기까지만 해도 전시공간은 천창과 고창을 이용한 자연채광을 적극적으로 이용하였다. 하지만, 자연채광은 날씨의 변화, 태양의 고도, 구름의 움직임, 채광방법 등에 따라서 실내 조도의 항상성(恒常性)을 유지하기 어려운 것이 사실이다. 또한 휘도조절이 불리하며, 자외선 지수가 높기 때문에 전시물이 퇴색되기 쉬운 단점을 갖고 있다. 그럼에도 불구하고 자연채광은 전시물의 색채와 표면질감에 대한 사실적 표현이 우수하기 때문에 포기하기 어려운 빛 환경 요소이기도 하다. 그래서 모형전시나 대형 조각품 등을 전시하는 큰 공간전시에 주로 적용한다. 천창(天窓)보다는 측창(側窓)방식이 자연채광을 조절하기 용이하다.

사진 5-6. 정측창 방식의 사례(Hyogo Museum Art, 1998; Tadao Ando)

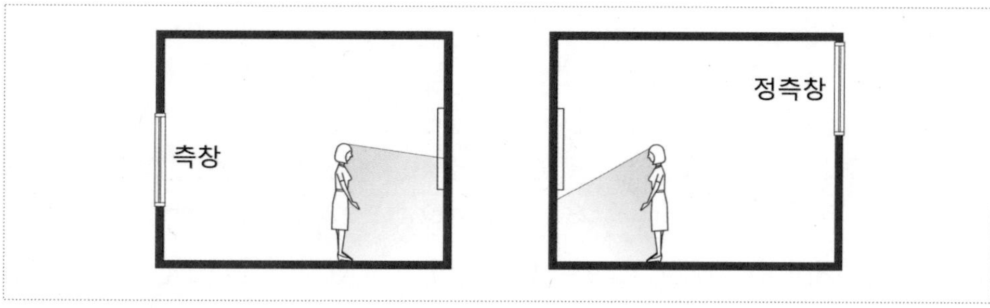

그림 5-2. 측창과 정측창의 그림자 분포

표 5-3. 자연채광법

구분	형태	특성
천창 (Top light)	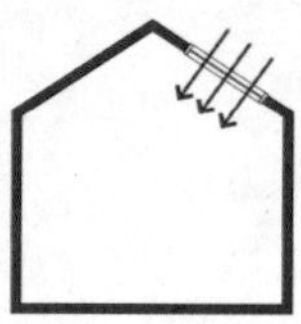	• 천장 중앙에 천창을 설계하는 방식 • 천창으로 유입되는 광량(光量)은 측창방식의 3배 이상 임 • 전시실의 중앙 조도를 높게 유지하여 벽면 조도를 균등하게 유지 • 조각과 같은 입체물 전시에 적합 • 유리 케이스가 있는 전시물은 현휘현상이 일어나므로 부적합
측창 (Side light)	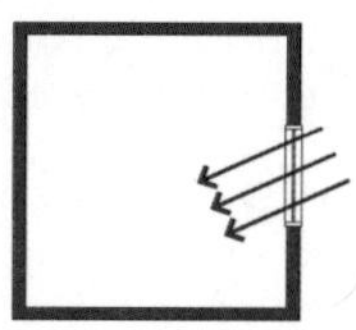	• 벽에 있는 창을 통해 채광하는 가장 일반적인 방식이나, 현휘를 조절하는 장치가 필요 • 창은 채광 외에도 조망과 환기 기능 담당 • 전시시설의 외부입면을 결정하는 중요요소 • 창이 크면 전시 벽 면적이 감소하고, 직사광선이 깊숙이 유입되어 조도대비가 큼 • 반대 벽 창에서 들어온 빛의 영향으로 관람객 그림자가 전시물에 생길 수 있음
정 측창 (頂側窓; Top side light)	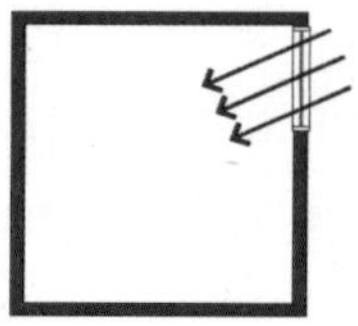	• 벽면의 창 상부가 천장높이와 같거나, 거의 비슷한 높이에서 채광하는 방식 • 정 측창의 향을 북쪽으로 배치하면, 균일한 실내 조도분포를 얻을 수 있음 • 반대 벽 측창에서 들어온 빛으로 인한 관람객의 그림자가 전시물에 생기지 않음

② 인공조명

자연채광의 단점을 보완하고, 전시물에 대한 연출효과를 높일 수 있는 조명방식이다. 전반조명을 인공조명에 의존하면 균제도를 높일 수 있으나, 전시물의 입체감, 색채와 질감을 높이기 위해서는 악센트 조명을 혼용하는 것이 바람직하다. 아울러 조명기구는 전시물의 사실적인 시각전달이 매우 중요하므로, 연색성이 우수한 것으로 선정한다.

사진 5-7. 인공조명 방식의 사례(Hyogo Museum Art, 1998; Tadao Ando)

③ 자연채광과 인공조명의 병용

외부환경의 변화나 전시 효과를 바꾸기 위해서 자연채광과 인공조명을 병용하여 전시공간의 빛 환경을 조절하는 방식이다. 자연채광은 가급적 정측창 방식으로 유입하는 것이 전시장 조도를 균일하게 확보하는데 유리하다. 인공조명은 전시물을 집중 조명하는 악센트 조명이나, 외기변화에 따라 실내 조도의 항상성(恒常性) 유지를 위해 필요하다.

2) 색채계획

전시공간의 색채환경은 관람자가 전시물을 편안하게 감상할 수 있도록 하는데 목적이 있다. 즉, 공간의 아름다움보다는 배경으로서 전시물 본래의 특성을 잘 보여주는 것이 중요하다. 특히, 색의 삼속성은 인접한 전시물과 대비 또는 동화되어서 전시물의 본래 색채와 다르게 보이게도 한다. 일반적으로 채도가 낮은 무채색 계열의 색채계획이 작품에 미치는 영향이 덜하다.

저명도, 저채도의 어두운 색조로 천장을 배색하면, 전시물에 대한 시각적 집중도를 높이는데 유효하다. 하지만, 천장의 무거운 이미지를 주기 때문에 압박감과 불안감이 높아질 수 있다. 바닥을 어두운 색조로 배색하면, 공간에 대한 안정감과 차분한 분위기를 연출할 수 있다.

제3장. 교육공간

3.1 개요

교육은 인간의 가치를 높이고자 하는 행위 또는 과정을 일컬으며, 이를 위해 교사와 학생들이 필요로 하는 공간과 시설을 갖춘 곳이 학교이다. 한

사진 5-8. Good Morning Church(Designer; Park HyoChul

국 역사에 나타난 최초의 학교는 327년(고구려 소수림왕 2년)에 세운 관학(官學)인 태학(太學)이다. 최초의 사학(私學)은 427년(고구려 장수왕 15년)에 세워진 경당(扃堂)이다.

신학문 교육을 위해 처음 세워진 학교는 1886년(고종 23년)의 육영공원(育英公院)이며, 갑오개혁이후 새로운 교육제도가 마련되어 각급 공립학교가 세워졌다. 사학계에서는 선교사들에 의해 배재학당(1885년), 이화학당(1887년) 등 전국각지에 사립학교가 세어졌다. 한편 국민교육기관으로서 초등학교가 설립된 것은 1895년 이후이다.

교실의 실내 환경은 1970년대만 해도 대단히 열악했다. 60~70명의 학생을 수용한 교실에서, 모든 교과목 학습이 이루어지는 이른바 콩나물 교실이었다. 천장엔 백열등 하나가 자연채광만으로 부족한 교실 조도를 보조하였고, 영하 3℃라는 일정온도이하에만 불을 펴는 조개탄 난로가 교실의 열 환경을 조절하는 전부였다. 여름철에 선풍기가 등장한 것도 1990년대 이후부터이다.

과거 교육공간이 수용위주였다면, 최근에는 새로운 교육 프로그램의 개발과 더불어, 교육효율을 높이기 위한 공간으로 과거의 환경과 현격한 차이를 보이고 있다. 학습방법에 대한 연구와 더불어 이를 수용할 수 있는 공간과 시설이 제안되고 있다. 즉, 과거 획일적인 학습방법에서 탈피하여 과목마다의 교육목표를 달성하기 위한 개별화, 개성화, 자율화를 중시하는 교육개념과 공간으로 발전하고 있다.

3.2 학교 운영방식

1) 종합교실 형 (U형; Usual type)

모든 교과를 정해져있는 한 교실에서 운영하는 방식으로 교실의 수는 학급수와 같다. 학습이 진행되는 동안 학생들의 이동이 없어서 이동 간에 소음이 발생하지 않으며, 가정적인 학급 분위기를 조성할 수 있다. 하지만, 어떤 교과에도 대응할 수 있어야하므로 충분한 면적과 설비가 마련되어야만 효과를 얻을 수 있다. 학교시설 공간구조에 적응이 아직 안된 초등학교 저학년 운영방식에 적합하다.

2) 일반 + 특별교실 형 (UV형; Usual with Variation type)

일반교과목과 특별교과목의 학습을 분리하여 운영하는 방식이다. 학급당 하나의 일반교실을 배정하고, 특별 또는 교과교실을 운영하는 방식이다. 즉, 일반교과는 각 학급마다의 일반교실에서 학습하고, 특별교과는 특별교실이나 교과교실에서 하는 방식이다. 전용으로 사용하는 교실이 주어지기 때문에 학습자 개인 자료와 소지품을 보관하는 학교생활의 중심장소를 안정적으로 확보할 수 있다. 우리나라 초·중·고등학교에서 일반적으로 많이 채택하는 운영방식이다.

3) 교과교실 형 (V형; Variation type)

일반교실은 없고, 모든 교실에서 특정 교과목을 운영하는 방식이다. 특정 교과목을 위해서 각 교과교실에 시설과 장비가 설치되므로 학습효율을 높일 수 있다. 하지만, 전용으로 사용하는 학교생활의 중심장소가 없으며, 교과마다 학생들이 이동해야 하므로 소음이 많이 발생하는 단점이 있다. 따라서 학습 진행과정에 따라 이동 동선이 최소가 될 수 있도록 교실을 베치하여야 하며, 개인 소지품을 보관하는 사물함을 마련하여야 한다. 우리나라 대학교에서 일반적으로 많이 채택하는 운영방식이다.

4) 플라톤 형 (P형; Platon type)

모든 학급을 두 조로 구분하여, 한 조가 일반교실에서 학습이 진행될 때, 다른 한 조는 특별교실에서 특정 교과목을 운영하는 방식이다. 이 시스템을 운영하려면, 일반교실과 특별교실의 수(數), 그리고 각 교실을 담당하는 교사의 수가 다른 운영방식보다 거의 두 배 확보해야 한다.

5) 오픈스쿨 형 (Open school type)

학급단위 학습이 아니라, 학습자가 자신의 수준과 관심방향에 따라 스스로 학습공간을 선택하는 운영방식이다. 각 교실이나 공간에는 학습 참여자의 수가 정해져 있는 것이 아니기 때문에, 동일한 크기의 공간으로만 제한하여 계획하기보다는 상황에 따라 대응할 수 있도록 다양한 규모와 형태가 바람직하다.

이웃한 교실 경계 벽을 이동식칸막이로 하면 통합과 분할이 용이하여서, 가변적으로 교실을 운영할 수 있다. 아울러 복도와의 경계벽도 이동식 칸막이로 하면 복도도 또 다른 학습공간으로 연장할 수 있다. 이동식 칸막이가 아니어도 학습활동을 교실로만 제한하지 않고, 복도를 비롯한 로비나 계단, 옥상, 그리고 옥외공간까지 교내 모든 공간을 열린 학습의 장으로 연장할 수 있다.

3.3 공간별 실내계획

1) 일반교실

종합교실(U)형은 하나의 일반교실 내에서 모든 교과목 학습이 이루어지는 타입이다. 하나의 교실에서 다양한 교과목과 학습방법에 대응할 수 있어야 하므로 충분한 면적과 설비가 마련되어야 한다. 특히, 오늘날 교수방법은 모든 학생들이 칠판을 보는 과거 주입식 교육과 달리, 과목에 따라 다양한 방법의 수업이 이루어지고 있기 때문이다. 즉, 교사는 학습의 효율을 높이기 위해서 학습자의 수준과 학습자의 선택에 따라 하나의 일반교실 내에서도 다양한 학습방식이 운영된다. 그러므로 종합교실형 일반교실은 여러 그룹

(Group)이 코너학습을 소화할 수 있는 공간구조가 바람직하다. 책상도 학습자 스스로 자유로운 배치가 가능해야 하므로 가볍고, 수시로 바꾸어도 변형되거나 부서지지 않는 구조와 재료여야 한다.

교과목에 따라서는 음이 많이 발생하므로 인접 교실 학습을 방해하지 않도록 교실간의 칸막이벽 마감재료는 차음과 흡음성능이 우수해야 한다. 아울러 각 학년의 교육과정에 따라 필요한 실험장비와 설비를 모든 학급에 설치한다. 일반교실 내에 화장실, 기자재 수납공간, 학생용 로커(locker), 작업대 등의 설비와 시설을 마련하면, 더욱 학습효율을 높일 수 있다.

2) 특별교실

① 자연과학교실

초등 및 중학교의 과학, 수학과목, 고등학교의 물리, 화학, 생물, 지학과목 학습을 위한 교실이다. 이 특별교실에서는 실험실습과 강의, 그리고 토의 등 다양한 형태의 학습이 가변적으로 대응할 수 있는 공간 및 시설계획이 필요하다. 전기와 가스, 그리고 급·배수 설비를 갖추어야 하며, 실험과정에서 발생하는 유독가스 및 산·알칼리 증기를 배기하는 설비시스템도 갖추어야한다. 이 가스들은 실험실은 물론, 다른 교실까지 지장을 줄 수 있기 때문이다.

자연과학계 특별교실에는 준비실을 두어서 시약, 기구, 표본, 기자재 등을 분류· 보관하며, 수업에 앞서 실험준비 공간으로 사용한다. 준비실은 물리교실과 화학교실, 생물교실과 지학교실 등 유사 교과목에서 공유하여 사용하면 이용률을 높일 수 있다. 한편, 자연과학교실은 야외관찰도 병용하기 때문에 1층에 배치하는 것이 유리하며, 2층 이상의 교실에서는 발코니나 옥상을 이용할 수 있는 공간계획이 필요하다.

② 멀티미디어 및 가정계 교실

컴퓨터실, 어학실, 그리고 조리, 피복, 염색, 세탁, 주거, 예절, 보육 등의 가정계 과목을 위한 교실이다. 컴퓨터 및 어학실은 이 교과만을 위한 교실로서 장비와 설비를 갖춘다. 특히 시스템, 설비, 책상들은 규모가 크고, 고정하여 배치하기 때문에 다른 교과와 병용해서 사용하기는 어렵다. 바닥은 케이블 배선이 용이하고, 진동과 소음을 흡수하는 액세스 플로어(Access floor)마감이 바람직하며, 시스템 운영에 지장이 없도록 충분한 전력이 지원되어야 한다.

가정계 교실은 급·배수, 배기, 가스인입 등을 비롯한 다양한 기능에 대응한 설비와 공간이 필요하다. 교과목 시간배정이 많지 않을 경우, 과학계열이나 미술계열이 함께 사용할 수 있도록 설비계획을 하면, 교실의 이용률을 높일 수 있다.

③ 음악교실

가창, 연주, 감상, 작곡 기타 음악관련 학습활동이 이루어지는 교실이다. 학교규모와 성격에 따라 음악교실의 수가 결정되며, 준비실, 그룹 연습실과 개인 연습실을 두기도 한다.

음악교실에서는 어떤 활동이든 대부분 음이 발생되므로, 칸막이 구조는 차음성능이 우수한 것으로 계획한다. 이는 인접교실의 학습을 방해하지 않는 것은 물론, 외부 소음도 음악교실에 들어오지 않아야하기 때문이다. 벽, 바닥, 천장의 마감재는 적당한 잔향시간[2]을 가질 수 있는 재료 계획이 필요

2) 음원이 진동을 멈춘 순간부터 음이 들리지 않게 된 순간까지를 잔향시간이라고 하는데, 이는 음의 에너지가 처음의 100만분의 1이 되기까지의 시간에 해당한다. 실내는 음향효과의 목적에 따라 알맞은 잔향시간을 유지해야 한다. 음악일 경우에는 1.5~2.5초, 강연일 경우에는 1~1.5초가 적절하다. 잔향시간은 주로 실내 용적과 흡음력에 따라 변하는데 음이 너무 울리는 것은 잔향시간이 길기 때문이며, 반대로 음이 잘 들리지 않는 것은 잔향시간이 짧기 때문이다.

하다.

교실 정면 벽은 초기 반사음의 효율을 높이기 위해 반사가 잘되는 재료로 하고, 교실 뒷벽은 에코 현상을 방지하기 위하여 넓은 주파수에 걸쳐 흡음이 잘되는 재료로 한다. 측벽 및 천장에 대한 처리는 음선계획에 의해 반사, 확산, 흡음으로 조정한다. 일반적으로 중·고음의 흡음재는 천공 판이나 리브 형 공조 흡음재를 사용하고, 저음의 흡음재는 판공 흡음재를 사용한다.

④ 미술계교실

초등학교와 인문계 중·고등학교 미술계 교과는 그림그리기와 공작학습이 주를 이룬다. 하지만 미술계 실업 또는 전문 중·고등학교 학습은 회화, 디자인, 제도, 소묘, 목공, 공예 등 다양한 학습이 행해지는 교실이다. 학습 중에 다양한 기구, 모형, 재료 등을 사용하므로 이들을 분류하여 보관할 수 있는 준비실 및 창고를 인접 배치한다.

미술계교실의 책상 및 작업대는 학습활동에 따라 다목적으로 이용할 수 있어야 하므로 이동하기 쉽고, 붙여서 다양한 형태와 크기를 조절할 수 있어야 한다. 아울러 완성된 작품을 전시할 수 있도록 교실과 복도의 벽면을 전시 갤러리 용도로 계획하는 것이 바람직하다.

교과내용에 따라 차이가 있기는 하지만, 그룹 활동이 많고 활동 중에 소음이 많이 발생하므로 일반교실과 인접 배치를 피하고, 천장과 벽은 흡음률이 좋은 재료로 마감한다. 학습 활동은 책상에서만 이루어지는 것이 아니라, 바닥에 앉거나, 바닥을 이용해서 다양한 활동이 행해지므로 내구성은 물론, 유지관리가 쉬운 재료로 마감한다.

3) 강당 및 체육관

강당과 체육관은 기능에 있어서 차이가 있으며, 활동도 차이가 있다. 하지만, 많은 수의 인원을 한꺼번에 수용한다는 특성 때문에 겸용하는 것이 일반적이다. 따라서 바닥, 벽, 천장의 마감재는 강당과 체육관의 기능을 모두 만족할 수 있어야 하나, 일반적으로 강당보다는 체육관으로서의 사용이 빈번하므로, 체육관 기능에 적합하게 계획하는 것이 원칙이다.

① 강당

강당은 전교생이 모이는 집회와 행사를 위한 장소이지만, 전교생이 모이는 행사는 자주 있는 것이 아니므로, 반드시 전체를 수용할 수 있는 규모여야 하는 것은 아니다. 교실을 강당겸용으로 사용하는 것도 한 방법이다. 평상시에는 시설과 설비가 많지 않은 크고, 작은 특별교실로 사용하다가, 필요시 칸막이를 열어서 강당으로 사용하면 시설의 이용률을 높일 수 있다.

많은 학생이 한꺼번에 모이므로 소음이 많이 발생하고, 마이크 시스템을 사용해야 하는 장소이다. 따라서 강당 소음을 경감하고 마이크 소리를 명료하게 전달해야 하므로 흡음률이 높은 재료로 계획한다.

② 체육관

실내체육관의 크기는 전교 학생 수, 체육활동의 종류, 사용빈도 등에 의해 결정하지만, 표준적으로 농구코트를 기준으로 산정한다. 농구코트를 위해서는 최소 400㎡(코트 12.8m × 22.5m)가 필요하나, 보통 500㎡(코트 15.2m × 28.6m)로 한다. 천장높이는 6m이상으로 하고, 바닥은 우드 후로링(wood flooring)을 이중으로 깐다. 징두리 벽의 높이는 각종 운동기구를 설치할 수 있도록 2.5m~2.7m로 한다.

창은 천창이나 고창으로 하고, 고창의 경우 내측에 철망을 설치하여 안전성을 확보한다. 부속으로 남·여학생용, 교사용이 구분된 화장실과 샤워실을 두며, 운동기구를 보관하는 창고도 필요하다.

4) 관리 및 서비스 시설

① 교무실 및 교장실

교무실은 교사들이 수업을 준비하거나, 휴식을 취하는 장소이다. 전체교사가 하나의 교무실에 근무하는 경우와 학년별 또는 과목별 교무실을 두는 경우가 있다. 최근에는 후자의 경우가 일반적이다. 학년별 또는 과목별 교무실은 해당 층에 같이 배치하여서, 교육 수요 당사자인 학생들의 교육, 상담, 관리감독이 쉽고, 동선도 절약할 수 있다. 교무실 존은 상담 공간, 휴게 공간, 사무 공간, 창고 등으로 분리하여 구획하며, 화장실도 전용으로 두는 것이 바람직하다.

교장실은 대외 접촉 빈도가 높으므로 교문과 가까이 배치하되, 학교 운영자로서 캠퍼스 전체를 관망할 수 있는 위치가 좋다. 교장실은 교직원과의 소회의를 겸하되, 사용빈도가 낮은 운영위원 회의실을 인접 배치하여서 필요시 교내·외 인사들과 회의실 용도로 사용하면 효과적이다.

② 식당

중학교와 고등학교는 물론 초등학교까지도 급식이 일반화되어서, 어느 학교든 식당관련 시설을 갖추는 것은 필수가 되었다. 식당은 식 자재를 서비스하는 차량의 진입이 쉬운 곳에 위치하되, 학생들 동선과 반드시 분리해야 한다. 면적은 전 학년이 한꺼번에 사용하려면 지나치게 넓은 공간이 소요되므로 학년별로 구분하여 2교대 또는 3교대로 이용하여 공간 효율을 높일 수 있도록 한다. 전체규모는 보통 학생 1인당 0.7~1.0㎡로 계획한다.

보통 준비된 밥과 반찬을 학생스스로 배급받아 식탁에서 식사하고, 식후에도 잔반과 식기를 스스로 반납하는 셀프서비스형식을 취한다. 따라서 순서를 기다리는 대기공간과 배식 대 앞 공간은 여유가 있어야 한다. 식당 전체 공간계획은 대기, 배식, 식사, 잔반 및 퇴식, 식수 등 셀프서비스 순서에 따라 배치한다.

단체급식에서는 위생이 가장 중요한 사항으로, 식당과 주방은 세균의 발생과 번식을 막는 것이 필수이므로 채광과 통풍이 좋아야 하며, 창과 문은 해충의 침입을 막을 수 있는 시설을 갖춘다. 아울러 조리과정에서 발생한 냄새와 가스가 학습공간으로 들어가지 않도록 환기설비도 완비한다.

③ 화장실

학교생활 중에 소변과 대변을 보는 곳으로서, 최근 거주문화와 생활의 질이 높아짐에 따라 학교 화장실 환경에 대한 요구 수준도 높아지고 있다. 화장실은 위생적이어야 함은 물론, 프라이버시가 보장되어 학교생활동안 편안하게 이용할 수 있어야 한다. 아울러 수업시간사이 쉬는 시간 동안과 점심시간에 이용이 집중되므로, 이 시간대에 학생들의 대기 시간이 최소화되어야 한다.

표 5-4. 학교 급별 변기의 수(이화룡, 학교화장실 위생기기 계획에 관한 소고, 한국교육시설학회지 제14권, 2007.4, p103)

구분	학교 급별 변기 1대당 학생 수				1학급당 변기 수	변기별 비율
	초등학교	중학교	고등학교	평균값		
남학생 대변기	24.9	21.9	14.9	20.57	1.7	1
남학생 소변기	13.3	8.9	8.8	10.33	3.4	2
여학생 변기	8.3	7.5	7.0	7.6	4.6	2.7

화장실의 개수는 학교의 규모, 각 층의 면적, 학교 급별, 성별 구성 등에 따라 차이가 있겠지만, 남자화장실과 여자화장실이 구분된 공동 화장실을 한 층에 1개소 또는 2개소 두는 것이 일반적이다. 적정 변기 수는 남학생

대변기는 남학생 20명당 1대, 남학생 소변기는 남학생 10명당 1대, 여자변기는 여학생 7.5인당 1대가 적정 수이다. 즉, 남학생 대변기: 남학생 소변기: 여학생 변기 비율은 1: 2: 2.7이 적절하다.[3]

화장실 실내계획은 프라이버시를 확보하는 평면·입면계획, 안전성과 위생을 확보할 수 있는 재료마감 계획이 중요하다. 또한 화장실은 학교생활의 일부공간으로서 시각적으로도 쾌적한 공간연출이 요구된다. 아울러 환기는 화장실의 공기 질뿐만 아니라, 학습공간에까지 영향을 미치기 때문에 이에 대비한 설비 시스템을 갖추어야 한다.

④ 복도 및 계단

복도와 계단은 교내의 일반교실, 특별교실, 화장실, 교무실, 식당, 체육관, 강당 등 다양한 학습활동과 학습지원 공간을 연결하는 통로이며, 또한 제2의 학습공간으로도 활용할 수 있는 공간이다. 즉, 자료실, 전시실, 검색실, 토론실, 휴게실 등 교실의 연장공간으로서 일반교실이나 특별교실에서 진행하기 어려운 다목적 학습공간으로서의 역할을 수행할 수 있다. 따라서 복도 폭은 2.5m가 표준이지만, 3m이상으로 넉넉한 것이 바람직하다. 동일한 폭의 일자형 복도보다는 알코브를 두면, 다목적 공간으로 활용하기 유리하고, 교사(校舍)의 외부입면 변화도 꾀할 수 있다.

건축법에서 계단의 폭과 너비, 단의 높이와 너비를 규정하고 있다. 초등학교의 경우, 계단 및 계단참의 너비는 150㎝이상, 단 높이는 16㎝이하, 단 너비는 26㎝이상, 중·고등학교의 계단 및 계단참의 너비는 150㎝이상, 단 높이는 18㎝이하, 단 너비는 26㎝이상으로 규정하고 있다.

복도와 계단을 다목적 공간으로 사용하더라도, 가장 중요한 기능은 역시 수평과 수직 동선을 원활히 유도하는 것이다. 특히, 유사시 피난 층으로 학생들을 유도해야하므로, 복도와 계단에 설치되는 시설물들은 통행에 지장을

3) 이화룡, 학교 화장실 위생기기 계획에 관한 소고, 한국교육시설학회지 제14권, 2007.4, p103

주지 않아야 한다. 아울러 복도와 계단의 배색(配色)과 디자인은 각 층마다 해당학년의 아이덴티티를 주고, 긴 복도의 지루함을 덜어주는 계획이 필요하다.

사진 5-9. 아레나 타입(중국상해 마시청 서커스 공연장)

제4장. 공연 공간

4.1 개요

공연공간은 영화, 연극, 오페라, 무용, 음악 등을 공연·관람하기 위한 곳으로서, 무대와 관람석 그리고 부대시설로 이루어진다.

세계에서 가장 오래된 극장은 BC 5~BC 4세기경에 세워진 그리스 앰퍼시어터가 정설이다. 이것은 구릉(丘陵)과 요지(凹地)를 이용한 반원형의 야외극장이다. 현존하는 고대 그리스 극장은 아테네의 디오니소스 극장, 오데옹 극장, 에피다우로스 극장, 데로스 극장 등이 있으며, 오데옹 극장은 오늘날에도 연례적으로 연극제 등 다양한 행사가 벌어지고 있다.

우리나라 연극의 기원은 다른 나라와 마찬가지로 고대 제의에서부터 비롯되었다. 삼국시대의 의례, 고려시대의 연등회와 팔관회, 조선시대의 궁중 의례 등에서 실마리를 찾을 수 있다. 시설물로서 대중적인 극장이 선보인 것은 1900년대 초부터이다. 전통적 연극형식의 탈춤, 꼭두각시놀음 등을 공연하던 남사당패가 있었으나, 임시로 포장을 쳤다가 거두는 무형극장이다. 따라서 최초의 실내상설극장은 1902년(광무6)에 개설된 협률사이다. 그 후 1908년 이 자리에 2,000명을 수용할 수 있는 규모의 원각사를 창설하여 한국 신연극의 첫 상연작품인 이인직의 "은세계"가 공연되었다.1907년 기생조합이 생김에 따라 기생, 광대, 재인들의 활동무대로서 단성사, 장안사. 연흥사 등 여러 극장이 생겼다.

일제강점기에는 부민관, 명치좌 등이 설립되었으며, 1970년 이후에서야 현대적인 공연공간이 건축되었다. 1978년 세종문화회관, 1980년 예술의 전당이 준공되었으며, 1995년 지방자치시대 이후로는 각 지자체별로 문화·예술회관이 건립되면서 지방의 다양한 계층까지 문화적 혜택을 누리는 대중화를 맞게 되었다.

4.2 극장의 분류

1) 무대형식에 의한 분류

① 프로세니엄(Proscenium) 타입

무대와 객석은 프로세니엄 또는 프로세니엄 아치에 의해서 구분되고, 공연은 카메라 앵글을 통해서 보는 것과 같다. 이 형식은 18세기 이후 시민사회의 발전과 함께 확대되어서, 현재 가장 일반적인 공연장 스타일로 정착하였다. 관객은 프로세니엄에 대하여 정면을 향하도록 설치된 좌석에 앉아 공연을 본다. 연기자가 한쪽 방향으로만 관객과 접하게 되므로 강연, 콘서트, 독주, 연극 등에 유리한 유형이다. 관람석을 많이 두면 관람석과 무대의 거리가 멀어지는 단점이 있다.

무대 양쪽은 대도구를 숨기는 스페이스를 확보하고, 무대 천장에는 배턴이라고 불리는 여러 개의 봉이 있어서 배경이나 소품의 오르내림을 조정할 수 있다.

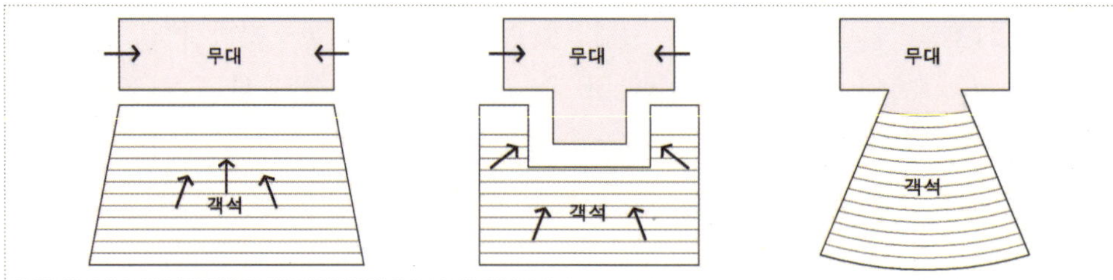

그림 5-3. 프로세니엄 타입(평면)

사진 5-10. 프로세니엄 타입

② 오픈 스테이지(Open stage) 타입

프로세니엄보다는 무대가 객석으로 나와서 3방향이 객석으로 둘러싸인 타입이다. 관객은 연기자에게 좀 더 근접할 수 있으나, 연기자는 방향감 때문에 혼란스럽다. 즉, 연기자의 방향에 따라 반대편 관객은 연기자의 뒷모습을 보아야 하므로 내용전달이 어렵다. 또한 오픈된 스테이지에 무언가 장치를 설치하면, 반대편 관객의 시선을 차단하게 될 수 있으므로 무대장치를 계획하는데도 상당한 제한이 있다.

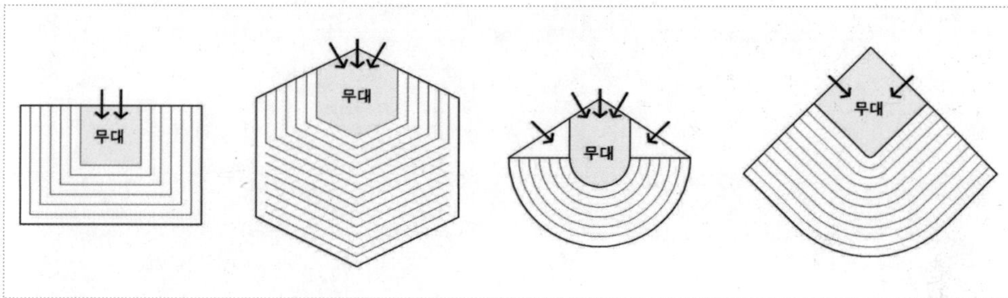

그림 5-4. 오픈 스테이지 타입(평면)

③ 아레나(Arena) 타입

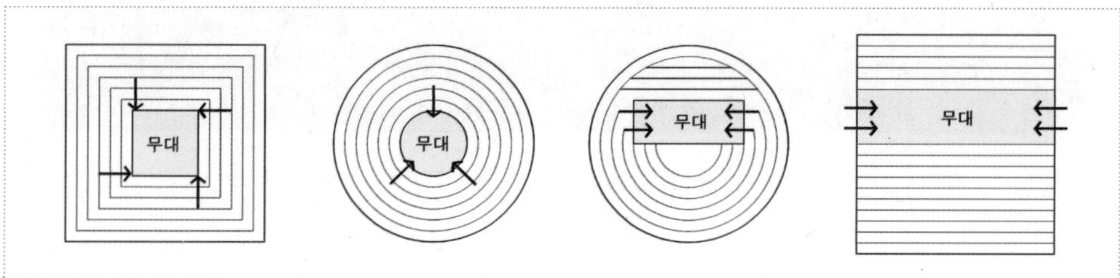

그림 5-5. 아레나 타입(평면)

무대가 극장의 중앙에 배치되고, 관객이 사방으로 무대를 둘러싸는 타입이다. 무대와 관객의 거리가 가깝기 때문에 관객은 친근감을 느끼고, 연기자는 긴장감을 준다. 관객은 연기자의 표정연기까지도 볼 수 있어서 공연예술의 효과를 높일 수 있다. 물론 연기자의 정면을 보지 못하는 관객이 많기 때문에, 모든 관객이 함께 호흡하고 연기를 감상할 수 있는 연출과 기획이 필요한 타입이다.

사진 5-11. 아레나 타입(중국상해 마시청 서커스 공연장)

관객이 사방으로 배치되므로, 같은 규모라도 프로세니엄 타입보다 무대와 객석의 거리가 가깝다. 하지만, 사방에서 관람하기 때문에 무대장치를 꾸미기 어렵다. 만약에 무대장치나 소품을 설치한다면, 낮은 것으로 구성해야 한다. 배우나 소품의 출연과 퇴장은 조명에 의해 조절하기 때문에 특히 조명이 중요하다.

④ 가변형(Adaptable) 타입

무대와 관람석을 특정한 크기와 형태로 한정하지 않고, 공연하는 작품의 성격에 따라 가변적으로 공간구성을 연출할 수 있는 유형이다. 뉴욕의 카네기 홀, 우리나라의 자유소극장이 이 유형이다.

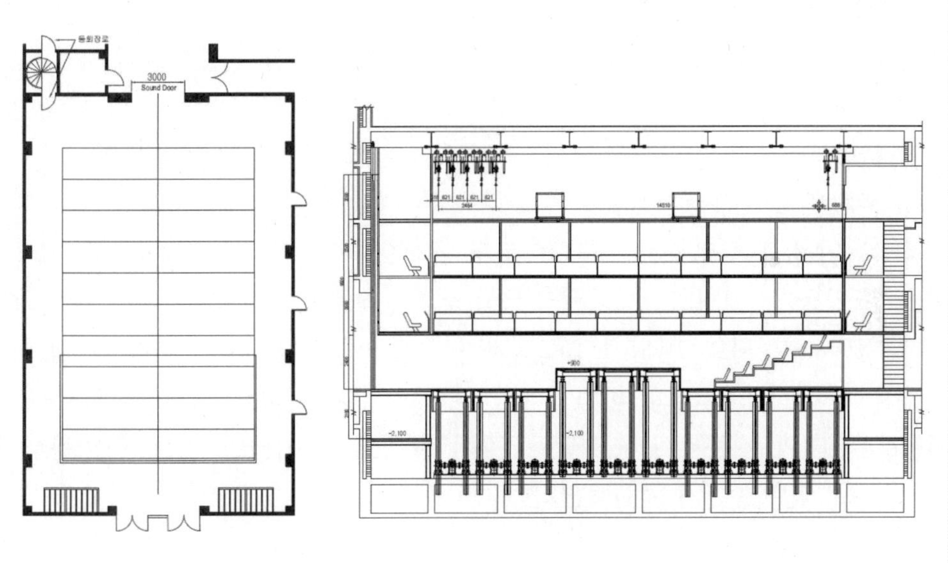

그림 5-6. 자유소극장 평면 및 단면도(자유소극장 홈페이지)

2) 상연종목에 의한 분류

① 일반극장

일반적으로 고전극 또는 현대극 등 다양한 장르의 연극을 공연하는 극장으로서, 관객은 배우의 연기를 생생하게 보고 들을 수 있으며, 반대로 연기자도 관객의 반응을 보고 느낄 수 있어서, 함께 호흡하는 공간이다. 무대형식은 공연에 따라 프로세니엄, 오픈스테이지, 아레나 등 다양한 타입에서 공연성격과 연출자의 의도에 따라 가변적으로 채택할 수 있다. 오케스트라 피트도 많이 사용하지 않으므로 가변성이 있어야 한다.

② 오페라 극장(Opera house)

음악과 무용(연극)이 융합된 공연을 하는 극장이다. 주연과 조연 외에도 코러스와 군무가 필요하므로 많은 연기자가 오를 수 있도록 무대공간이 충분해야 한다. 또한, 연출자의 다양한 요구에 대응할 수 있는 조명, 음향, 소품, 배경 등을 조절할 수 있는 설비시스템도 갖추어야 한다. 또한 80~120명 규모의 오케스트라 피트가 필요하며, 오케스트라 지휘자는 무대가 잘 보여야 한다.

③ 콘서트 홀(Concert hall)

음악공연을 위주로 하는 극장으로서 무대와 객석의 공간 형태, 천장디자인, 바닥기울기, 실내마감재 등은 음향을 우선적으로 고려해 설계한다. 무대는 다양한 연주자의 편성에 따라 가변적으로 대응할 수 있으며, 관객과의 시각적 관계도 고려해야 한다. 무대 계단의 1단 높이는 25㎝가 적당하다. 아울러 무대의 개구부가 넓거나 안길이가 깊으면, 에코와 같은 음향문제가 발생할 수 있으므로 주의해야한다.

④ 뮤직 홀(Music hall)

음악, 연극, 무용이 종합된 공연을 하는 장소이다. 연출의도와 성격, 내용에 따라 단순한 것으로부터 복잡하고 대형 소품이 필요하기도 하다. 등장인물의 규모도 소규모로부터 대규모까지 다양하므로 프로세니움의 폭과 높이는 가변적으로 대응할 수 있어야 한다. 40~80명 규모의 오케스트라 피트가 필요하다.

⑤ 영화관

영화를 주로 상영하는 극장으로서 일반적으로 프로세니움 무대형식을 채택한다. 무대에는 스크린, 확성기, 그리고 간단한 무대로 구성된다. 객석 가장 앞줄과 스크린의 간격은 6m이상을 두고 배치하며, 스크린은 무대바닥면에서 50~100㎝높이에 둔다. 영상이 왜곡되지 않도록 스크린과 영사실은 0°가 되어야 하며, 객석의 바닥 기울기는 가시선에 의해 결정한다.

3) 상연방법에 의한 분류

① 레퍼토리(Repertory) 극장

한 시즌에 몇 개의 레퍼토리를 준비하여 그것을 순서대로 상연하는 극장이다.

② 롱런(Long run)극장

한 작품에 대한 상연종료일을 정해놓지 않고, 관람객의 다소에 따라 상연기간을 신축성 있게 운영하는 극장이다.

③ 쇼트 런(Short run)극장

한 작품을 단기간 상연하는 극장이다.

4.3 공간별 계획

1) 공공서비스 공간

① 현관과 매표창구

어떤 시설이든 현관은 그 시설의 얼굴이듯이, 공연장도 공연장다운 이미지를 갖는 디자인이어야 한다. 공연을 보기위해 방문한 관객은 먼저 매표창구에서 입장권을 구매하거나 교환받기 때문에, 이 때 일시적으로 몰리는 현상이 있다. 따라서 창구의 수와 위치는 능률적인 면이나, 경영적인 면을 동시에 고려한 합리적인 결정이 필요하다. 보통 1250석당 1개의 창구와 예약

창구 1개를 둔다.

한편, 창구근처는 입장권을 구매하는 고객뿐만 아니라, 만남과 기다림의 커뮤니티활동이 행해지는 곳이다. 따라서 혼란스럽지 않을 정도의 넉넉한 공간과 더불어 편의시설도 마련한다. 현관의 면적은 1객석 당 0.09㎡가 적정하며, 장애인을 위한 현관의 경사로 물매는 1:12이상으로 한다.

② 로비(Lobby)와 라운지(Lounge)

관객은 입장권 소지여부 절차를 로비입구에서 받고, 로비에 들어온다. 공연장을 찾은 관객은 혼자보다는 대부분 동반특성이 있기 때문에, 로비는 대기와 만남의 커뮤니티 장소, 그리고 공연장으로 오고가는 복도이므로 소음이 많이 발생한다. 특히, 공연이 끝난 후에 관객은 로비를 통해서 외부로 퇴장하게 되는데, 입장할 때에 비해 더욱 일시적인 군집된 동선이므로, 원활한 흐름이 될 수 있는 공간과 재료계획이 필요하다.

표 5-5. 로비와 라운지 면적 기준

극장의 종류	1객석 당 로비면적(㎡)	1객석 당 라운지 면적(㎡)	비고
오페라 극장	0.18	0.7	
일반 공연장	0.16	0.5	
대학 공연장	0.12	0.5	
영화관	0.09	0.1	

소음을 줄이는 방법은 발생을 예방하거나, 발생된 소음을 제거하는 것이다. 소음은 관객들의 대화에서 비롯된 소음과 바닥에 구두가 부딪히면서 발생한 소음이 가장 많다. 석재나 타일류 바닥 재료는 소음이 많이 발생하는 반면, 카펫이나 고무관련 재료들은 소음 발생이 적고, 발생한 소음도 흡음하

는 장점이 있다. 벽이나 천장도 흡음이 좋은 재료와 형태 디자인이 좋다.

라운지는 관람 중이나 공연 전후에 기다림과 휴식공간이다. 그러므로 라운지로부터 객석, 로비, 화장실, 식당, 스낵 바 등과 직접 연결하는 공간 계획이 바람직하다. 아울러 라운지에 공연내용을 전시하면, 공연에 대한 기대감을 줄 수 있다.

③ 휴대품 보관소(Cloakroom)

공연장 객석의 의자 폭은 외투를 입지 않았을 때의 치수로 계획하므로, 편안한 착석상태에서 공연을 감상하려면 외투를 비롯한 휴대품을 보관하는 곳이 필요하다. 휴대품 보관소는 로비에서 객석으로 진입하는 잘 보이는 동선 상에 배치하는 것이 바람직하며, 선반구조는 호텔이나 레스토랑의 것과 동일하게 한다. 소규모 극장은 휴대품 보관소를 확보할 여유가 없을 수 있으나, 중규모이상에서는 객석 1000석당 5명의 종업원이 일할 수 있는 넓이의 카운터가 필요하다.

④ 계단 및 복도

공연장의 관객은 짧은 시간 안에 입장하고 퇴장할 수 있어야하며, 특히 긴급 피난 시에도 질서 있고 안전하게 퇴장할 수 있는 합리적인 동선계획이 중요하다. 입장하는 관객은 검표소와 로비를 지나 계단과 복도를 이용하여 지정된 객석으로 이동하는데, 퇴장 시에는 이 복도와 계단 외에 퇴장용과 비상용 계단도 이용하여 관객의 퇴장시간을 단축시킬 수 있도록 계획한다.

건축법규에서는 공연장(관람 및 집회시설)의 계단 및 복도 설치기준으로 '계단 및 계단참의 너비는 120㎝이상으로 할 것, 공연장(200㎡이상)의 직통계단은 2개소 이상으로 할 것, 직통계단의 출입구는 서로 10m이상 떨어질 것, 5층 이상의 층이 공연장으로 쓰이면 피난계단 또는 특별피난계단이 옥상광장으로 통할 것, 공연장의 개별 관람석(300㎡이상인 경우)의 바깥쪽에는 그 양쪽 및 뒤쪽에 각각 복도를 설치할 것, 하나의 층에 개별 관람석

(300㎡미만인 경우)을 2개소이상 연속하여 설치하는 경우에는 그 관람석 바깥의 앞쪽과 뒤쪽에 각각 복도를 설치할 것'등을 명시하고 있다.

⑤ 화장실

공연장에서 화장실의 사용은 공연 전·후와 휴식시간에 집중적으로 사용하는 특성이 있다. 화장실 앞에서 기다리는 시간을 줄여서 사용의 편의를 제공하면서, 동시에 이용률도 높일 수 있도록 화장실 변기 수를 계획한다. 객석규모가 500석 이하 공연장의 남자대변기 수는 100석당 3개의 비율(500석의 경우 15개)로 설치하며, 500석이 넘을 경우 15개에 100석당 1개의 비율로 가산하고, 1000석이 넘을 경우 20개에 300석당 1개의 비율로 가산한다. 남자의 대변기 수는 소변기 5개 이내 마다 1개의 비율로 설치하며, 소변기 사이의 거리는 75㎝이상으로 한다. 여성화장실의 변기 수는 법으로 남성화장실 대·소변기 수의 1.5배 이상으로 규정[4]하고 있다. 화장실은 외부에서 내부가 보이지 않아야 함은 물론, 반드시 남녀별로 구분하고, 장애자용 화장실을 설치한다.

2) 관람공간

① 관람석의 좌석배열과 통로

관객석은 무대 또는 스크린을 중심으로 한 원호 배열이 이상적이며, 1인당 점유면적은 통로를 포함하여 0.6~0.7㎡가 소요된다. 1인당 점유 폭은 45~53㎝, 객석의 전후 간격은 8석이 연속된 경우 85㎝이상, 12석이 연속된 경우 95㎝이상을 확보하는 것이 바람직하다. 관람석의 바닥구배를 낮게 하면서도 시각을 좋게 하려면 좌석을 엇갈려 배치(Stagger seats)하는 것이 좋다.

---

4) 『건축법시행령』 별표1 제5호 중 공연장·관람장 또는 전시장으로서 수용인원이 1천명이상인 시설

② 관람석의 통로

프로시니엄과 직각인 세로 통로는 공연관람에 좋은 자리를 확보하기 위해, 중앙보다는 좌우로 치우치는 것이 좋다. 객석 내 통로의 폭은 로비와 연결하는 출입구에 가까울수록 넓게 계획해야만 입장 및 퇴장 시, 그리고 비상시 출입구 혼잡을 피할 수 있다. 객석이 양측에 있는 경우 80㎝이상(단, 해당 층의 객석 바닥 면적이 900㎡초과 시 95㎝이상), 객석이 한 편에만 있는 경우 60~100㎝를 확보한다. 가로 열의 객석 수에 따른 세로 통로 폭은 다음 표와 같다.

표 5-6. 가로 열에 따른 세로 통로 폭

가로 열	6석 이하	7석	8석	9석	10석 이하	비고
세로 통로	0.6m 이상	0.7m 이상	0.8m 이상	0.9m 이상	1m 이상	세로 열 15석 또는 20석마다 폭 1m의 가로 통로

프로시니엄과 평행한 가로통로는 15열(관람석 전후 열 간격이 95㎝이상인 경우에는 20열) 이내마다 1m이상을 확보하며, 공연장을 구획하는 벽과 관람석사이의 통로 폭도 1m이상을 확보해야 한다.

③ 시 거리와 시각

연기자의 표정까지도 읽어야 하는 연극이나 아동극의 시각 한계는 15m 정도이다. 하지만 기획자의 경제적 측면을 고려해 볼 때, 많은 관객을 수용해야 하므로 22m까지를 1차 허용한도, 38m까지를 2차 허용한도로 한다. 연극, 가무, 국악 및 고전무용, 소규모 오페라나 발레, 실내악 등의 공연은 1차 허용한도 시 거리 범위 내에서 그리고, 그랜드 오페라, 발레, 뮤지컬,

대규모 국악 및 고전 무용 등의 공연은 2차 허용한도 시 거리 범위 내에서 가능하다.

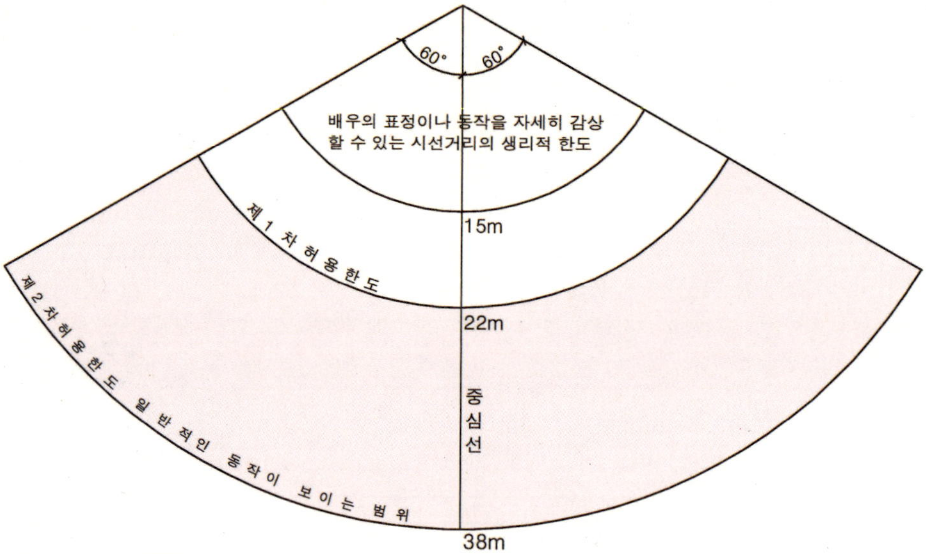

그림 5-7. 관람석의 시 거리와 시각

관객이 관람석에서 무대를 볼 때, 관람석 중심에서 한쪽으로 치우치게 되면, 가까운 거리에서도 연기자의 측면을 보게 되어서 표정연기를 볼 수 없으며, 배경과도 일치하지 않기 때문에 수평시각의 허용한도를 보통 60˚로 한다.

④ 관람석의 단면

관람석이 1층만으로 된 것을 단층형(Stadium type)이라고 하며, 음향효과

조절이 쉬워서 음악을 위주로 하는 공연장에 유리하다. 반면에 2층, 3층에도 발코니형태로 관람석을 두는 것을 복층형(Gallery type)이라고 한다. 같은 관객을 수용한다면, 복층형은 단층형에 비하여 맨 뒤 열의 시 거리를 짧게 할 수 있다.

관람석의 단면은 앞좌석의 관객에 영향을 받지 않고 무대 위나 스크린을 볼 수 있도록 계획해야 한다. 즉, 관객의 눈과 무대 위의 스크린을 연결하는 가시선이 앞 줄 관객 머리에 걸리지 않도록, 바닥은 뒤로 갈수록 높아져야 한다. 이 때, 객석 바닥은 곡선을 그리게 되는데, 보통 이 곡선은 전면에서 1/3을 수평으로 하고, 그 뒤 2/3를 1:12의 경사도를 두면, 앞의 곡선과 근사한 결과를 얻을 수 있다.

2층 이상에 발코니 층을 두는 경우, 경사가 급하면 위험하므로 좌석을 고정하는 단의 폭은 85㎝, 단의 높이는 50㎝이하가 권장된다. 아울러 2층 발코니 앞 길이의 산정은 1층의 가장 뒤 객석에서 일어선 사람이 스크린 전체를 보는데 지장을 주지 않아야 하는데, 보통 스크린 상단 60~90㎝ 위까지 볼 수 있도록 계획한다.

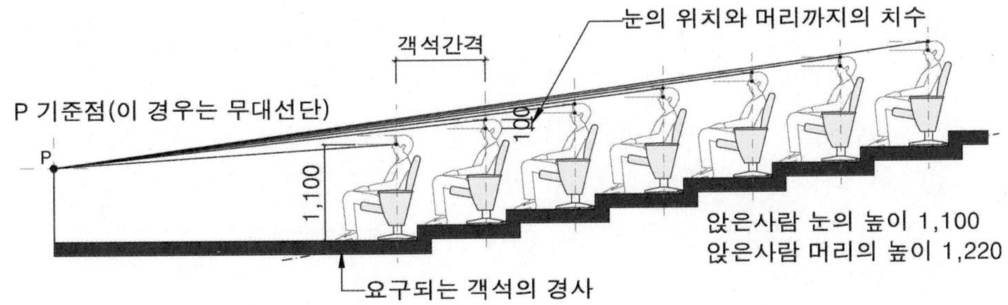

그림 5-8. 관람석의 바닥기울기

⑤ 객석의 음향

공연장의 음향계획은 어느 객석에서나 명확하고 좋은 음질을 관객에게 서비스할 수 있어야 한다. 음향에 영향을 주는 요소는 음원, 음의 전파, 흡수, 반사, 확산 등이 있으며, 다양한 환경조건들이 이 요소에 영향을 주기 때문에 이를 고려하여 계획한다.

a. 객석의 용적(容積)

객석의 용적은 음의 명료도와 요해도(了解度)[5] 등 공연장 음향환경 요소인 음질과 잔향시간에 영향을 미치는 요소이다. 잔향시간은 0.162 × (실 체적 / 실 면적)으로 계산할 수 있다. 잔향시간은 실내 음향상태를 평가하는 지표로 음악연주에는 풍부한 음의 표현을 위한 적정 잔향시간이 필요하고, 강연과 회화의 경우에는 잔향시간이 짧을수록 명료도가 좋아 진다.

미국의 누드슨(Knudsen)과 해리스(Harris)는 '최적 잔향시간을 위해서 1000석 규모 영화 극장의 용적은 1객석 당 3.54㎥, 2000석 규모는 1객석 당 4.95㎥가 요구되며, 1500석이상의 콘서트홀 용적은 1객석 당 5.56㎥가 필요하다'고 제안하였다.

b. 객석 평면형태

정방형 평면은 음원의 지향성 때문에 음원과 직각인 무대 측면에서는 음압레벨이 낮아서 음향효과가 떨어진다. 그러므로 객석은 실의 중심축으로부터 각각 70°이내에 배치하며, 가능한 음원가까이 배치하도록 설계한다.

측벽이 확산하는 부채꼴 유형 평면은 음원과의 기리를 가깝게 하고, 평행면이 없어서 다양한 음향적 이점이 있다. 그러나 타원이나 원형 평면은 음의 집중이나, 불균일한 분포, 에코 등의 현상을 일으킬 수 있으므로 볼록곡선 면과 같은 벽면 음향보정계획을 세워야 한다.

c. 벽과 천장

객석의 양쪽 벽은 무대 음을 객석 뒷부분까지 이르도록 보강하기 위해

---

5) 송신한 단어 또는 문장의 총수에 대하여 정확하게 알아들은 단어 또는 문장을 백분율로 표시한 것.

반사 또는 확산역할, 그리고 잔향시간을 조절하기 위해 흡음하는 역할을 한다. 보통 음원에서 가까운 부분은 반사성(live), 후면에는 확산성 또는 흡음성(dead)으로 계획한다. 후면 벽은 잔향시간에 대한 계산결과 차이가 없으면, 흡음성으로 계획한다.

천장은 무대에서 먼 객석에 적절한 반사음을 보내는 역할을 하므로, 천장의 형태와 마감재료는 공연장 단면계획에서 대단히 중요하다. 천장도 음원에서 가까운 부분은 반사성으로 하고, 후방은 잔향시간에 대한 계산결과 차이가 없으면, 흡음성으로 계획한다.

d. 발코니 하부

일반적인 극장의 경우, 발코니 하부 깊이가 개구부 높이의 2배 이상이면, 충분한 음이 발코니 하부 뒤쪽까지 전달되지 못하므로 바람직하지 않다. 영화관은 3배까지 계획하기도 하는데, 이는 영화의 평균 음향레벨이 극장에 비해서 약간 높기 때문이다.

발코니 하부는 천장에서 관객에게 반사되고 뒷벽에 흡수되도록 계획한다. 만약 직접음과 반사음과의 시간적 차이가 짧으면, 관객은 반사음이 어느 방향에서 오는지를 느끼지 못하며, 모든 음은 무대로부터 직접 들려오는 것처럼 느끼게 된다. 이는 청각의 방향 식별력이 수직방향에는 약하기 때문이다.

3) 공연공간

① 무대

무대는 배우가 연기를 하는 장소이다. 프로세니엄 아치 뒤에는 커튼이 걸리는데, 이 커튼의 위치를 커튼 라인(Curtain line)이라고 한다. 막을 경계로 안쪽은 연기무대(Acting area), 객석 쪽 무대를 앞무대(Apron stage), 객석 측면 벽을 따라 돌출한 부분을 측면무대(Side stage)라고 한다.

연기무대는 공연하기에 충분한 넓이의 공간이 필요하다. 무대 폭은 적어도 프로시니엄 아치 높이의 2배, 깊이는 프로시니엄 아치 높이 이상이 필요하다. 다만, 영화관은 연기무대가 아닌, 무대인사 정도의 작은 면적이어도 무방하다.

② 무대의 단면

무대의 프로시니엄의 높이와 사이클로마 높이는 다음과 같은 관계식이 성립되어야 한다.

$$\frac{P_h}{\overline{AB}} = \frac{C_h}{\overline{AB} + \overline{BB'}}$$

P_h = 프로시니엄의 높이
C_h = 사이클로마 높이
$\overline{AB}$ = 최전열부터 커튼라인까지 거리
$\overline{BB'}$ = 커튼라인에서 사이클로마까지 거리

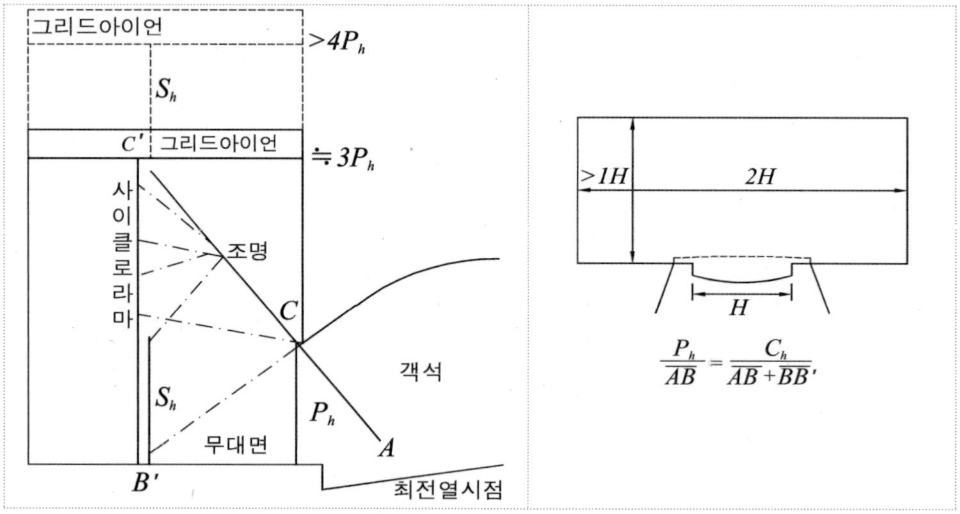

그림 5-9. 무대단면

보통 $C_h = 3P_h$로 하며, 다시 사이크로마의 상부 그리드 아이언까지의 사이($S_h = P_h + 2m$)에 무대배경을 매달 수 있는 공간이 필요하므로 이상적인 무대 상부 공간 높이는 $4P_h$이다.

③ 프로시니엄(Proscenium)

프로시니엄은 무대와 객석의 경계가 되며, 관객은 프로시니엄의 개구부를 통해서 공연을 본다. 물론 공연에 따라서 무대가 프로시니엄에 한정하지 않고, 객석으로까지 확장되는 경우도 많이 있다.

프로시니엄은 카메라 앵글과 같이 연출자가 의도하는 공연장면을 한정하여 관객의 눈을 무대에 집중하게 하는 역할과, 공연과 배경이외에 공연을 지원하는 조명이나 막, 장치, 후면무대 등을 가리는 역할을 한다. 프로시니엄의 폭과 높이는 공연의 내용에 따라 조정이 가능하게 하며, 보통 황금비례의 직사각형으로 한다.

④ 오케스트라 피트(Orchestra pit)

오케스트라 피트는 오케스트라 박스라고도 하며, 무대와 객석사이에 위치하여서 무대 위의 공연을 지원한다. 피트의 바닥레벨은 연주자나 악기가 관객의 시선을 방해하지 않도록 관람석 바닥보다 낮게 한다. 다만, 지휘자는 무대 위의 상황을 항상 볼 수 있어야 한다.

피트는 무대 음향을 지원하는 오케스트라의 규모에 따라 소요 넓이는 차이가 있다. 작은 규모는 10~40명, 큰 규모는 100명 내외로 상당한 차이가 있기 때문에 필요에 따라 이를 무대나 객석으로 사용하도록 하면, 공간의 효율을 높일 수 있다.

⑤ 플로어 트랩(Floor trap)과 승강무대

연기자들이 무대에 등장과 퇴장이 임의의 장소에서 이루어질 수 있도록 무대와 트랩 룸 사이를 계단이나 사다리로 오르내릴 수 있게 만든 것을 플로어 트랩이라고 한다.

무대 바닥의 전부, 또는 일부가 오르내리는 기계장치를 승강무대라고 한다. 이 승강무대는 연기자의 출입이나 무대배경의 이동, 그리고 무대장치의 입체구성에 이용한다.

⑥ 그리드 아이언(Gridiron), 플라이 갤러리(Fly gallery), 록 레일(Lock rail)

그리드 아이언은 무대천장에 배경이나 조명기구, 연기자, 음향반사판 등을 매달 수 있는 철 구조물이다. 무대장치와 작업자의 하중을 견딜 수 있어야 하며, 작업 편의를 위해서 그리드 아이언과 슬래브 보 밑 공간은 2m이상을 확보한다.

플라이 갤러리는 그리드 아이언에 올라가는 계단과 연결하며, 무대 주위 벽에 6~8m 높이에 설치하는 1.2~2.0m의 좁은 통로이다. 프로시니엄 아치 바로 뒤에 설치하는 플라이 갤러리를 라이트 브리지(light bridge)라고 하는데, 여기서 조명을 조작하거나 인위적으로 연출하는 곳으로 사용한다.

록 레일은 와이어로프를 한 곳에 모아서 조정하는 곳이다. 일반적으로 벽에 가드레일을 설치해야 하므로 무대의 좌우 한 쪽 벽이나 플라이 갤러리에 설치한다.

⑦ 사이클로라마(Cyclorama)

사이클로라마는 무대의 제일 뒤에 설치하는 무대 배경용 벽이다. 사이클로라마를 향해 투영한 영상은 주간, 야간, 구름, 무지개, 번개, 화재, 물결 등의 자연현상을 연출한다. 고정식과 가동식이 있으며, 두 유형모두 무대를 곡면 벽으로 크게 둘러싼다.

4) 기타 공간

① 배경제작실

무대배경을 제작하는 곳으로 무대에 가까울수록 동선이 짧아져서 효율적이다. 규모는 넓이 5m × 7m 내외, 천장 높이는 6m가 일반적이며, 출입구의 높이와 폭은 제작한 배경의 반출입이 용이하도록 계획한다.

② 출연자 대기실(Green room)

출연자 대기실은 보통 무대 가까운 곳에 두며, 크기는 30㎡이상으로 한다. 무대와 연기자 대기실 사이에는 엔티 룸(Anti room)을 두는데, 이곳은 출연자들이 출연 직전에 대기하는 공간이다.

③ 의상실(Dressing room)

연기자가 분장 또는 화장을 하고 의상을 갈아입는 장소이다. 주연급, 조연급, 엑스트라, 코러스, 발레단 등 연기자의 공연 중 역할에 따라 1인실, 2인실, 다인실 등을 배치한다. 실의 크기는 1인당 최소 4~5㎡가 필요하며, 무대에 가깝게 배치하는 것이 바람직하다.

④ 연주자실

오케스트라 연주자들을 위한 대기실이다. 위치는 오케스트라 피트의 출입이 용이하도록 같은 층에 설치하는 것이 일반적이다. 실의 크기는 단원 수에 따라 차이가 있으나, 최소 30㎡이상이 필요하다.

Reference

1. 한국실내디자인학회, 실내디자인각론, 서울 : 기문당, 2002
2. 오인욱, 실내계획론, 서울 : 기문당, 2007
3. 곽데오도르, 임종엽, 실내디자인론, 서울 : 기문당, 2005
4. 이종석, 건축계획, 서울 : 한솔아카데미, 2008
5. 변대중외, 실내건축 디자인, 서울 : 도서출판 구미서관, 2008
6. 한국실내디자인학회, 실내건축을 위한 색채디자인, 서울 : 기문당, 2000
7. 김현지외, 상업공간디자인, 서울 : 신정, 2009
8. Ballast, David K. Interior Construction & Detailing for Designers and Architects, Belmont, CA:Professional Publications, 2002
9. Wentling, James W. Housing by Lifestyle, New York:McGraw-Hill, Inc., 1995
10. J, Panero and M, Zelnik. Human Dimension & Interior Space. New York: Watson-Guptill Publications, 1989
11. Gary R. Steffy. Architectural Lighting Design, New York: Van Nostrand Reinhold Co, 1990.

실내 디자인 각론

모든분야
인테리어 디자인人을 보다

1판 4쇄 발행 2023년 2월 10일

저 자 | 박효철·한혜선
발행인 | 이석환
발행처 | 도서출판 서우
주 소 | 서울특별시 은평구 대조동 191-4
전 화 | 02)383-1696~7
팩 스 | 02)387-9578
등 록 | 제8-159호

가 격 | 30,000원

ISBN | 978-89-97153-44-2